普通高等教育"十四五"系列教材

嵌入式系统设计与应用

——基于ARM Cortex-A9微处理器

U0172427

主　编　赵志鹏　韩桂明

副主编　欧少敏　罗珍珍

王　涛　罗海丽

华中科技大学出版社

http://press.hust.edu.cn

中国·武汉

图书在版编目(CIP)数据

嵌入式系统设计与应用:基于 ARM Cortex-A9 微处理器/赵志鹏,韩桂明主编.—武汉:华中科技大学出版社,2022.12

ISBN 978-7-5680-8252-5

Ⅰ.①嵌…　Ⅱ.①赵…　②韩…　Ⅲ.①微处理器-系统设计-高等学校-教材　Ⅳ.①TP332.3

中国版本图书馆 CIP 数据核字(2022)第 210851 号

嵌入式系统设计与应用——基于 ARM Cortex-A9 微处理器　　　　　　赵志鹏　韩桂明　主编
Qianrushi Xitong Sheji yu Yingyong——Jiyu ARM Cortex-A9 Weichuliqi

策划编辑:康　序

责任编辑:郭星星

封面设计:孢　子

责任监印:朱　玢

出版发行:华中科技大学出版社(中国·武汉)　　　电话:(027)81321913
　　　　　武汉市东湖新技术开发区华工科技园　　　邮编:430223

录　　排:华中科技大学惠友文印中心

印　　刷:武汉市籍缘印刷厂

开　　本:787mm×1092mm　1/16

印　　张:18

字　　数:445 千字

版　　次:2022 年 12 月第 1 版第 1 次印刷

定　　价:58.00 元

前言

PREFACE

随着嵌入式技术的发展,其应用领域越来越广泛,嵌入式无疑是当前最热门的专业方向之一,许多高校相继开设了相关的课程。在教学和科研过程中,我们深刻体会到,无论是硬件板卡电路的设计,或者是嵌入式应用程序的开发,还是驱动程序的开发,都离不开嵌入式微处理器的相关知识;特别需要从应用角度出发,以某种具体的嵌入式微处理器为教学实例,理论和实践应用相结合的嵌入式微处理器方面的书籍资料。在此背景下,我们编写了这本专门讲述嵌入式微处理器技术原理和接口的教材。

ARM 作为一种高性能、低成本的嵌入式 RISC 微处理器,在嵌入式系统应用中占有主导地位,目前,Cortex-A 系列处理器大量应用于嵌入式处理器的中高端产品中。Cortex-A9 是 ARM 系列一种应用比较广泛的内核,是 ARM 家族中的典型代表。本书以 Cortex-A9 为核心介绍嵌入式微处理器的结构及其典型应用,并对以三星 Exynos4412 为代表的四核处理器的内核架构和片上资源进行了详细的介绍,是实践性强、贴近实用的前沿教材,也为基于 Cortex-A9 架构的多核嵌入式产品开发提供了很好的参考,比较适合有一定计算机基础的初学者学习。

本书从初学者的需求出发,配合高校应用型人才的培养目标,系统讲解微处理器技术方面的基础知识,以及培养嵌入式专业的学生解决专业领域实际问题的能力。同时本书注重可读性和实用性,以理论讲解结合案例分析和编程实例的方式组织内容,循序渐进,符合读者的认知过程。本书引用大量嵌入式开发项目中的实例,是编写成员多年从事理论和实践教学及参与嵌入式技术开发科研项目的经验总结,内容全面细致,构架清晰完整,实用性强,可作为大中专嵌入式相关专业的教材和学习参考资料。

书中涉及的所有实验及程序均可在相应实验平台上进行验证,读者在学习过程中可结合硬件平台,深入学习嵌入式接口和开发应用知识,为在实际开发中更好地应用嵌入式技术奠定基础。

全书共 15 章,各章节主要内容如下:

第 1 章 嵌入式系统导论,主要介绍嵌入式系统基本知识。

第 2 章 ARM 微处理器技术,主要介绍了 ARM 体系结构的特点和结构特性,以及常用的 ARM 处理器、微处理器的结构特性,包括微处理器接口。

第 3 章 ARM 微处理器指令系统,介绍 ARM 指令集、Thumb 指令集,以及各类指令对应的寻址方式。

第 4 章 GNU 汇编伪操作与伪指令,详细介绍 GNU 汇编器平台所支持的各类伪操作与伪指令。

第 5 章 ARM 集成开发环境搭建,介绍 ARM 集成开发环境的使用。

第 6 章 GPIO 编程,主要介绍 GPIO 相关寄存器功能及其编程应用。

第 7 章 ARM 系统时钟及编程,主要介绍处理器系统时钟的相关知识。

第 8 章 ARM 异常处理及中断系统,介绍处理器的异常处理及相应中断编程知识。

第 9 章 串行通信接口,介绍 Exynos4412 串行通信相关知识及其收发程序实例。

第 10 章 PWM 定时器,介绍 PWM 定时器和看门狗定时器的用法及其编程。

第 11 章 A/D 转换器,介绍 A/D 转换器的方法原理及 Exynos4412 A/D 转换器相关寄存器功能及编程实例。

第 12 章 实时时钟 RTC,介绍实时时钟的基本原理及其寄存器的用法。

第 13 章 I²C 总线,介绍 I²C 总线的相关知识、Exynos4412 I²C 总线寄存器及其编程应用。

第 14 章 存储器接口,介绍存储器的基本知识、Exynos4412 存储器相关寄存器及编程知识。

第 15 章 SPI 总线,介绍 SPI 接口协议、Exynos4412 SPI 接口控制寄存器及其应用编程。

本书由桂林信息科技学院老师合作编写,其中第 1～3 章由韩桂明编写,第 4～7 章由欧少敏编写,第 8～10 章由罗珍珍编写,第 11～15 章由赵志鹏编写。程序代码测试验证由王涛负责完成,各个章节的审核修改校对工作由罗海丽完成。在本书编写过程中还得到了许多专家和同事的指导帮助,在此表示衷心的感谢!

由于编者水平有限,书中难免存在不足及疏漏,欢迎读者批评指正,提出宝贵的意见。

编　者

2022 年 1 月

目录

CONTENTS

第1章
嵌入式系统导论

嵌入式系统已成为当前最为热门的领域之一，受到了全世界各个方面的广泛关注，越来越多的人开始学习嵌入式系统及相应的开发技术。本章将向读者介绍嵌入式系统的基本知识。

本章主要内容：

1.嵌入式系统的概述；

2.嵌入式系统的主要组成与结构；

3.常见的操作系统举例；

4.嵌入式系统开发方法概述。

1.1 嵌入式系统概述

◆ 1.1.1 什么是嵌入式系统

从 20 世纪 70 年代单片机的出现到各式各样的嵌入式微处理器、微控制器的大规模应用，嵌入式系统已经有了近 50 年的发展历史。

嵌入式系统的出现最初是基于单片机的。20 世纪 70 年代单片机的出现，使得汽车、家电、工业机器、通信装置以及成千上万种产品可以通过内嵌电子装置来获得更佳的使用性能：更容易使用、更快、更便宜。这些装置已经初步具备了嵌入式的应用特点，但是这时的应用只是使用 8 位芯片执行一些单线程的程序，还谈不上"系统"。

最早的单片机是 Intel 公司的 8048，它出现在 1976 年。Motorola 公司同时推出了 68HC05，Zilog 公司推出了 Z80 系列，这些早期的单片机均含有 256 字节 RAM、4KB ROM、4 个 8 位并口、1 个全双工串行口、两个 16 位定时器。之后在 20 世纪 80 年代初，Intel 公司进一步完善了 8048，在它的基础上成功研制了 8051，这在单片机的历史上是值得纪念的一页，迄今为止，51 系列的单片机仍然是最为成功的单片机芯片，在各种产品中有着非常广泛的应用。

从 20 世纪 80 年代早期开始，嵌入式系统的程序员开始用商业级的"操作系统"编写嵌入式应用软件，这使得可以获取更短的开发周期、更低的开发资金和更高的开发效率，"嵌入式系统"真正出现了。确切地说，这个时候的操作系统是一个实时核，这个实时核包含许多传统操作系统的特征，包括任务管理、任务间通信、同步与相互排斥、中断支持、内存管理等功能。其中比较著名的有 Ready System 公司的 VRTX、Integrated System Incorporation (ISI) 的 PSOS、IMG 的 VxWorks、QNX 公司的 QNX 等。这些嵌入式操作系统都具有嵌入式的典型特点：均采用占先式的调度，响应的时间很短，任务执行的时间可以确定；系统内核很小，具有可裁剪、可扩充和可移植等特性，可以移植到各种处理器上；较强的实时和可靠性，适合嵌入式应用。这些嵌入式实时多任务操作系统的出现，使得应用开发人员从小范围的开发中解放出来，同时促使嵌入式有了更为广阔的应用空间。

经过近 50 年的发展，嵌入式系统已经广泛地渗透到人们的学习、工作、生活中，目前嵌入式系统技术已被应用到科学研究、工程设计、军事技术、通信技术等。表 1-1 列举了嵌入式系统应用到的部分领域。嵌入式系统技术已成为当前关注、学习、研究的热点之一。什么是嵌入式系统技术呢？嵌入式系统技术本身就是一个相对模糊的定义，不同的组织对其定义也略有不同，但主要意思还是相同的。下面给大家介绍一下常见的嵌入式系统的相关定义。

表 1-1　嵌入式系统应用领域举例

领　　域	应　　用
消费电子	信息家电、智能玩具、通信设备、视频监控
医疗电子	病房呼叫系统、检测系统、透视系统
工业控制	工控设备、智能仪表、汽车电子、电子农业

续表

领　　域	应　　用
网络	网络设备、电子商务、无线传感器
国防科技	军事电子
航天航空	各类飞行设备、卫星等

IEEE(国际电气和电子工程师协会)对嵌入式系统的定义:"用于控制、监视或者辅助操作机器和设备的装置(原文:devices used to control,monitor or assist the operation of equipment, machinery or plants)。"这主要是从应用对象上加以定义,从中可以看出嵌入式系统是软件和硬件的综合体,还可以涵盖机械等附属装置。

嵌入式系统(embedded system),是一种"完全嵌入受控器件内部,为特定应用而设计的专用计算机系统"。根据英国电气工程师协会的定义,嵌入式系统为控制、监视或辅助设备、机器的设备,或者是用于工厂运作的设备。与个人计算机这样的通用计算机系统不同,嵌入式系统通常执行的是带有特定要求的预先定义的任务。由于嵌入式系统只针对一项特殊的任务,设计人员能够对它进行优化,减小尺寸,降低成本。

国内普遍认同的嵌入式系统定义为:以应用为中心,以计算机技术为基础,软硬件可裁剪,适应应用系统对功能、可靠性、成本、体积、功耗等严格要求的专用计算机系统。

可以这样认为,嵌入式系统是一种专用的计算机系统,作为装置或设备的一部分。通常,嵌入式系统是一个控制程序存储在 ROM 中的嵌入式处理器控制板。事实上,所有带有数字接口的设备,如手表、微波炉、录像机、汽车等,都使用嵌入式系统,有些嵌入式系统还包含操作系统,但大多数嵌入式系统都是由单个程序实现整个控制逻辑的。

◆　1.1.2　嵌入式系统的特点

按照嵌入式系统的定义,嵌入式系统有 6 个基本特点。

(1)系统内核小。

嵌入式系统一般是应用型小型电子装置,系统资源相对有限,所以内核较传统的操作系统要小得多。比如 ENEA 公司的 OSE 分布式系统,内核只有 5 KB,而 Windows 的内核要庞大得多。

(2)专用性强。

嵌入式系统的个性化很强,其软件系统和硬件结合得非常紧密,一般要针对硬件进行系统的移植,即使在同一品牌、同一系列的产品中也需要根据系统硬件的变化和增减做出相应的修改。同时,针对不同的任务,往往需要对软件系统做较大更改,这种修改和通用软件的升级是完全不同的概念。

(3)系统精简。

嵌入式系统一般没有系统软件和应用软件的明显区分,不要求其功能的设计及实现过于复杂,这样既利于控制系统成本,也利于实现系统安全。

(4)高实时性。

高实时性的操作系统软件是嵌入式软件的基本要求。此外,软件要求固化存储,以提高速度,软件代码要求高质量和高可靠性。

(5)多任务的操作系统。

嵌入式软件开发要想走向标准化,就必须使用多任务的操作系统。嵌入式系统的应用程序可以没有操作系统而直接在芯片上运行;但是为了合理地调度多任务,利用系统资源、系统函数以及专家库函数接口,用户必须自行选配 RTOS(real time operating system)开发平台,这样才能保证程序执行的实时性、可靠性,并减少开发时间,保证软件质量。

(6)专门的开发工具和环境。

嵌入式系统开发需要专门的开发工具和环境。由于嵌入式系统本身不具备自主开发能力,即使设计完成以后,用户通常也不能修改其中的程序功能,因此必须借助一套开发工具和环境才能进行开发,这些工具和环境一般基于通用计算机上的软硬件设备以及各种逻辑分析仪、混合信号示波器等。开发时往往有主机和目标机的概念,主机用于程序的开发,目标机作为最后的执行机,开发时需要交替结合进行。

◆ 1.1.3 嵌入式系统的发展

1. 嵌入式系统的发展阶段

嵌入式系统的出现至今已经有近 50 年的历史,近几年来,计算机、通信、消费电子的一体化趋势日益明显,嵌入式技术已成为一个研究热点。纵观嵌入式技术的发展过程,大致经历四个阶段。

第一阶段是以单芯片为核心的可编程控制器形式的系统,具有与监测、伺服、指示设备相配合的功能。这类系统大部分应用于一些专业性强的工业控制系统中,一般没有操作系统的支持,通过汇编语言编程对系统进行直接控制。这一阶段系统的主要特点是,系统结构和功能相对单一,处理效率较低,存储容量较小,几乎没有用户接口。

第二阶段是以嵌入式 CPU 为基础、以简单操作系统为核心的嵌入式系统。此时,CPU 种类繁多,通用性比较弱;系统开销小,效率高;操作系统达到一定的兼容性和扩展性;应用软件较专业化,用户界面不够友好。

第三阶段是以嵌入式操作系统为标志的嵌入式系统。这个阶段的嵌入式操作系统能运行于各种不同类型的微处理器上,兼容性好;操作系统内核小、效率高,并且具有高度的可模块化和可扩展性;具备文件和目录管理、多任务、网络支持、图形窗口以及用户界面等功能;具有大量的应用程序接口 API,开发应用程序较简单;嵌入式应用软件丰富。

第四阶段是以 Internet 为标志的嵌入式系统。这是一个正在迅速发展的阶段。目前大多数嵌入式系统还孤立于 Internet 之外,但随着 Internet 的发展以及 Internet 技术与信息家电、工业控制技术的结合日益密切,嵌入式设备与 Internet 的结合将代表嵌入式系统的未来。

2. 嵌入式系统的发展趋势

(1)小型化、智能化、网络化、可视化。

随着技术水平的提高和人们生活的需要,嵌入式设备(尤其是消费类产品)正朝着小型化、便携式和智能化的方向发展。如果你携带笔记本电脑外出办事,你肯定希望它轻薄小巧,甚至希望有一种更便携的设备来替代它,目前的上网本、MID(移动互联网设备)、便携投影仪等都是因类似的需求而出现的。对嵌入式而言,可以说是已经进入了嵌入式互联网时代(有线网、无线网、广域网、局域网的组合),嵌入式设备和互联网的紧密结合,更为我们的日常生活带来了极大的方便。嵌入式设备的功能越来越强大,未来的冰箱、洗衣机等家用电器都将实现网上控制;异地通信、协同工作、无人操控场所、安全监控场所等的可视化也已经成为现实,随着网络运载能力的提升,可视化将得到进一步完善。人工智能、模式识别技术也将在嵌入式系统中得到应用,使得嵌入式系统更加人性化、智能化。

(2)多核技术的应用。

人们需要处理的信息越来越多,这就要求嵌入式设备的运算能力更强,因此需要设计出更强大的嵌入式处理器,多核技术处理器在嵌入式中的应用将更为普遍。

(3)低功耗(节能)、绿色环保。

嵌入式系统的硬件设计和软件设计都在追求更低的功耗,以求嵌入式系统获得更长的可靠工作时间,如手机的通话和待机时间,MP3听音乐的时间,等等。同时,绿色环保型嵌入式产品将更受人们的青睐,嵌入式系统设计也会考虑更多诸如辐射和静电的问题。

(4)云计算、可重构、虚拟化等技术的应用。

简单地讲,云计算将计算分布在大量的分布式计算机上,这样只需要一个终端就可以通过网络服务来实现我们需要的计算任务,甚至是超级计算任务。云计算(cloud computing)是分布式处理(distributed computing)、并行处理(parallel computing)和网格计算(grid computing)的发展,或者说是这些计算机科学概念的商业实现。在未来几年里,云计算将得到进一步发展与应用。

可重构指在一个系统中,其硬件模块或(和)软件模块均能根据变化的数据流或控制流对系统结构和算法进行重新配置(或重新设置)。可重构系统最突出的优点就是能够根据不同的应用需求,改变自身的体系结构,以便与具体的应用需求相匹配。

虚拟化指计算机软件在一个虚拟的平台上而不是真实的硬件上运行。虚拟化技术可以简化软件的重新配置过程,易于实现软件的标准化。其中CPU的虚拟化指单CPU模拟多CPU并行运行,允许一个平台同时运行多个操作系统,并且这些操作系统都可以在相互独立的空间内运行而互不影响,从而提高工作效率和安全性。虚拟化技术是降低多内核处理器系统开发成本的关键技术。虚拟化技术是未来几年最值得期待和关注的关键技术之一。

各种技术的发展与在嵌入式系统中的应用,将不断为嵌入式系统增添新的魅力和发展空间。

(5)嵌入式软件开发平台化、标准化,逐渐实现系统可升级,代码可复用。

嵌入式操作系统将进一步走向开放、开源、标准化、组件化。嵌入式软件开发平台化也将是今后的一个趋势,越来越多的嵌入式软硬件行业标准将出现,最终的目标是使嵌入式软件开发简单化,这也是一个必然规律。同时随着系统复杂度的提高,系统可升级和代码可复用技术在嵌入式系统中将得到更多的应用。另外,因为嵌入式系统采用的微处理器种类多,没有形成统一的标准,所以嵌入式软件开发将使用更多的跨平台软件开发语言与工具,目前,Java语言正在被越来越广泛地使用到嵌入式软件开发中。

(6)嵌入式系统将逐渐PC化。

需求和网络技术的发展是嵌入式系统发展的一个源动力。移动互联网的发展,将进一步促进嵌入式系统PC化。如前所述,结合跨平台开发语言的广泛应用,那么未来嵌入式软件开发的概念将逐渐淡化,也就是嵌入式软件开发和非嵌入式软件开发的区别将逐渐缩小。

(7)融合趋势。

嵌入式系统软硬件融合、产品功能融合、嵌入式设备和互联网的融合趋势日益加剧。嵌入式系统设计中软硬件结合将更加紧密,软件将是其核心。消费类产品将在运算能力和便携方面进一步融合。传感器网络将迅速发展,其将极大地促进嵌入式技术和互联网技术的融合。

(8)安全性。

随着嵌入式技术和互联网技术的结合发展,嵌入式系统的信息安全问题日益凸显,保证信息安全也成为嵌入式系统开发的重点和难点。

1.2 嵌入式系统的组成与结构

一个嵌入式系统装置一般由嵌入式计算机系统和执行装置组成,如图 1-1 所示,嵌入式计算机系统是整个嵌入式系统的核心,由硬件层、中间层、系统软件层和应用软件层组成。执行装置也称为被控对象,它可以接收嵌入式计算机系统发出的控制命令,执行所规定的操作或任务。执行装置可以很简单,如手机上的一个微小型电机,当手机处于震动接收状态时打开;也可以很复杂,如 SONY 智能机器狗,上面集成了多个微小型控制电机和多种传感器,从而可以执行各种复杂的动作和感受各种状态信息。

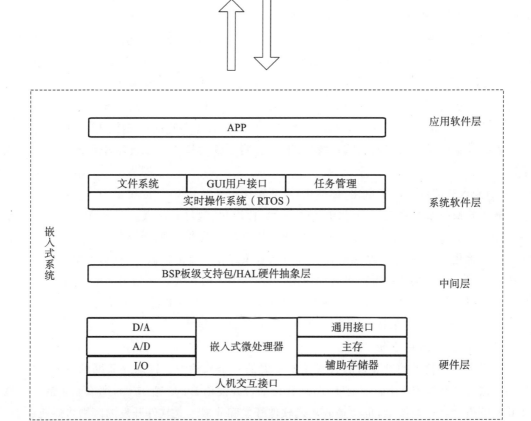

图 1-1   嵌入式计算机系统和执行装置组成

◆ 1.2.1 嵌入式系统的硬件组成与结构

嵌入式系统的硬件架构包含嵌入式微处理器、存储器(SDRAM、ROM、Flash 等)、通用设备接口和 I/O 接口(A/D、D/A、I/O 等)。在一片嵌入式处理器基础上添加电源电路、时钟电路和存储器电路,就构成了一个嵌入式核心控制模块,其中操作系统和应用程序都可以固化在 ROM 中。

1. 嵌入式微处理器

嵌入式系统硬件层的核心是嵌入式微处理器,嵌入式微处理器与通用 CPU(中央处理器)最大的不同在于嵌入式微处理器大多工作在为特定用户群所专门设计的系统中,它将通用 CPU 中许多由板卡完成的任务集成在芯片内部,从而有利于嵌入式系统在设计时趋于小型化,同时具有很高的效率和可靠性。

嵌入式微处理器的体系结构可以采用冯·诺依曼体系或哈佛体系结构;指令系统可以选用精简指令系统(reduced instruction set computer,RISC)和复杂指令系统(complex instruction set computer,CISC)。RISC 计算机在通道中只包含最有用的指令,确保数据通道快速执行每一条指令,从而提高了执行效率并使 CPU 硬件结构设计变得更为简单。

嵌入式微处理器有各种不同的体系,即使在同一体系中也可能具有不同的时钟频率和数据总线宽度,或集成了不同的外设和接口。据不完全统计,全世界嵌入式微处理器已经超过 1000 多种,体系结构有 30 多个系列,其中主流体系有 ARM、MIPS、Power PC、X86 和 SH 等。但与全球 PC 市场不同的是,没有一种嵌入式微处理器可以主导市场,仅以 32 位的产品而言,就有 100 种以上嵌入式微处理器。嵌入式微处理器的选择是根据具体的应用而决定的。

2. 存储器

嵌入式系统需要存储器来存放和执行代码。嵌入式系统的存储器包含 Cache、主存和辅助存储器,其存储结构如图 1-2 所示。

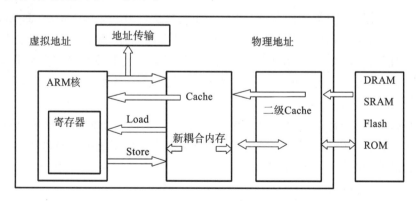

图 1-2 存储结构

(1)Cache。

Cache 是一种容量小、速度快的存储器,位于主存和嵌入式微处理器内核之间,用于存放一段时间内微处理器使用最多的程序代码和数据。当需要读取数据时,微处理器尽可能地从 Cache 中读取,而不是从主存中读取,这样就大大改善了系统的性能,提高了微处理器和主存之间的数据传输速率。Cache 的主要目标就是减小存储器（如主存和辅助存储器）给微处理器内核造成的存储器访问瓶颈，使处理速度更快，实时性更强。

在嵌入式系统中，Cache 全部集成在嵌入式微处理器内，可分为数据 Cache、指令 Cache 或混合 Cache，Cache 的大小依不同处理器而定。一般中高档的嵌入式微处理器才会把 Cache 集成进去。

（2）主存。

主存是嵌入式微处理器能直接访问的存储器，用来存放系统和用户的程序及数据。它可以位于微处理器的内部或外部，其容量为 256 KB～1 GB，实际容量根据具体的应用而定，一般片内存储器容量小，处理速度快，而片外存储器容量大，处理速率慢。

常用作主存的存储器有两类：ROM 类和 RAM 类。ROM 类包括 NOR Flash、EPROM 和 PROM 等；RAM 类包括 SRAM、DRAM 和 SDRAM 等。其中 NOR Flash 凭借其可擦写次数多、存储速度快、存储容量大、价格便宜等优点，在嵌入式领域内得到了广泛应用。

（3）辅助存储器。

辅助存储器用来存放大数据量的程序代码或信息，它的容量大，但读取速度与主存相比就慢很多，用来长期保存用户的信息。

嵌入式系统中常用的辅助存储器有硬盘、NAND Flash、CF 卡、MMC 和 SD 卡等。

3. 通用设备接口和 I/O 接口

嵌入式系统和外界交互需要一定形式的通用设备接口，如 A/D、D/A、I/O 等，外设通过和片外其他设备或传感器的连接来实现微处理器的输入/输出功能。每个外设通常只有单一的功能，它可以在芯片外也可以内置于芯片中。外设的种类很多，既包括简单的串行通信设备，又包含非常复杂的 802.11 无线设备。

嵌入式系统中常用的通用设备接口有 A/D（模/数转换接口）、D/A（数/模转换接口）、I/O接口。I/O 接口有 RS-232 接口（串行通信接口）、Ethernet（以太网接口）、USB（通用串行总线接口）、音频接口、VGA 视频输出接口、I^2C（现场总线）、SPI（串行外设接口）和 IrDA（红外线接口）等。

硬件层与软件层之间为中间层，也称为硬件抽象层（hardware abstract layer，HAL）或板级支持包（board support package，BSP），它将系统上层软件与底层硬件分离开来，使系统的底层驱动程序与硬件无关，上层软件开发人员无须关心底层硬件的具体情况，根据 BSP 层提供的接口即可进行开发。该层一般包含相关底层硬件的初始化、数据的输入/输出操作和硬件设备的配置功能。

BSP 具有以下两个特点。硬件相关性：因为嵌入式实时系统的硬件环境具有应用相关性，而作为上层软件与硬件平台之间的接口，BSP 需要为操作系统提供操作和控制具体硬件的方法。操作系统相关性：不同的操作系统具有各自的软件层次结构，因此，不同的操作系统具有特定的硬件接口形式。

实际上，BSP 是一个介于操作系统和底层硬件之间的软件层次，包括系统中大部分与硬件联系紧密的软件模块。设计一个完整的 BSP 需要完成两部分工作：嵌入式系统的硬件初始化和 BSP 功能初始化，设计与硬件相关的设备驱动。

◆　**1.2.2　嵌入式系统的软件组成与结构**

在嵌入式系统的不同应用领域和不同的发展阶段，嵌入式系统的软件组成也不完全相同。最基本的结构如图 1-3 所示。

应用软件是针对特定应用领域,基于某一个固定的硬件平台, 用来达到用户预期目标的计算机软件。嵌入式系统自身的特点,决定了嵌入式应用软件不仅要满足准确性、安全性和稳定性等方面的需求,而且要尽可能地优化代码,以减少对系统资源的消耗,降低硬件成本。

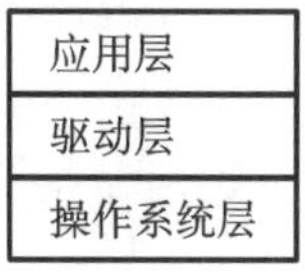

```
应用层
驱动层
操作系统层
```

图 1-3 嵌入式系统
软件组成图

1.3 嵌入式操作系统举例

嵌入式操作系统主要有商业版和开源版两个阵营,从长远看,嵌入式系统开源开发将是嵌入式发展趋势。

◆ 1.3.1 商业版嵌入式操作系统

常见的商业版嵌入式操作系统有 VxWorks、Windows CE 和 Palm OS 操作系统。

1. VxWorks

VxWorks 操作系统是美国 Wind River System 公司于 1983 年设计开发的一种嵌入式实时操作系统(RTOS),是嵌入式开发环境的关键组成部分。VxWorks 系统因良好的持续发展能力、高性能的内核以及友好的用户开发环境,而在嵌入式实时操作系统领域占据一席之地。它以其良好的可靠性和卓越的实时性被广泛地应用在通信、军事、航空、航天等对高精尖技术及实时性要求极高的领域中,如卫星通信、军事演习、弹道制导、飞机导航等。在美国的 F-16 战斗机、FA-18 战斗机、B-2 隐形轰炸机和爱国者导弹上,甚至连 1997 年 4 月登陆火星的火星探测器、2008 年 5 月登陆火星的凤凰号,和 2012 年 8 月登陆火星的好奇号上也都使用到了 VxWorks 系统。VxWorks 的系统结构是一个相当小的微内核的层次结构,内核仅提供多任务环境、进程间通信和同步功能。这些功能模块足够支持 VxWorks 在较高层次上提供丰富的性能要求。

2. Windows CE

Windows CE 操作系统是 Windows 家族的成员,是专门为掌上电脑(HPCs)以及嵌入式设备设计的系统环境。这样的操作系统可整合可移动技术与现有的 Windows 桌面技术一起工作。Windows CE 是典型的拥有有限内存的无磁盘系统,是基于掌上型电脑类的电子设备操作系统,可以通过一层位于内核和硬件之间的代码来设定硬件平台,这即是众所周知的硬件抽象层(HAL)[在以前解释时,这被称为 OEMC(原始设备制造)适应层,即 OAL;内核压缩层,即 KAL。以免与微软的 Windows NT 操作系统的 HAL 混淆]。与其他微软 Windows 操作系统不同,Windows CE 并不是一个采用相同标准的对所有平台都适用的软件。为了灵活地适应广泛产品的需求,Windows CE 可采用不同的标准模式,这就意味着,它能够从一系列软件模式中做出选择,从而使产品得到定制。另外,一些可利用模式也可作为其组成部分,这意味着这些模式能够从一套可利用的组分中做出选择,从而成为标准模式。通过选择,Windows CE 能够达到系统要求的最小模式,从而减少存储脚本和操作系统的运行成本。

3. Palm OS

Palm OS 是早期由 U. S. Robotics 公司(其后被 3Com 收购,再独立改名为 Palm 公司)研制的专门用于其掌上电脑产品 Palm 的操作系统。Palm OS 操作系统是为 Palm 产品专门设计和研发的,因其产品从推出时就超过了苹果公司的 Newton 而获得了极大的成功,Palm OS 也因此声名大噪。随后,IBM、Sony、Handspring 等厂商取得 Palm 的授权,将其使用在旗下产品中。Palm OS 操作系统以简单易用为大前提,运作需求的内存与处理器资源较小,速度也很快;但不支援多线程,长远发展受到限制。Palm OS 版权现时由 Palm Source 公司拥有,并由 Palm Source 公司负责开发及维护。2005 年 9 月 9 日,Palm Source 被软件开发商爱可信收购,之后改名为 Access Linux Platform,继续开发。新出产的 Palm 类产品中的 Palm OS 版本大部分为 5.0 甚至更高。

◆　1.3.2　开源版嵌入式操作系统

"开源软件"目前并没有明确定义,也没有标准许可证。许多公司采用"开放源代码"一词,大概有这样两种情况。第一,开源软件的许可条款是一个组合条款,并不都是 GPL (general public license,GNU 通用公共许可协议)。例如,Android 里面就有多种许可证 (GPL、Apache 和 BSD)。我们知道 Linux 内核采用的是 GPL,用户任何修改必须开源给社区。Android 许可用户为自己的应用制作专用软件(遵循 Apache 和 BSD 许可)。第二,一些商业软件称自己是开源软件,其实它们只是开放源代码给用户或者大众,让大家免费评估和试用,如果你真正使用这些商业软件了,需要技术服务了,那对不起,他们要收费了。

1. Linux

由 Linus Torvalds 在 1991 年发表的 Linux 开放操作系统,是由互联网上的志愿者们一起开发的,它吸引了许许多多忠实的追随者,自 1999 年稳定的 2.2 版本发布以来,Linux 在服务器和台式机上取得了巨大的成功,正在嵌入式系统中大放异彩。许多人认为 Linux 可以在嵌入式市场上获得认可,是得益于 Linux 的高质量和强生命力。当然,操作系统的灵活性、源代码的开放性和不收取运行时许可使用费,也是开发者选择 Linux 的理由。与商业软件授权方式不同的是,开发者可以自由地修改 Linux,以满足他们的应用需要。基于 UNIX 技术,Linux 提供了广泛的功能强大的操作系统功能,包括内存保护、进程和线程,以及丰富的网络协议。Linux 与 POSIX 标准兼容,从而提高了应用的可移植性。Linux 支持多种微处理器、总线架构和设备,通常情况下,芯片公司的驱动程序、应用相关的中间件、工具和应用程序都是先为 Linux 开发的,测试无误后再移植到其他 OS 平台,这些特性都非常适合于嵌入式系统应用。

2. Red Hat 的 eCos

eCos 全称是 embedded configurable operating system(嵌入式可配置操作系统或嵌入式可配置实时操作系统),于 1997 年被开发出来,可以说是嵌入式领域的一个后来者,相对其他系统来说,它非常年轻,其设计理念是比较新颖的,eCos 绝大多数代码使用 C++ 写作完成。eCos 最早是 Cygnus 公司开发的,该公司成立于 1989 年,1999 年被 Red Hat 收购,2002 年 Red Hat 解雇了 eCos 的开发人员,2004 年在 eCos 开发者的呼吁下,Red Hat 同意把 eCos 版权转给开源软件基金会。之后,eCos 主要开发人员组建了一个新的 eCos Centric

公司,继续进行 eCos 的开发和技术支持。

eCos 最大的特点是模块化,内核可配置。eCos 是一个针对 16/32/64 位处理器的可移植的开放源代码的嵌入式 RTOS。和 Linux 不同,它是由专门设计嵌入式系统的工程师设计的。eCos 提供的 Linux 兼容的 API 能让开发人员轻松地将 Linux 应用移植到 eCos。eCos 具备一般操作系统功能,如驱动和内存管理、异常和中断处理、线程的支持,还具备 RTOS 的特点,如可抢占、最小中断延迟、线程同步等。eCos 支持大量外设、通信协议和中间件,比如以太网、USB、IPv4/IPv6、SNMP、HTTP 等。

3. Android

Android 是谷歌公司开发的针对高端智能手机的一个操作系统,其实 Android 不仅是一个操作系统,也是一个软件平台,可以应用在更多类型的设备中。在实际应用中,Android 是一个在 Linux 上的应用架构,能够帮助开发者快速地布置应用软件。Android 成功的关键是它的授权方式,它是一个开源软件,主要源代码的授权方式是 Apache,该授权允许使用者在 Android 源代码上增加自己的知识产权,而不一定要公开源代码。

直到今天,Android 的开发还是集中在移动终端上,这是谷歌的主要目标市场,相关软件 IP 和开发工具也都是针对这个市场设计和配置的,Android 已经成为智能手机市场占有率最大的操作系统。在其他的市场上 Android 也具有巨大的潜力,一般来说,任何有复杂软件需求的地方,都可能用到 Android。消费电子、通信、汽车电子、医疗仪器和智能家居等领域,都是 Android 潜在的应用目标,但是 Android 要从移动终端应用真正地走出来,确实很有挑战性。目前,在平板电脑和智能电视上,Android 有不错的表现,基于 Android 的照相机、智能手表和电视盒已经出现,更多的应用也在开发之中。

思考与练习

1. 什么是嵌入式系统?列举出几个你熟悉的嵌入式系统产品。
2. 嵌入式系统是由哪几部分组成的?
3. 简述嵌入式系统的特点。

第2章

ARM微处理器技术

本章主要介绍 ARM 体系结构的特点和结构特性,以及常用的 ARM 处理器、微处理器的结构特性,包括微处理器接口。

本章主要内容:

1. ARM 体系结构的特点;

2. 常用的 ARM 处理器;

3. ARM 微处理器结构;

4. ARM 微处理器接口。

2.1　ARM 体系结构的特点及发展简介

ARM 公司是一家知识产权(IP)供应商,它与一般的半导体公司最大的不同就是不制造芯片且不向终端用户出售芯片,而仅转让设计方案,由合作伙伴生产出各具特色的芯片。ARM 公司利用这种双赢的伙伴关系迅速成为全球性 RISC 微处理器标准的缔造者。这种模式也给用户带来巨大的好处,因为用户只需掌握一种 ARM 内核结构及其开发手段,就能够使用与多家公司相同的 ARM 内核芯片。

目前,有超过 100 家公司与 ARM 公司签订了技术使用许可协议,其中包括 Intel、IBM、LG、NEC、SONY、NXP(原 PHILIPS)和 NS 这样的大公司。至于软件系统的合伙人,则包括微软、升阳和 MRI 等一系列知名公司。

ARM 架构是 ARM 公司面向市场设计的第一款低成本 RISC(精简指令系统)微处理器,它具有极高的性价比和代码密度,以及出色的实时中断响应和极低的功耗,并且占用硅片的面积极少,从而成为嵌入式系统的理想选择,广泛应用于手机、PDA、MP3/MP4 和种类繁多的便携式消费产品中。2004 年,ARM 公司的合作伙伴生产了 12 亿片 ARM 处理器。

◆ 2.1.1　RISC 结构特性

ARM 内核采用的是 RISC 体系结构。RISC 是一个小门数的计算机,其指令集和相关的译码机制比 CISC(复杂指令系统)简单得多,RISC 的目标就是设计出一套能在高时钟频率下单周期执行、简单而有效的指令集。RISC 的设计重点在于降低处理器中指令执行部件的硬件复杂度,这是因为软件比硬件更容易提供更强的灵活性和更强的智能化,因此 ARM 具备了非常典型的 RISC 结构特性:

(1)具有大量的通用寄存器;

(2)通过装载/保存(load-store)结构使用独立的 load 和 store 指令完成数据在寄存器和外部存储器之间的传送,处理器只处理寄存器中的数据,从而避免多次访问存储器;

(3)寻址方式非常简单,所有装载/保存的地址都只由寄存器内容和指令域决定;

(4)使用统一和固定长度的指令格式。

此外,ARM 体系结构还提供了如下特性:

(1)每一条数据处理指令都可以同时包含算术逻辑单元(ALU)的运算和移位处理,以实现对 ALU 和移位器的最大利用;

(2)使用地址自动增加和自动减少的寻址方式优化了程序中的循环处理;

(3)load/store 指令可以批量传输数据,从而实现了最大数据吞吐量;

(4)大多数 ARM 指令是可"条件执行"的,也就是说只有当某个特定条件满足时指令才会被执行;

(5)使用条件执行功能,可以减少指令的数目,从而提高程序的执行效率,提高代码的密度。

这些特性使 ARM 处理器在高性能、低代码规模、低功耗和小硅片尺寸方面取得良好的平衡。

从 1985 年 ARM1 诞生至今,ARM 指令集的体系结构发生了巨大的改变,还在不断地完善和发展。为了清楚地表达每个 ARM 应用实例所使用的指令集,ARM 公司定义了 7 种主要的 ARM 指令集的体系结构版本,以版本号 V1～V7 表示。

◆ 2.1.2　常用 ARM 处理器系列

ARM 公司开发了很多 ARM 处理器系列,应用比较多的是 ARM7 系列、ARM9 系列、ARM10 系列、ARM11 系列、Intel 的 Xscale 系列和 MPCore 系列,还有针对低端 8 位 MCU 市场推出的 Cortex-M3 系列。Cortex-M3 具有 32 位 CPU 的性能、8 位 MCU 的价格。

1. Cortex-M3 处理器

ARM Cortex-M3 处理器具有低成本、引脚数目少、功耗低的优势,是一款具有极高运算能力和中断响应能力的处理器内核。其问世于 2006 年,第一个推向市场的是美国 Luminary Micro 半导体公司的 LM3S 系列 ARM。

Cortex-M3 处理器采用了纯 Thumb-2 指令的执行方式,使得这个具有 32 位高性能的 ARM 内核能够实现 8 位和 16 位处理器级数的代码存储密度,非常适用于那些只需几千字节存储器的 MCU 市场。在增强代码密度的同时,该处理器内核是 ARM 所设计的内核中最小的一个,其核心的门数只有 33 KB,包含必要的外设之后的门数也只为 60 KB。这使它的封装更为小型,成本更加低廉。在实现这些的同时,它还提供性能优异的中断能力,通过其独特的寄存器管理和以硬件处理各种异常和中断的方式,最大限度地提高了中断响应和中断切换的速度。

与相近价位的 ARM7 内核相比,Cortex-M3 采用了先进的 ARM V7 架构,具有带分支预测功能的 3 级流水线,以 NMI 的方式取代了 FIQ/IRQ 的中断处理方式,其中断延迟最多只需 12 个周期(ARM7 的中断延迟为 24～42 个周期),带睡眠模式,8 段 MPU(存储器保护单元),同时具有 1.25 MIPS/MHz 的执行速度(ARM7 为 0.9 MIPS/MHz),而且其功耗仅为 0.19 mW/MHz(ARM7 为 0.28 mW/MHz)。目前最便宜的基于 Cortex-M3 内核的 ARM 单片机售价为 1 美元,由此可见 Cortex-M3 系列是冲击低成本市场的利器,且性能比 8 位单片机更高。

2. Cortex-R4 处理器

Cortex-R4 处理器是首款基于 ARM V7 架构的高级嵌入式处理器,其目标是为产量巨大的高级嵌入式提供应用方案,如硬盘、喷墨式打印机,以及汽车安全系统等。

Cortex-R4 处理器在节省成本与功耗上为开发者们带来了关键性的突破,在与其他处理器相近的芯片面积上提供了更为优越的性能。Cortex-R4 为整合期间的可配置能力提供了真正的支持,通过这种能力,开发者可让处理器更加完美地符合应用方案的具体要求。

Cortex-R4 采用了 90 nm 生产工艺,最高运行频率可达 400 MHz,该内核整体设计的侧重点在于效率和可配置性。

Cortex-R4 处理器拥有复杂完善的流水线架构,该架构基于低耗费的超量(双行)八段流水线,同时带有高级分支预测功能,从而实现了大于 1.6 MIPS/MHz 的运算速度。该处理器全面遵循 ARM V7 架构,同时包含更高代码密度的 Thumb-2 技术、硬件划分指令、经过优化的一级高速缓存器和 TCM(紧密耦合存储器)、存储器保护单元、动态分支预测、64 位的 AXI 主机端口、AXI 从机端口、VIC 端口等多种创新的技术和强大的功能。

3. Cortex-R4F 处理器

Cortex-R4F 处理器在 Cortex-R4 处理器的基础上加入了代码错误校正(ECC)技术、浮点运算单元(FPU)以及 DMA 综合配置的能力,增强了处理器在存储器保护单元、缓存、TCM、DMA 访问和调试方面的能力。

4. Cortex-A8 处理器

Cortex-A8 是 ARM 公司开发的基于 ARM V7 架构的首款应用级处理器,也是 ARM 开发的同类处理器中性能最好、能效最高的处理器。从 600 MHz 开始到 1 GHz 以上的运算能力使 Cortex-A8 能够轻易胜任那些要求功耗小于 300 mW 的、耗电量最优化的移动电话器件,以及那些要求有 2000 MIPS 执行速度的、性能最优化的消费产品的应用。Cortex-A8 是 ARM 公司首款超量处理器,其特色是运用了可增加代码密度和加强性能的技术、可支持多媒体以及信号处理能力的 NEONTM 技术、能够支持 Java 和其他文字代码语言(byte-code language)的提前和即时编译的 Jazelle® RCT(run-time compilation target,运行时编译目标代码)技术。

ARM 最新的 Artisan® Advantage-CE 库以其先进的泄漏控制技术使 Cortex-A8 处理器实现了优异的速度和能效。

Cortex-A8 具有多种先进的功能特性,是一个有序、双行、超标量的处理器内核,具有 13 级整数运算流水线,10 级 NEON 媒体运算流水线,可对等待状态进行编程的专用的 2 级缓存,以及基于历史的全局分支预测。在功耗最优化的同时,Cortex-A8 实现了 2.00 MIPS/MHz 的性能。它完全兼容 ARM V7 架构,采用 Thumb-2 指令集,具备为媒体数据处理优化的 NEON 信号处理能力,兼有 Jazelle RC Java 加速技术,并采用了 TrustZong 技术来保障数据的安全性。它带有经过优化的 1 级缓存,还集成了 2 级缓存。众多先进的技术使其适用于家电以及电子通信等各种高端的应用领域。

5. Cortex-A9 处理器

(1)ARM 的 Cortex-A9 构架。

Cortex-A9 处理器能与其他 Cortex 系列处理器以及广受欢迎的 ARM MPCore 技术兼容,因此能够很好地延用包括操作系统/实时操作系统(OS/RTOS)、中间件及应用在内的丰富资源,从而省去了采用全新处理器所需的成本。

通过首次采用改进的关键微体系架构,Cortex-A9 处理器提供了具有高扩展性和高功耗效率的解决方案。它利用动态长度、八级超标量结构、多事件管道及推断性乱序执行(speculative out-of-order execution),能在频率超过 1 GHz 设备的每个循环中执行多达 4 条指令,同时能减少主流八级处理器的成本并提高效率。

(2)ARM MPCore 技术。

通过进一步优化和扩展 MPCore 技术,Cortex-A9 MPCore 多核处理器的开发为许多全新应用市场提供了下一代 MPCore 技术。此外,为简化和扩大对多核解决方案的使用,Cortex-A9 MPCore 处理器还支持与加速器和 DMA 的系统级相关性,进一步提高了性能,并在降低系统级功耗苛刻的 250 mW 移动功耗预算条件下为当今的手机提供显著的性能提升的可综合 ARM 处理器。当采用 TSMC 65 nm 普通工艺、性能达到 2000 DMIPS 时,核逻辑硅芯片将小于 $1.5 \ mm^2$。从 2000 DMIPS 到 8000 DMIPS 的可扩展性能,比当今高端手机或机顶盒高出 4～16 倍,将使终端用户能够即时地浏览复杂的、加载多媒体内容的网页,并最大程度地利用 Web 2.0 应用程序,享受高度真实感的图片和游戏,快速打开复杂的附件或实时编辑媒体文件。

Cortex-A9 多核处理器结合了 Cortex 应用级架构以及用于可扩展性能的多处理能力,提供了下列增强的多核技术:

①加速器一致性端口(ACP),用于提高系统性能和降低系统能耗。

②先进总线接口单元(advanced bus interface unit),用于在高带宽设备中实现低延迟时间。

③多核 TrustZone 技术,结合中断虚拟,允许基于硬件的安全和加强的类虚拟(paravirtualization)解决方案。

④通用中断控制器(GIC),用于软件移植和优化的多核通信。

(3)完整的系统解决方案。

ARM Cortex-A9 处理器包含 ARM 特定应用架构扩展集,包括 DSP(数字信号处理)和 SIMD(单指令多数据流)扩展集、Jazelle 技术、TrustZone 和智能功耗管理(IEM^{TM})技术。此外,ARM 已开发一整套支持新处理器的技术,以缩短设计时间并加快产品上市时间。这一完整的系统解决方案包括以下内容。

①浮点单元(FPU)。Cortex-A9 FPU 提供高性能的单精度和双精度浮点指令。

②媒体处理。Cortex-A9 NEON 媒体处理引擎(MPE)提供了 Cortex-A9 FPU 所具有的性能和功能,以及在 Cortex-A8 处理器中首次推出的用于加速媒体和信号处理功能的 ARM NEON 先进 SIMD 指令集。

③物理 IP。提供在 Cortex-A9 处理器上实现低功耗、高性能应用所需的众多标准单元库和存储器。标准单元包括功耗管理工具包,可实现动态和漏泄功耗节省技术,例如时钟门控、多电压岛和功率门控。还提供具有先进的功耗节省功能的存储编译器。

④Fabric IP。Cortex-A9 处理器得到广泛的 PrimeCell、fabric IP 元件的支持。这些元件包括:一个动态存储控制器、一个静态存储控制器、一个 AMBA;3 AXI 可配置的内部互联及一个优化的 L2 Cache 控制器,用于匹配 Cortex-A9 处理器在高频设计中的性能和吞吐能力。

⑤图形加速。ARM Mali^{TM}图形处理单元及 Cortex-A9 处理器的组合,将使得 SoC 合作活动能够创造高度整合的系统级解决方案,带来最佳的尺寸、性能和系统带宽优势。

⑥系统设计。ARM RealView SoC Designer 工具提供快速的架构优化和性能分析,并允许在硬件完成以前很长时间即可进行软件驱动程序和对时间要求很严格的代码的早期开发。RealView 系统发生器(RealView system generator)为基于 Cortex-A9 处理器的虚拟平台的采用提供超快建模能力。RealView 工具中关于 Cortex-A9 处理器的基于周期(cycle based)及程序员视角的模型已上市。

⑦调试:ARM CoreSight^{TM}片上技术加速了复杂调试的时间,缩短了上市时间。程序追踪宏单元技术(program trace macrocell technology)具有程序流追踪能力,能够将处理器的指令流完全可视化,同时配置与 ARM V7 架构兼容的调试接口,实现工具标准化和更高的调试性能。用于 Cortex-A9 处理器的 CoreSight 设计工具包扩展了其调试和追踪能力,以涵盖整个片上系统,包括多个 ARM 处理器、DSP 以及智能外设。

⑧软件开发。ARM RealView 开发套件(ARM RealView development suite)包括先进的代码生成工具,为 Cortex-A9 处理器提供卓越的性能和无以比拟的代码密度。这套工具还支持矢量编译,用于 NEON 媒体和信号处理扩展集,使得开发者无须使用独立的 DSP,从而降低产品和项目成本。包括先进的交叉触发在内的 Cortex-A9 MPCore 多核处理器调试得到 RealView ICE 和 Trace 产品的支持,同时得到一系列硬件开发板的支持,用于 FPGA 系统原型设计和软件开发。

6. ARM7 系列

ARM7TDMI 是 ARM 公司 1995 年推出的第一个处理器内核,是目前用量最多的一个内核。ARM7 系列包括 ARM7TDMI、ARM7TDMI-S、带有高速缓存处理器宏单元的 ARM720T 和扩充了 Jazelle 的 ARM7EJ-S。该系列处理器提供 Thumb 16 位压缩指令集和 Embedded ICE JTAG 软件调试方式,适用于更大规模的 SoC 设计中。其中 ARM720T 高速缓存处理宏单元还提供 8 KB 缓存、读缓冲和具有内存管理功能的高性能处理器,支持 Linux 和 Windows CE 等操作系统。

7. ARM9 系列

ARM9 系列于 1997 年问世,ARM9 系列有 ARM9TDMI、ARM920T 和带有高速缓存处理器宏单元的 ARM940T。所有的 ARM9 系列处理器都具有 Thumb 压缩指令集和 Embedded ICE JTAG 软件调试方式。ARM9 系列兼容 ARM7 系列,而且能够进行更加灵活的设计。

ARM926EJ-S 发布于 2000 年,ARM9E 系列为综合处理器,包括 ARM926EJ-S 和带有高速缓存处理器宏单元的 ARM966E-S、ARM946E-S。该系列强化了数字信号处理(DSP)功能,可应用于需要 DSP 与微控制器结合使用的情况,将 Thumb 技术和 DSP 都扩展到 ARM 指令集中,并具有 Embedded ICE-RT 逻辑(基于 Embedded ICE JTAG 软件调试的 ARM 增强版本),更好地适应了实时系统的开发需要。同时,其内核在 ARM9 处理器内核的基础上使用了 Jazelle 增强技术,该技术支持一种新的 Java 操作状态,允许在硬件中执行 Java 字节码。

8. ARM10 系列

ARM10 发布于 1999 年,ARM10 系列包括 ARM1020E 和 ARM1022E 微处理器核。其核心在于使用向量浮点(VFP)单元 VFP10 提供高性能的浮点解决方案,从而极大提高了处理器的整型和浮点运算性能,为用户界面的 2D 和 3D 图形引擎应用夯实基础,如视频游戏机和高性能打印机等。

9. ARM11 系列

ARM1136J-S 发布于 2003 年,是针对高性能和高能效的应用而设计的。ARM1136J-S 是第一个执行 ARM V6 架构指令的处理器,集成了一条具有独立的 load-store 和算术流水线的 8 级流水线。ARM V6 指令包含针对媒体处理的单指令多数据流(SIMD)扩展,采用特殊的设计以改善视频处理性能。

为了进行快速浮点运算,ARM1136JF-S 就是在 ARM1136J-S 的基础上增加了向量浮点单元的处理器。

10. Xscale

Xscale 处理器将 Intel 处理器技术和 ARM 体系结构融为一体,致力于为手提式通信和消费电子类设备提供理想的解决方案。Xscale 处理器还提供了全性能、高性价比、低功耗的解决方案,支持 16 位 Thumb 指令和集成数字信号处理(DSP)指令。

2.2　ARM 微处理器结构

ARM 的体系结构或处理器结构的特征主要体现在 ARM 微处理器的寄存器结构、异常处理、存储器结构、接口、指令系统等方面。

◆ 2.2.1　寄存器结构

ARM 处理器共有 37 个寄存器,被分为若干个组(BANK),这些寄存器包括 31 个通用寄存器,如链接寄存器(LR)、程序计数器(PC 指针),均为 32 位;6 个状态寄存器,用以标识 CPU 的工作状态及程序的运行状态(CPSR、SPSR),均为 32 位,目前只使用了其中的一部分。

1. 处理器运行模式

ARM 微处理器支持 7 种运行模式。

(1)USR(用户模式):ARM 处理器正常程序执行模式,不能直接切换到其他模式。

(2)FIQ(快速中断模式):用于高速数据传输或通道处理,FIQ 异常响应时进入此模式。

(3)IRQ(外部中断模式):用于通用的中断处理,IRQ 异常响应时进入此模式。

(4)SVC(管理模式):操作系统使用的保护模式,系统复位和软件中断响应时进入此模式(由系统调用执行软件中断 SWI 命令触发)。

(5)ABT(数据访问中止模式):当数据或指令预取中止(Abort)时进入该模式,可用于虚拟存储及存储保护。

(6)SYS(系统模式):运行具有特权的操作系统任务,与用户模式类似,但具有可以直接切换到其他模式等特权。

(7)UND(未定义指令模式):当执行未定义的指令(Undef)时进入该模式,可用于支持硬件协处理器的软件仿真。

ARM 微处理器的运行模式可以通过软件改变,也可以通过外部中断或异常处理改变。大多数的应用程序运行在用户模式下,当处理器运行在用户模式下时,某些被保护的系统资源是不能被访问的。除用户模式以外,其余的 6 种模式称为非用户模式或特权模式(privileged modes);除去用户模式和系统模式以外的 5 种模式又称为异常模式(exception modes),常用于处理中断或异常,以及需要访问受保护的系统资源等情况。

ARM 处理器在每一种处理器模式下均有一组相应的寄存器与之对应,即在任意一种处理器模式下,可访问的寄存器包括 15 个通用寄存器(R0~R14)、1~2 个状态寄存器和程序计数器。在所有的寄存器中,有些在 7 种处理器模式下共用同一个物理寄存器,而有些在不同的处理器模式下有不同的物理寄存器。

2. 处理器工作状态

ARM 处理器有 32 位 ARM 和 16 位 Thumb 两种工作状态。在 32 位 ARM 状态下执行字对齐的 ARM 指令,在 16 位 Thumb 状态下执行半字对齐的 Thumb 指令。在 Thumb 状态下,程序计数器 PC(program counter)使用位[1]选择另半字。ARM 处理器在两种工作状态之间可以切换,切换不影响处理器的模式或寄存器的内容。

当操作数寄存器的状态位(位[0])为 1 时,执行 BX 指令进入 Thumb 状态。如果处理器在 Thumb 状态进入异常,则当异常处理(IRQ、FIQ、Undef、Abort 和 SWI)返回时,自动转换到 Thumb 状态。

当操作数寄存器的状态位(位[0])为 0 时,执行 BX 指令进入 ARM 状态,处理器进行异常处理(IRQ、FIQ、Undef、Abort 和 SWI 等)。在此情况下,把 PC 放入异常模式链接寄存器中。从异常向量地址开始执行也可以进入 ARM 状态。

ARM 处理器的 37 个寄存器被安排成部分重叠的组,并不是在任何模式下都可以使用的,寄存器的使用与处理器状态和工作模式有关。如图 2-1 所示,每种处理器模式使用不同的寄存器组。

系统和用户模式	管理模式	中止模式	外部中断模式	未定义模式	快速中断模式
R0	R0	R0	R0	R0	R0
R1	R1	R1	R1	R1	R1
R2	R2	R2	R2	R2	R2
R3	R3	R3	R3	R3	R3
R4	R4	R4	R4	R4	R4
R5	R5	R5	R5	R5	R5
R6	R6	R6	R6	R6	R6
R7	R7	R7	R7	R7	R7
R8	R8	R8	R8	R8	R8_fiq
R9	R9	R9	R9	R9	R9_fiq
R10	R10	R10	R10	R10	R10_fiq
R11	R11	R11	R11	R11	R11_fiq
R12	R12	R12	R12	R12	R12_fiq
R13	R13_svc	R13_abt	R13_irq	R13_und	R13_fiq
R14	R14_svc	R14_abt	R14_irq	R14_und	R14_fiq
R15(PC)	R15(PC)	R15(PC)	R15(PC)	R15(PC)	R15(PC)
CPSR	CPSR	CPSR	CPSR	CPSR	CPSR
	SPSR_svc	SPSR_abt	SPSR_irq	SPSR_und	SPSR_fiq

图 2-1 寄存器组织结构图

注:▧ 标注的寄存器在物理空间上是独立的。

1)通用寄存器

通用寄存器(R0~R15)可分成不分组寄存器 R0~R7、分组寄存器 R8~R14 和程序计数器 R15 三类。

(1)不分组寄存器 R0~R7。

不分组寄存器 R0~R7 是真正的通用寄存器,可以工作在所有的处理器模式下,没有隐含的特殊用途。

(2)分组寄存器 R8~R14。

分组寄存器 R8~R14 取决于当前的处理器模式,每种模式有专用的分组寄存器用于快速异常处理。寄存器 R8~R12 可分为两组物理寄存器:一组用于 FIQ 模式,另一组用于除

FIQ 以外的其他模式。第一组访问 R8_fiq~R12_fiq,允许快速中断处理;第二组访问 R8_usr~R12_usr,寄存器 R8~R12 没有指定特殊用途。

寄存器 R13~R14 可分为 6 组物理寄存器。1 组用于用户模式和系统模式,而其他 5 组分别用于 SVC、ABT、UND、IRQ 和 FIQ 五种异常模式。访问时需要指定它们的模式,如 R13_<mode>,R14_<mode>,其中<mode>可以是 USR、SVC、ABT、UND、IRQ 和 FIQ 六种模式中任意一种。

寄存器 R13 通常用作堆栈指针,称作 SP。每种异常模式都有自己的分组 R13。通常 R13 应当被初始化成指向异常模式分配的堆栈。在入口处,异常处理程序将用到的其他寄存器的值保存到堆栈中;返回时,重新将这些值加载到寄存器。这种对异常的处理方法保证了异常出现后不会导致执行程序的状态不可靠。

寄存器 R14 用作子程序链接寄存器,也称为链接寄存器 LR(link register)。当执行带链接分支(BL)指令时,R14 会得到 R15 的备份。

在其他情况下,R14(LR)被用作通用寄存器。类似地,当中断或异常出现时,或者当中断或异常程序执行 BL 指令时,相应的分组寄存器 R14_svc、R14_irq、R14_fiq、R14_abt 和 R14_und 用来保存 R15(PC)的返回值。

FIQ 模式有 7 组寄存器 R8~R14,映射为 R8_fiq~R14_fiq。在 ARM 状态下,许多 FIQ 处理没必要保存任何寄存器。USR、IRQ、ABT 和 UND 模式每一种都包含两组寄存器 R13 和 R14 的映射,允许每种模式都有自己的堆栈和链接寄存器。

(3)程序计数器 R15。

寄存器 R15 用作程序计数器(PC)。在 ARM 状态,位[1:0]为 0,位[31:2]保存 PC。在 Thumb 状态下,位[0]为 0,位[31:1]保存 PC。R15 虽然也可用作通用寄存器,但一般不这么使用,因为对 R15 的使用有一些特殊的限制,当违反了这些限制时,程序的执行结果是未知的。

①读程序计数器。指令读出的 R15 的值是指令地址加上 8 字节。由于 ARM 指令始终是字对齐的,所以读出结果值的位[1:0]总是 0(在 Thumb 状态下,情况有所变化)。读 PC 主要用于快速地对临近的指令和数据进行位置无关寻址,包括程序中的位置无关转移。

②写程序计数器。写 R15 的通常结果是将写到 R15 中的值作为指令地址,并以此地址发生转移。由于 ARM 指令要求字对齐,通常希望写到 R15 中值的位[1:0]=0b00。

由于 ARM 体系结构采用了多级流水线技术,对于 ARM 指令集而言,PC 总是指向当前指令的下两条指令的地址,即 PC 的值为当前指令地址值加上 8 字节。

2)程序状态寄存器

寄存器 R16 用作 CPSR(current program status register,当前程序状态寄存器)。在所有处理器模式下都可以访问 CPSR。CPSR 包含条件码标志、中断禁止位、当前处理器模式以及其他状态和控制信息。每种异常模式都有一个 SPSR(saved program status register,保存程序状态寄存器)。当异常出现时,SPSR 用于保留 CPSR 的状态。

CPSR 和 SPSR 的格式如图 2-2 所示。

(1)条件码标志。

N、Z、C、V(negative、zero、carry、overflow)均为条件码标志位(condition code flags),它们的内容可被算术或逻辑运算的结果改变,并且可以决定某条指令是否被执行,CPSR 中的

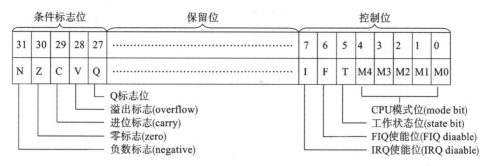

图 2-2 CPSR 寄存器结构

条件码标志可由大多数指令检测以决定指令是否执行,其含义如表 2-1 所示。在 ARM 状态下,绝大多数指令都是有条件执行的。在 Thumb 状态下,仅有分支指令是有条件执行的。

表 2-1 CPSR 中条件码标志的含义

条件码标志	含 义
N	当运算用两个补码表示的带符号数时,N=1 表示运算的结果为负数,N=0 表示运算的结果为正数或零
Z	Z=1 表示运算的结果为零,Z=0 表示运算的结果非零
C	有 4 种方法设置 C 值: -加法运算(包括 CMP):当运算产生进位时(无符号数溢出),C=1,否则 C=0。 -减法运算(包括 CMP):当运算产生借位时(无符号数溢出),C=0,否则 C=1。 -对于包含移位操作的非加/减运算指令,C 为移出值的最后一位。 -对于其他的非加/减运算指令,C 值通常不会改变
V	有 2 种方法设置 V 值: -对于加减法运算指令,当操作数和运算结果为用二进制补码表示的带符号数时,V=1 表示符号位溢出。 -对于其他的非加/减运算指令,V 值通常不会改变
Q	在 ARM V5 及以上版本的 E 系列处理器中,用 Q 标志位指示增强的 DSP 运算指令是否发生了溢出。同样的 SPSR 的 bit[27]位也称为 Q 标志位,用于当异常中断发生时保存和恢复 CPSR 中的 Q 标志位。在 ARM V5 以前的版本及 ARM V5 的非 E 系列处理器中,Q 标志位无定义

通常,条件码标志通过执行比较指令(CMN、CMP、TEQ、TST)、算术运算、逻辑运算和传送指令进行修改。

(2)控制位。

程序状态寄存器 PSR(program status register)的最低 8 位 I、F、T 和 M[4:0]用作控制位,其含义如表 2-2 所示。当异常出现时,控制位被改变;当处理器在特权模式下时,控制位也可由软件改变。

表 2-2　PSR 控制位的含义

控　制　位	含　义
I	IRQ 中断禁止位。置 1 时,禁止 IRQ 中断
F	FIQ 中断禁止位。置 1 时,禁止 FIQ 中断
T	反映处理器的运行状态。当该位为 1 时,程序运行于 Thumb 状态,否则运行于 ARM 状态。该信号反映在外部引脚 TBIT 上。在程序中不得修改 CPSR 中的 TBIT 位,否则处理器工作状态不能确定
M4~M0	模式位,决定处理器的运行模式

模式位 M[4:0] 的含义如表 2-3 所示。

表 2-3　模式位 M[4:0] 的含义

M[4:0]	处理器模式	ARM 模式可访问的寄存器	Thumb 模式可访问的寄存器
0b10000	用户模式	PC,CPSR,R0~R14	PC,CPSR,R0~R7,LR,SP
0b10001	FIQ 模式	PC,CPSR,SPSR_fiq, R14_fiq~R8_fiq,R0~R7	PC,CPSR,SPSR_fiq, LR_fiq,SP_fiq,R0~R7
0b10010	IRQ 模式	PC,CPSR,SPSR_irq, R14_irq~R13_irq,R0~R12	PC,CPSR,SPSR_irq, LR_irq,SP_irq,R0~R7
0b10011	管理模式	PC,CPSR,SPSR_svc, R14_svc~R13_svc,R0~R12	PC,CPSR,SPSR_svc, LR_svc,SP_svc,R0~R7
0b10111	中止模式	PC,CPSR,SPSR_abt, R14_abt~R13_abt,R0~R12	PC,CPSR,SPSR_abt, LR_abt,SP_abt,R0~R7
0b11011	未定义模式	PC,CPSR,SPSR_und, R14_und~R13_und,R0~R12	PC,CPSR,SPSR_und, LR_und,SP_und,R0~R7
0b11111	系统模式	PC,CPSR,R0~R14	PC,CPSR,LR,SP,R0~R7

3. Thumb 状态的寄存器集

Thumb 状态下的寄存器集如图 2-3 所示,是 ARM 状态下寄存器集的一个子集。程序员可以直接访问 8 个通用寄存器(R0~R7)以及 PC、SP、LR 和 CPSR。每一种特权模式都有一组 SP、LR 和 SPSR。

Thumb 状态下的 R0~R7 与 ARM 状态的 R0~R7 是一致的;

Thumb 状态下的 CPSR、SPSR 与 ARM 状态的 CPSR、SPSR 是一致的;

Thumb 状态下的 SP 映射到 ARM 状态的 SP(R13);

Thumb 状态下的 LR 映射到 ARM 状态的 LR(R14);

Thumb 状态下的 PC 映射到 ARM 状态的 PC(R15);

Thumb 状态与 ARM 状态的寄存器关系如图 2-4 所示。

系统和用户模式	管理模式	中止模式	外部中断模式	未定义模式	快速中断模式
R0	R0	R0	R0	R0	R0
R1	R1	R1	R1	R1	R1
R2	R2	R2	R2	R2	R2
R3	R3	R3	R3	R3	R3
R4	R4	R4	R4	R4	R4
R5	R5	R5	R5	R5	R5
R6	R6	R6	R6	R6	R6
R7	R7	R7	R7	R7	R7
SP	SP_svc	SP_abt	SP_irq	SP_und	SP_fiq
LR	LR_svc	LR_abt	LR_irq	LR_und	LR_fiq
PC	PC	PC	PC	PC	PC
CPSR	CPSR	CPSR	CPSR	CPSR	CPSR
	SPSR_svc	SPSR_abt	SPSR_irq	SPSR_und	SPSR_fiq

图 2-3　Thumb 状态下寄存器集

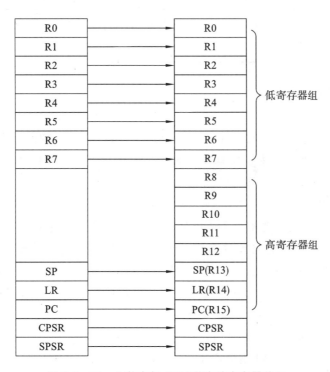

图 2-4　Thumb 状态与 ARM 状态的寄存器关系

◆ 2.2.2 异常处理

在一个正常的程序流程执行过程中,由内部或外部源产生的一个事件使正常的程序产生暂时的停止时,称之为异常。异常是由内部或外部源产生并引起处理器处理的一个事件,例如一个外部的中断请求。在处理异常之前,当前处理器的状态必须保留,当异常处理完成之后,恢复保留的当前处理器状态,继续执行当前程序。多个异常同时发生时,处理器将按固定的优先级进行处理。

ARM 体系结构中的异常,与单片机的中断有相似之处,但异常与中断的概念并不完全等同,例如外部中断或试图执行未定义指令都会引起异常。

1. ARM 体系结构的异常类型

ARM 体系结构支持 7 种异常类型,异常类型、异常处理模式和优先级如表 2-4 所示。异常出现后,强制从异常类型对应的固定存储器地址开始执行程序。这些固定的存储器地址称为异常向量(exception vectors)。

表 2-4 异常类型及异常处理模式

异 常 类 型	异 常	进 入 模 式	地址(异常向量)	优 先 级
复位	复位	管理模式	0x0000,0000	1(最高)
未定义指令	未定义指令	未定义模式	0x0000,0004	6(最低)
软件中断	软件中断	管理模式	0x0000,0008	6(最低)
指令预取中止	中止(预取指令)	中止模式	0x0000,000C	5
数据中止	中止(数据)	中止模式	0x0000,0010	2
IRQ(外部中断请求)	IRQ	IRQ	0x0000,0018	4
FIQ(快速中断请求)	FIQ	FIQ	0x0000,001C	3

2. 异常类型的含义

1)复位

当处理器的复位电平有效时,ARM 处理器产生复位异常,立刻停止执行当前指令。复位后,ARM 处理器在禁止中断的管理模式下,程序跳转到复位异常处理程序处执行(从地址 0x00000000 或 0xFFFF0000 开始执行指令)。

2)未定义指令异常

当 ARM 处理器或协处理器遇到不能处理的指令时,产生未定义指令异常。当 ARM 处理器执行协处理器指令时,它必须等待任一外部协处理器应答后,才能真正执行这条指令。若协处理器没有响应,就会出现未定义指令异常。若试图执行未定义的指令,也会出现未定义指令异常。未定义指令异常可用于在没有物理协处理器(硬件)的系统上,对协处理器进行软件仿真,或在软件仿真时进行指令扩展。

3)软件中断异常(software interrupt,SWI)

软件中断异常由执行 SWI 指令产生,可使用该异常机制实现系统功能调用,用于用户模式下的程序调用特权操作指令,以请求特定的管理(操作系统)函数。

4)指令预取中止

若处理器预取指令的地址不存在,或该地址不允许当前指令访问,存储器系统会向处理器发出存储器中止(abort)信号,但当预取指令被执行时,才会产生指令预取中止异常。

5)数据中止(数据访问存储器中止)

若处理器数据访问指令的地址不存在,或该地址不允许当前指令访问,则产生数据中止异常,存储器系统会发出存储器中止信号。响应数据访问(加载或存储)激活中止,标记数据为无效。在后面的任何指令或异常改变 CPU 状态之前,数据中止异常发生。

6）外部中断请求(IRQ)异常

当处理器的外部中断请求引脚有效,且 CPSR 中的 I 位为 0 时,产生 IRQ 异常。系统的外设可通过该异常请求中断服务。IRQ 异常的优先级比 FIQ 异常的低,当存储器进入 FIQ 处理时,会屏蔽掉 IRQ 异常。

7）快速中断请求(FIQ)异常

当处理器的快速中断请求引脚有效,且 CPSR 中的 F 位为 0 时,产生 FIQ 异常。FIQ 支持数据传送和通道处理,并有足够的私有寄存器。

3. 异常的响应过程

当一个异常出现以后,ARM 微处理器会执行以下操作:

①将下一条指令的地址存入相应链接寄存器 LR,以便程序处理异常后能返回到正确的位置重新开始执行。若异常是从 ARM 状态进入的,LR 寄存器中保存的便是下一条指令的地址[当前 PC+4(Thumb)或当前 PC+8(ARM),与异常的类型有关];若异常是从 Thumb 状态进入的,则 LR 寄存器中保存的是当前 PC 的偏移量。

②将 CPSR 状态传送到相应的 SPSR 中。

③根据异常类型,强制设置 CPSR 的运行模式位。

④强制 PC 从相关的异常向量地址取下一条指令执行,跳转到相应的异常处理程序。还可以设置中断禁止位,以禁止中断发生。

异常发生时,如果处理器处于 Thumb 状态,则当异常向量地址被赋值给 PC 时,处理器自动切换到 ARM 状态。

异常处理完毕之后,ARM 微处理器会执行以下操作跳出异常:

①将链接寄存器 LR 的值减去相应的偏移量后送到 PC 中。

②将 SPSR 内容送回 CPSR 中。

③若在进入异常处理时设置了中断禁止位,要在此清除。

可以认为应用程序总是从复位异常处理程序开始执行的,因此复位异常处理程序不需要返回。

4. 应用程序中的异常处理

在应用程序的设计中,异常处理采用的方式是在异常向量表中的特定位置放置一条跳转指令,跳转到异常处理程序。当 ARM 处理器发生异常时,程序计数器 PC 会被强制设置为对应的异常向量,从而跳转到异常处理程序,当异常处理完成以后,返回到主程序继续执行。

◆ 2.2.3 ARM 的存储器结构

ARM 体系结构允许使用现有的存储器和 I/O 器件进行各种各样的存储器系统设计。

1. 地址空间

ARM 体系结构使用的单一、线性地址空间,具有 2^{32} 字节。字节地址可作为无符号数看待,范围为 $0\sim2^{32}-1$。

2. 存储器格式

在 ARM 体系结构中,每个字单元包含 4 字节单元或者 2 个半字单元,1 个半字单元包含 2 字节单元。在字单元中，4 字节中哪一个是高位字节，哪一个是低位字节，则有两种不同的格式，通常称为大端格式或者小端格式，也就是 big-endian 格式和 little-endian 格式。大/小端的选择对于不同的芯片来说有一些不同的选择方式，一般都可以通过外部的引脚或内部的寄存器来选择。具体要参见处理器的数据手册。

大端模式，是指数据的高位保存在内存的低地址中，而数据的低位保存在内存的高地址中，这种存储模式类似于把数据当作字符串顺序处理：地址由小向大增加，而数据从高位往低位放。

小端模式，是指数据的高位保存在内存的高地址中，而数据的低位保存在内存的低地址中，这种存储模式将地址的高低和数据位权有效地结合起来，高地址部分权值高，低地址部分权值低，和我们的逻辑方法一致。

对于字对齐的地址 A，地址空间规则要求如下：

★地址位于 A 的字由地址为 A、A+1、A+2 和 A+3 的字节组成；

★地址位于 A 的半字由地址为 A 和 A+1 的字节组成；

★地址位于 A+2 的半字由地址为 A+2 和 A+3 的字节组成；

★地址位于 A 的字由地址为 A 和 A+2 的半字组成。

ARM 存储系统可以使用小端存储或者大端存储两种方法，两种存储格式如图 2-5 所示。

31　　24	23　　16	15　　8	7　　0
地址A的字			
地址A的半字		地址A+2的半字	
地址A的字节	地址A+1的字节	地址A+2的字节	地址A+3的字节

(a) 大端存储

31　　24	23　　16	15　　8	7　　0
地址A的字			
地址A+2的半字		地址A的半字	
地址A+3的字节	地址A+2的字节	地址A+1的字节	地址A的字节

(b) 小端存储

图 2-5　大端存储和小端存储

ARM 体系结构通常希望所有的存储器访问能适当地对齐，特别是用于字访问的地址应当字对齐，用于半字访问的地址应当半字对齐。未按这种方式对齐的存储器访问称作非对齐的存储器访问。

如果在 ARM 状态执行期间，处理器将没有字对齐的地址写到 R15 中，那么结果通常是不可预知的或者地址的位[1:0]被忽略。如果在 Thumb 状态执行期间，处理器将没有半字对齐的地址写到 R15 中，则地址的位[0]通常被忽略。

例 2-1　假设 A 的地址为 0xC2000000，A 地址中的内容为 0x12345678，画出大、小端存储地址所对应的数据。

解答如图 2-6 所示。

	31　　　　　24	23　　　　　16	15　　　　　8	7　　　　　0
地址	0xC2000000			
数据	0x12345678			
地址	0xC2000000		0xC2000002	
数据	0x1234		0x5678	
地址	0xC2000000	0xC2000001	0xC2000002	0xC2000003
数据	0x12	0x34	0x56	0x78

(a) 大端存储

	31　　　　　24	23　　　　　16	15　　　　　8	7　　　　　0
地址	0xC2000000			
数据	0x12345678			
地址	0xC2000002		0xC2000000	
数据	0x1234		0x5678	
地址	0xC2000003	0xC2000002	0xC2000001	0xC2000000
数据	0x12	0x34	0x56	0x78

(b) 小端存储

图 2-6　大端存储和小端存储地址所对应的数据

3. ARM 存储器结构

ARM 处理器有的带有指令 Cache 和数据 Cache,但不带有片内 RAM 和 ROM,系统所需的 RAM 和 ROM(包括 Flash)都通过总线外接。系统的地址范围较大($2^{32}=4GB$),有的片内还带有存储器管理单元 MMU(memory management unit)。ARM 架构处理器还允许外接 PCMCIA。

4. 存储器映射 I/O

ARM 系统使用存储器映射 I/O 端口。I/O 端口使用特定的存储器地址,当从这些地址加载(用于输入)或向这些地址存储(用于输出)时,完成输入或输出功能。加载和存储也可用于执行控制功能,代替或者附加到正常的输入或输出功能。然而,存储器映射 I/O 位置的行为通常不同于对一个正常存储器位置所期望的行为。例如,从一个正常存储器位置连续加载两次,每次返回的值相同,而对于存储器映射 I/O 位置,第二次加载的返回值可以不同于第一次加载的返回值。

◆ 2.2.4　ARM 微处理器的接口

1. ARM 协处理器接口

为了便于片上系统 SoC 的设计,ARM 可以通过协处理器(CP)来支持一个通用指令集的扩充,通过增加协处理器来增加系统的功能。在逻辑上,ARM 可以扩展 16 个(CP15～CP0)协处理器,其中 CP15 作为系统控制器,CP14 作为调试控制器,CP7～4 作为用户控制器,CP13～8 和 CP3～0 保留。每个协处理器可有 16 个寄存器。例如,MMU 和保护单元的系统控制都采用 CP15 协处理器;JTAG(joint test action group,联合测试行动小组)调试中的协处理器为 CP14,即调试通信通道 DCC(debug communication channel)。

ARM 处理器内核与协处理器接口有以下四类。

①时钟和时钟控制信号：MCLK、nWAIT、nRESET。

②流水线跟随信号：nMREQ、SEQ、nTRANS、nOPC、TBIT。

③应答信号：nCPI、CPA、CPB。

④数据信号：D[31:0]、DIN[31:0]、DOUT[31:0]。

协处理器也采用流水线结构，为了保证与 ARM 处理器内核中的流水线同步，在每一个协处理器内需有 1 个流水线跟随器（pipeline follower），用来跟踪 ARM 处理器内核流水线中的指令。由于 ARM 的 Thumb 指令集无协处理器指令，协处理器还必须监视 TBIT 信号的状态，以确保不把 Thumb 指令误解为 ARM 指令。

协处理器也采用 load-store 结构，用指令来执行寄存器的内部操作，从存储器读取数据至寄存器或把寄存器中的数据保存至存储器中，以及实现与 ARM 处理器内核中寄存器之间的数据传送。而这些指令都由协处理器指令实现。

2. ARM AMBA 接口

ARM 微处理器内核可以通过先进的微控制器总线架构 AMBA（advanced microcontroller bus architecture）来扩展不同体系架构的宏单元及 I/O 部件。AMBA 已成为事实上的片上总线（on chip bus，OCB）标准。

AMBA 有 AHB（advanced high-performance bus，先进高性能总线）、ASB（advanced system bus，先进系统总线）和 APB（advanced peripheral bus，先进外围总线）等三类总线。

ASB 是目前 ARM 常用的系统总线，用来连接高性能系统模块，支持突发（burst）方式数据传送。

AHB 不但支持突发数据传输方式及单个数据传输方式，还支持分离式总线事务处理，这样可以进一步提高总线的利用效率。特别在高性能的 ARM 架构系统中，AHB 有逐步取代 ASB 的趋势。

APB 为外围宏单元提供了简单的接口，也可以把 APB 看作 ASB 的余部。

AMBA 通过测试接口控制器 TIC（test interface controller）提供了模块测试的途径，允许外部测试者作为 ASB 总线的主设备来分别测试 AMBA 上的各个模块。

AMBA 中的宏单元也可以通过 JTAG 方式进行测试。虽然 AMBA 的测试方式通用性稍差些，但其通过并行口的测试代价比通过 JTAG 的测试代价要低些。

一个基于 AMBA 的典型系统如图 2-7 所示。

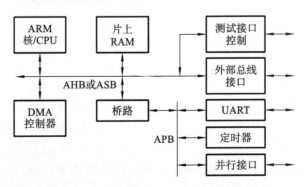

图 2-7　基于 AMBA 的典型系统结构图

3. ARM I/O 结构

ARM 处理器内核一般都没有 I/O 端口的部件和模块,ARM 处理器中的 I/O 端口可通过 AMBA 总线来扩充。ARM 采用了存储器映像 I/O 端口的方式,即把 I/O 端口地址作为特殊的存储器地址。一般的 I/O,如串行接口,有若干个寄存器,包括发送数据寄存器(只写)、数据接收寄存器(只读)、控制寄存器、状态寄存器(只读)和中断允许寄存器等。这些寄存器都需相应的 I/O 端口地址。应注意的是存储器的单元可以重复读多次,其读出的值是一致的;而 I/O 设备的连续 2 次输入,其输入值可能不同。

在许多 ARM 体系结构中,I/O 单元对于用户是不可访问的,只可以通过系统管理调用或通过 C 语言的库函数来访问。ARM 架构的处理器一般都没有 DMA(直接存储器存取)部件,只有一些高档的 ARM 架构处理器才具有 DMA 的功能。为了能提高 I/O 的处理能力,对于一些要求 I/O 处理速率比较高的事件,系统安排了快速中断 FIQ 处理模式,而对其余的 I/O 源仍安排一般中断 IRQ 处理模式。

为提高中断响应的速度,在设计中可以采用以下办法:

★提供大量后备寄存器,在中断响应及返回时,方便保护现场和恢复现场的上下文切换(context switching)。

★采用片内 RAM 的结构,这样可以加速异常处理(包括中断)的进入时间。

★快存 Cache 和地址变换后备缓冲器 TLB(translation lookaside buffer)采用锁住(locked down)方式以确保临界代码段不受"不命中"的影响。

◆ 2.2.5 ARM 微处理器指令系统

ARM 微处理器的指令集是加载/存储型的,即指令集仅能处理寄存器中的数据,而且处理结果都要放回寄存器中,对系统存储器的访问则需要通过专门的加载/存储指令来完成。

ARM 微处理器的指令集可以分为跳转指令、数据访问指令、PSR 处理指令、加载/存储指令、协处理器指令和异常指令六大类,详见第三章。

2.3 ARM 微处理器特点与典型体系结构

◆ 2.3.1 采用 RISC 架构的 ARM 微处理器特点

采用 RISC 架构的 ARM 微处理器支持 Thumb(16 位)/ARM(32 位)双指令集,能很好地兼容 8 位/16 位器件。Thumb 指令集比通常的 8 位和 16 位 CISC/RISC 处理器具有更优的代码密度。

★指令执行采用 3 级流水线/5 级流水线技术。

★带有指令 Cache 和数据 Cache,大量使用寄存器,指令执行速度更快。大多数数据操作都在寄存器中完成。寻址方式灵活简单,执行效率高。指令长度固定,在 ARM 状态下指令长度是 32 位,在 Thumb 状态下指令长度是 16 位。

★支持大端模式和小端模式两种存储字数据方法。

★支持 Byte(字节,8 位)、Halfword(半字,16 位)和 Word(字,32 位)三种数据类型。

★支持用户、快速中断、外部中断、管理、数据访问中止、系统和未定义指令中止等 7 种处理器模式,除了用户模式外,其余均为特权模式。

★处理器芯片上都嵌入了在线仿真 ICE-RT 逻辑,便于通过 JTAG 来仿真调试 ARM 体系结构芯片,可以避免使用昂贵的在线仿真器。另外,处理器内核中还可以嵌入跟踪宏单元 ETM,用于监控内部总线,实时跟踪指令和数据的执行。

★具有片上总线 AMBA。AMBA 定义了 3 组总线:先进高性能总线 AHB、先进系统总线 ASB、先进外围总线 APB。通过 AMBA 可以方便地扩充各种处理器及 I/O,可以把 DSP、其他处理器和 I/O(如 UART、定时器和接口等)集成在一块芯片中。

★采用存储器映像 I/O 的方式,即把 I/O 端口地址作为特殊的存储器地址。

★具有协处理器接口。ARM 允许接 16 个协处理器,如 CP15 用于系统控制,CP14 用于调试控制器。

★采用了降低电源电压,可工作在 3.0V 以下;减少门的翻转次数,当某个功能电路不需要时禁止门翻转;减少门的数目,即降低芯片的集成度;采用降低时钟频率等一些措施降低功耗。

★体积小、低成本、高性能。

◆ 2.3.2 典型的 ARM 体系结构

一个典型的 ARM 体系结构包含 32 位 ALU、31 个 32 位通用寄存器、6 个状态寄存器、32×8 位乘法器、32×32 位桶式移位寄存器、指令译码及控制逻辑、指令流水线和数据/地址寄存器等。

1. ALU

ARM 体系结构的 ALU 与常用的 ALU 逻辑结构基本相同,由两个操作数锁存器、加法器、逻辑功能、结果及零检测逻辑构成。ALU 的最小数据通路周期包含寄存器读时间、移位器延迟、ALU 延迟、寄存器写建立时间、双相时钟间非重叠时间等几部分。

2. 桶式移位寄存器

ARM 采用了 32×32 位桶式移位寄存器,左移/右移 n 位、环移 n 位和算术右移 n 位等都可以一次完成,可以有效地减少移位的延迟时间。在桶式移位寄存器中,所有的输入端通过交叉开关(crossbar)与所有的输出端相连。交叉开关采用 NMOS 晶体管来实现。

3. 高速乘法器

ARM 为了提高运算速度,采用 2 位乘法的方法。2 位乘法可根据乘数的 2 位来实现"加-移位"运算。ARM 的高速乘法器采用 32×8 位的结构,完成 32×2 位乘法只需 5 个时钟周期。

4. 浮点部件

在 ARM 体系结构中,浮点部件作为选件可根据需要选用,FPA10 浮点加速器以协处理器方式与 ARM 相连,并通过协处理器指令的解释来执行。浮点的 load-store 指令使用频度要达到 67%,故 FPA10 内部也采用 load-store 结构,有 8 个 80 位浮点寄存器组,指令执行也采用流水线结构。

5. 控制器

ARM 的控制器采用硬接线的可编程逻辑阵列 PLA,其输入端有 14 根、输出端有 40 根,分散控制 load-store 多路、乘法器、协处理器以及地址、寄存器 ALU 和移位器。

6. 寄存器

ARM 内含 37 个寄存器,包括 31 个 32 位通用寄存器和 6 个状态寄存器。

2.4 ARM 和 Thumb 工作状态

近年来,32 位 RISC 芯片性价比快速提高,使得基于 32 位处理器(特别是 ARM)的嵌入式应用迅猛上升。在 32 位控制器领域,ARM 架构的芯片占据了 60%~70% 的市场。ARM 体系中有一些特定功能,称为 ARM 体系的变种(variant),其中支持 Thumb 的指令集称为 T 变种。这样 ARM 微处理器就有两种工作状态——ARM 和 Thumb,并可在两种状态之间切换。只要遵循 ATPCS 调用规则,Thumb 子程序和 ARM 子程序就可以互相调用。在这种嵌入式系统软件开发中,为了增强系统的灵活性以及提高系统的整体性能,经常需要使用 16 位 Thumb 指令。如何有效、准确地使用 ARM/Thumb 状态切换(interworking)是关系到整个系统成败的关键环节,也是在具体项目开发过程中较难掌握的内容。本节主要介绍 ARM 体系结构中的 ARM/Thumb 状态切换。

◆ 2.4.1 ARM/Thumb 指令的性能比较

在 ARM 处理器中,内核同时支持 32 位 ARM 指令和 16 位 Thumb 指令。对于 ARM 指令来说,所有的指令长度都是 32 位,并且执行周期大多为单周期,指令都是有条件执行的。而 Thumb 指令的特点如下:

(1)指令执行条件经常不会使用;

(2)源寄存器与目标寄存器经常是相同的;

(3)使用的寄存器数量比较少;

(4)常数的值比较小;

(5)内核中的桶式移位器(barrel shifter)经常是不使用的。

也就是说 16 位 Thumb 指令一般可以完成和 32 位 ARM 指令相同的任务。当用户使用 C 程序来处理应用时,如果编译为 Thumb 指令,那么它的目标代码大小只有编译为 ARM 指令时的 65% 左右,这样就增加了指令密度。从另一方面来看,处理器在这两种状态下的性能是依赖于指令执行的存储器的宽度的。在 16-bit 内存上,即使有比 ARM 多的代码,这时 Thumb 性能也较好,因为 Thumb 每一条指令预取需要一个周期而每条 ARM 指令预取需要两个周期。另外,在 16-bit 内存上,Thumb 的性能降低了,这是因为数据写操作和特殊的堆栈操作,即使在 Thumb 下仍是 32-bit 的操作,导致在 16-bit 内存架构上性能降低。一个改进的方法是提供 32-bit 的内存来放置堆栈。这种情况下的性能提高到了 32-bit 内存架构的水平,主要的差别是使用的整型(32-bit)全局数据将仍被存储在 16-bit 内存上。另外,与 ARM 代码相比较,使用 Thumb 代码时,存储器的功耗会降低约 30%。

ARM 指令集和 Thumb 指令集各有其优点,若对系统的执行效率有较高的要求,应使用 32 位存储系统和 ARM 指令集,若对系统的成本及功耗有较高的要求,则应使用 16 位存储系统和 Thumb 指令集。当然,若两者结合使用,充分发挥各自的优点,会取得更好的效果。

◆ 2.4.2 切换的基本概念及切换时的子函数调用

在实际系统应用中,因为 ARM/Thumb 指令具有不同的特点,所以针对不同的场合开发人员会有不同的选择。Thumb 指令低密度及在窄存储器时性能高的特点使得它在大多数基于 C 代码的系统中有非常广泛的应用,但是在有些场合中系统只能使用 ARM 指令。例如,对于速度有比较高的要求,ARM 指令在宽存储器中会提供更高的性能;某些功能只能由 ARM 指令来实现,如访问 CPSR 寄存器来使能/禁止中断或者改变处理器工作模式;访问协处理器 CP15;执行 C 代码不支持的 DSP 算术指令;异常中断(exception)处理。在进入异常中断后,内核自动切换到 ARM 状态,即在异常中断处理程序入口的一些指令是 ARM 指令,程序根据需要可以切换到 Thumb 状态,在异常中断处理程序返回前,程序再切换到 ARM 状态。

　　ARM 处理器总是从 ARM 状态开始执行。如果要在调试器中运行 Thumb 程序,必须为该 Thumb 程序添加一个 ARM 程序头,再切换到 Thumb 状态,调用该 Thumb 程序。

　　在实际系统中,内核状态需要频繁切换(interworking)来满足系统性能需求。具体的切换是通过 BX(branch exchange)指令来实现的。指令格式为:

```
Thumb 状态
BX Rn
ARM 状态
BX<condition>Rn
```

其中,Rn 可以是寄存器 R0～R15 中的任意一个。指令可以通过将寄存器 Rn 的内容拷贝到程序计数器 PC 来完成在 4 GB 地址空间中的绝对跳转,而状态切换是由寄存器 Rn 的最低位来指定的。如果操作数寄存器的状态位 Bit0＝0,则进入 ARM 状态;如果 Bit0＝1,则进入 Thumb 状态。

　　下面是某系统中使用的程序切换实例。

```
CODE32 //ARM 状态下的代码
LDR R0,=Goto_Thumb+1
//产生跳转地址并且设置最低位
BX R0
//Branch Exchange,进入 Thumb 状态
…
CODE16 //Thumb 状态下的子函数
…
LDR R3,=Back_to_ARM
//产生字对齐的跳转地址,最低位被清除
BX R3
//Branch Exchange,返回到 ARM 状态
CODE32 //ARM 状态下的子函数
Bach_to_ARM
…
```

　　在上面的程序中,CODE16/CODE32 伪指令告诉汇编编译器后面的指令序列分别为 Thumb 指令和 ARM 指令。

　　在非 Interworking 函数调用中,调用函数使用 BL(branch with link)指令,即将返回地址保存在链接寄存器 LR 中,同时跳转到被调用的子函数程序入口。当子函数返回时执行指令 MOV PC,LR(当然也可能是其他形式的指令,如出栈指令)将 LR 值直接放入 PC 中,从而返回到调用函数中的下一条指令的地址,继续执行程序。

2.5 流水线技术

处理器按照一系列步骤来执行每一条指令。典型的步骤如下：

①从存储器读取指令(fetch)；

②译码以鉴别它是属于哪一条指令(dec)；

③从指令中提取指令的操作数(这些操作数往往存储在寄存器中)(reg)；

④组合操作数以得到结果或存储器地址(ALU)；

⑤如果需要，则访问存储器以存储数据(mem)；

⑥将结果写回到寄存器堆(res)。

并不是所有的指令都需要执行上述每一个步骤，但是，多数指令需要执行大部分步骤。这些步骤往往使用不同的硬件功能，例如，ALU 可能只在第④步中用到。因此，如果一条指令不是在前一条指令结束之前就开始，那么在每一步骤内处理器只有少部分的硬件在使用。

有一种方法可以明显改善硬件资源的使用率和处理器的吞吐量，这就是在前一条指令结束之前就开始执行下一条指令，即通常所说的流水线(pipeline)技术。流水线是 RISC 处理器执行指令时采用的机制。使用流水线，可在取下一条指令的同时译码和执行其他指令，从而加快执行的速度。可以把流水线看作是汽车生产线，每个阶段只完成专门的处理器任务。

采用上述操作顺序，处理器可以这样来组织：当一条指令刚刚执行完步骤①并转向步骤②时，下一条指令就开始执行步骤①。图 2-8 说明了这个过程。从原理上说，这样的流水线应该比没有重叠指令时的执行速度快 6 倍，但由于硬件结构本身的一些限制，实际情况会比理想状态差一些。

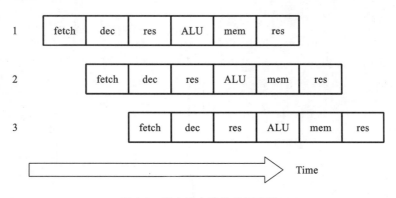

图 2-8 指令流水线执行示意图

 思考与练习

1. 常见的 ARM 处理器种类有哪些？各有什么特点？

2. ARM 处理器有哪些存储结构与存储格式？

3. 简述 ARM 微处理器的结构特点。

第3章

ARM微处理器
指令系统

本章介绍 ARM 指令集、Thumb 指令集，以及各类指令对应的寻址方式，通过对本章的阅读，希望读者能了解 ARM 微处理器所支持的指令集及具体的使用方法。

本章主要内容：

1. ARM 指令集、Thumb 指令集概述；

2. ARM 指令集的分类与具体应用；

3. Thumb 指令集的应用场合。

3.1 ARM 指令的基本寻址方式

寻址方式是根据指令中给出的地址码字段来实现寻找真实操作数地址的方式,ARM 处理器有 9 种基本寻址方式。

1. 寄存器寻址

操作数的值在寄存器中,指令中的地址码字段给出的是寄存器编号,寄存器的内容是操作数,指令执行时直接取出寄存器值操作。

指令示例:

```
MOV  R1,R2        ;R1←R2
SUB  R0,R1,R2     ;R0←R1-R2
```

2. 立即寻址

在立即寻址指令中数据就包含在指令当中,立即寻址指令的操作码字段后面的地址码部分就是操作数本身,取出指令也就取出了可以立即使用的操作数(也称为立即数)。立即数要以"#"为前缀,表示 16 进制数值时要在数值前加上"0x"。

指令示例:

```
ADD  R0,R0,#1     ;R0←R0 +1
MOV  R0,#0xff00   ;R0←0xff00
```

3. 寄存器移位寻址

寄存器移位寻址是 ARM 指令集特有的寻址方式。第 2 个寄存器操作数在与第 1 个操作数结合之前,先进行移位操作。

指令示例:

```
MOV  R0,R2,LSL #3      ;R2 的值左移 3 位,结果放入 R0,即 R0=R2 *8
ANDS R1,R1,R2,LSL R3   ;R2 的值左移 R3 位,然后和 R1 相与操作,结果放入 R1
```

4. 寄存器间接寻址

指令中的地址码给出的是一个通用寄存器编号,所需要的操作数保存在寄存器指定地址的存储单元中,即寄存器为操作数的地址指针,操作数存放在存储器中。

指令示例:

```
ADD  R0,R1,[R2]   ;R0←R1+[R2]
LDR  R0,[R1]      ;R0←[R1]
STR  R0,[R1]      ;[R1]←R0
```

第一条指令表示,以寄存器 R2 的值作为操作数的地址,在存储器中取得一个操作数后与 R1 相加,结果存入寄存器 R0 中。

第二条指令表示,将以 R1 的值为地址的存储器中的数据传送到 R0 中。

第三条指令表示,将 R0 的值传送到以 R1 的值为地址的存储器中。

5. 基址变址寻址

基址变址寻址是将基址寄存器的内容与指令中给出的地址偏移量相加,形成操作数的有效地址。基址变址寻址用于访问基址附近的存储单元,常用于查表、数组操作、功能部件寄存器访问等。采用变址寻址方式的指令常见有以下几种形式。

指令示例：

```
LDR   R0,[R1,#4]        ;R0←[R1+4]
LDR   R0,[R1,#4]!       ;R0←[R1+4]、R1←R1+4
LDR   R0,[R1],#4        ;R0←[R1]、R1←R1+4
LDR   R0,[R1,R2]        ;R0←[R1+R2]
```

第一条指令表示，将寄存器 R1 的值加上位移量 4，形成操作数的有效地址，将存于该地址单元中的字数据传送到寄存器 R0 中。

第二条指令表示，将寄存器 R1 的值加上位移量 4，形成操作数的有效地址，将存于该地址单元中的字数据传送到寄存器 R0 中，然后，R1 的值自增 4 个字节。

第三条指令表示，以寄存器 R1 的值作为操作数的有效地址，将存于该地址单元中的字数据传送到寄存器 R0 中，然后，R1 的值自增 4 个字节。

第四条指令表示，将寄存器 R1 的值加上寄存器 R2 的值，形成操作数的有效地址，将存于该地址单元中的字数据传送到寄存器 R0 中。

6. 多寄存器寻址

采用多寄存器寻址方式，一条指令可以完成多个寄存器值的传送，这种寻址方式用一条指令最多可以传送 16 个寄存器值。

指令示例：

```
LDMIA   R0,{R1,R2,R3,R4}      ;R1←[R0]
                              ;R2←[R0+4]
                              ;R3←[R0+8]
                              ;R4←[R0+12]
```

该指令的后缀 IA 表示在每次执行完加载/存储操作后，R0 按字长度增加，因此，指令可将连续存储单元的值传送到 R1～R4 中。

7. 堆栈寻址

堆栈是一种数据结构，是按特定顺序进行存取的存储区，操作原则是后进先出、先进后出。堆栈寻址是隐含的，它使用一个专门的寄存器（堆栈指针）指向一块存储区域（堆栈），指针所指向的存储单元就是堆栈的栈顶。存储器堆栈的生长方式可分为两种：

向上生长：数据向高地址方向生长，此时堆栈称为递增堆栈（ascending stack）。

向下生长：数据向低地址方向生长，此时堆栈称为递减堆栈（decending stack）。

堆栈指针指向最后压入堆栈的有效数据项，称为满堆栈（full stack）；堆栈指针指向下一个要放入数据的空位置，称为空堆栈（empty stack）。

这样就有四种类型的堆栈工作方式，ARM 微处理器支持这四种类型的堆栈工作方式，即：

满递增堆栈：堆栈指针指向最后压入的数据，且新数据入栈时，堆栈存储区由低地址向高地址生成。用 F 表示满堆栈，用 A 表示递增堆栈，如指令 LDMFA、STMFA 等。

满递减堆栈：堆栈指针指向最后压入的数据，且新数据入栈时，堆栈存储区由高地址向低地址生成。用 D 表示递减堆栈，如指令 LDMFD、STMFD 等。

空递增堆栈：堆栈指针指向下一个将要放入数据的空位置，且新数据入栈时，堆栈存储区由低地址向高地址生成。用 E 表示空堆栈，如指令 LDMEA、STMEA 等。

空递减堆栈:堆栈指针指向下一个将要放入数据的空位置,且新数据入栈时,堆栈存储区由高地址向低地址生成。如指令 LDMED、STMED 等。

8. 块复制寻址

块复制寻址用于把一块从存储器的某一位置复制到另一位置,是一个多寄存器传送指令。

指令示例:

```
STMIA  R0!,{R1-R7}        ;将 R1~R7 的数据保存到存储器中,存储器指针在保存第一个值之后增
                          加,增长方向为向上增长。
STMDA  R0!,{R1-R7}        ;将 R1~R7 的数据保存到存储器中,存储器指针在保存第一个值之后增
                          加,增长方向为向下增长。
```

9. 相对寻址

相对寻址是基址变址寻址的一种变通,由程序计数器 PC 提供基地址,以指令中的地址码字段作为偏移量,两者相加后得到的地址即为操作数的有效地址。

指令示例:

```
BL ROUTE1           ;调用到 ROUTE1 子程序
...
BEQ LOOP            ;条件跳转到 LOOP 标号处
...
LOOP MOV R2,#2
```

3.2 ARM 指令集

ARM 微处理器的指令集是加载/存储型的,即指令集仅能处理寄存器中的数据,而且处理结果都要放回寄存器中,对系统存储器的访问则需要通过专门的加载/存储指令来完成。ARM 微处理器的指令集可以分为跳转指令、数据访问指令、程序状态寄存器(PSR)处理指令、加载/存储指令、协处理器指令和异常指令六大类,基本 ARM 指令及功能如表 3-1 所示。

表 3-1　指令助记符及功能描述

助　记　符	指令功能描述
ADC	带进位加法指令
ADD	加法指令
AND	逻辑与指令
B	跳转指令
BIC	位清零指令
BL	带返回的跳转指令
BLX	带返回和状态切换的跳转指令
BX	带状态切换的跳转指令
CDP	协处理器数据操作指令
CMN	比较反值指令
CMP	比较指令

续表

助　记　符	指令功能描述
EOR	逻辑异或指令
LDC	存储器到协处理器的数据传输指令
LDM	加载多个寄存器指令
LDR	存储器到寄存器的数据传输指令
MCR	从 ARM 寄存器到协处理器寄存器的数据传输指令
MLA	乘加运算指令
MOV	数据传送指令
MRC	从协处理器寄存器到 ARM 寄存器的数据传输指令
MRS	传送 CPSR 或 SPSR 的数据到通用寄存器的指令
MSR	传送通用寄存器的数据到 CPSR 或 SPSR 的指令
MUL	32 位乘法指令
MLA	32 位乘加指令
MVN	数据取反传送指令
ORR	逻辑或指令
RSB	逆向减法指令
RSC	带借位的逆向减法指令
SBC	带借位减法指令
STC	协处理器寄存器写入存储器指令
STM	批量内存字写入指令
STR	寄存器到存储器的数据传输指令
SUB	减法指令
SWI	软件中断指令
SWP	交换指令
TEQ	相等测试指令
TST	位测试指令

◆ **3.2.1　指令格式及条件码**

　　当处理器工作在 ARM 状态时,几乎所有的指令均根据 CPSR 中条件码的状态和指令的条件域有条件地执行。当指令的执行条件满足时,指令被执行,否则指令被忽略。每一条 ARM 指令包含 4 位条件码,位于指令的最高 4 位[31:28]。条件码共有 16 种,每种条件码可用两个字符表示,这两个字符可以添加在指令助记符的后面,和指令同时使用。例如,跳转指令 B 可以加上后缀 EQ 变为 BEQ,表示"相等则跳转",即当 CPSR 中的 Z 标志置位时发生跳转。

　　在 16 种条件标志码中,只有 15 种可以使用,如表 3-2 所示,第 16 种(1111)为系统保留码,暂时不能使用。

表 3-2　指令的条件码

条　件　码	助记符后缀	标　　　志	含　　　义
0	EQ	Z 置位	相等
1	NE	Z 清零	不相等
10	CS	C 置位	无符号数大于或等于
11	CC	C 清零	无符号数小于
100	MI	N 置位	负数
101	PL	N 清零	正数或零
110	VS	V 置位	溢出
111	VC	V 清零	未溢出
1000	HI	C 置位,Z 清零	无符号数大于
1001	LS	C 清零,Z 置位	无符号数小于或等于
1010	GE	N 等于 V	带符号数大于或等于
1011	LT	N 不等于 V	带符号数小于
1100	GT	Z 清零且 N 等于 V	带符号数大于
1101	LE	Z 置位或 N 不等于 V	带符号数小于或等于
1110	AL	忽略	无条件执行

◆　3.2.2　程序状态寄存器访问指令

ARM 微处理器支持程序状态寄存器访问指令,用于在程序状态寄存器和通用寄存器之间传送数据,程序状态寄存器访问指令包括以下两条:

MRS:程序状态寄存器到通用寄存器的数据传送指令。

MSR:通用寄存器到程序状态寄存器的数据传送指令。

1. MRS 指令

MRS 指令的格式为

```
MRS{条件}　通用寄存器,程序状态寄存器(CPSR 或 SPSR)
```

MRS 指令用于将程序状态寄存器的内容传送到通用寄存器中。该指令一般用在以下两种情况:

(1)当需要改变程序状态寄存器的内容时,可用 MRS 将程序状态寄存器的内容读入通用寄存器,修改后再写回程序状态寄存器。

(2)当进行异常处理或进程切换时,需要保存程序状态寄存器的值,可先用该指令读出程序状态寄存器的值,然后保存。

指令示例:

```
MRS  R0,CPSR        ;传送 CPSR 的内容到 R0
MRS  R0,SPSR        ;传送 SPSR 的内容到 R0
```

2. MSR 指令

MSR 指令的格式为

```
MSR{条件}　程序状态寄存器(CPSR 或 SPSR)_<域>,操作数
```

MSR 指令用于将操作数的内容传送到程序状态寄存器的特定域中。其中,操作数可以为通用寄存器或立即数。<域>用于设置程序状态寄存器中需要操作的位,32 位的程序状态寄存器可分为 4 个域:

位[31:24]为条件标志位域,用 f 表示;

位[23:16]为状态位域,用 s 表示;

位[15:8]为扩展位域,用 x 表示;

位[7:0]为控制位域,用 c 表示。

该指令通常用于恢复或改变程序状态寄存器的内容,在使用时,一般要在 MSR 指令中指明将要操作的域。

指令示例:

```
MSR    CPSR,R0          ;传送 R0 的内容到 CPSR
MSR    SPSR,R0          ;传送 R0 的内容到 SPSR
MSR    CPSR_c,R0        ;传送 R0 的内容到 SPSR,但仅修改 CPSR 中的控制位域
```

◆ 3.2.3 加载/存储指令

ARM 微处理器支持加载/存储指令用于传送寄存器和存储器之间的数据,加载指令用于将存储器中的数据传送到寄存器,存储指令则用于将寄存器中的数据传送到存储器。常用的加载存储指令如表 3-3 所示。

表 3-3 数据处理指令助记符及功能描述

助 记 符	功 能 描 述
LDR	字数据加载指令
LDRB	字节数据加载指令
LDRH	半字数据加载指令
STR	字数据存储指令
STRB	字节数据存储指令
STRH	半字数据存储指令

1. LDR 指令

LDR 指令的格式为

```
LDR{条件}  目的寄存器,<存储器地址>
```

LDR 指令用于从存储器中将一个 32 位字数据传送到目的寄存器中。该指令通常用于从存储器中读取 32 位字数据到通用寄存器,然后对数据进行处理。当程序计数器 PC 作为目的寄存器时,指令从存储器中读取的字数据被当作目的地址,从而可以实现程序流程的跳转。该指令在程序设计中比较常用,且寻址方式灵活多样。

指令示例:

```
;*******************************************************************
; NAME: example1.s
; Desc: ARM instruction examples LDR MOV ....
; Author: 韩桂明
; School: 桂林信息科技学院
```

```
; CreateDate: 2021.9.2
;*************************************************************
;/*--------------------------------------------------- */
    LDR      R1,=0x40000000
    MOV      R2,#255
    MOV      R3,#245
    MOV      R4,#235
    MOV      R5,#225
    MOV      R6,#215
    MOV      R7,#205
    MOV      R8,#195
    MOV      R9,#185
    MOV      R10,#175
    MOV      R11,#165
    MOV      R12,#155
    MOV      R13,#150
    MOV      R14,#145
    STMIA    R1,{R2-R14}
    MOV      R2,#4              ;数据初始化
    LDR      R0,[R1]           ;将存储器地址为 R1 的字数据读入寄存器 R0
    LDR      R0,[R1,R2]        ;将存储器地址为 R1+R2 的字数据读入寄存器 R0
    LDR      R0,[R1,#8]        ;将存储器地址为 R1+8 的字数据读入寄存器 R0
    LDR      R0,[R1,R2]!       ;将存储器地址为 R1+R2 的字数据读入寄存器 R0,并将新地址
                                R1+R2 写入 R1
    LDR      R0,[R1,#8]!       ;将存储器地址为 R1+8 的字数据读入寄存器 R0,并将新地址R1+
                                8 写入 R1
    LDR      R0,[R1],R2        ;将存储器地址为 R1 的字数据读入寄存器 R0,并将新地址 R1 +
                                R2 写入 R1
    LDR      R1,=0X40000000
    LDR      R0,[R1,R2,LSL #2]! ;将存储器地址为 R1+R2×4 的字数据读入寄存器 R0,并将新地
                                址 R1+R2×4 写入 R1
    LDR      R0,[R1],R2,LSL #2 ;将存储器地址为 R1 的字数据读入寄存器 R0,并将新地址 R1 +
                                R2×4 写入 R1
```

2. LDRB 指令

LDRB 指令的格式为

```
LDR{条件}B  目的寄存器,<存储器地址>
```

LDRB 指令用于从存储器中将一个 8 位字节数据传送到目的寄存器中,同时将寄存器的高 24 位清零。该指令通常用于从存储器中读取 8 位字节数据到通用寄存器,然后对数据进行处理。当程序计数器 PC 作为目的寄存器时,指令从存储器中读取的字节数据被当作目的地址,从而可以实现程序流程的跳转。

指令示例:

```
LDRB     R0,[R1]           ;将存储器地址为 R1 的字节数据读入寄存器 R0,并将 R0 的高 24 位清零
LDRB     R0,[R1,#8]        ;将存储器地址为 R1+8 的字节数据读入寄存器 R0,并将 R0 的高 24 位清零
```

3. LDRH 指令

LDRH 指令的格式为

LDR{条件}H 目的寄存器,<存储器地址>

LDRH 指令用于从存储器中将一个 16 位半字数据传送到目的寄存器中,同时将寄存器的高 16 位清零。该指令通常用于从存储器中读取 16 位半字数据到通用寄存器,然后对数据进行处理。当程序计数器 PC 作为目的寄存器时,指令从存储器中读取的半字数据被当作目的地址,从而可以实现程序流程的跳转。

指令示例:

```
LDRH    R0,[R1]        ;将存储器地址为 R1 的半字数据读入寄存器 R0,并将 R0 的高 16 位清零
LDRH    R0,[R1,#8]     ;将存储器地址为 R1+8 的半字数据读入寄存器 R0,并将 R0 的高 16 位清零
LDRH    R0,[R1,R2]     ;将存储器地址为 R1+R2 的半字数据读入寄存器 R0,并将 R0 的高 16 位清零
```

4. STR 指令

STR 指令的格式为

STR{条件} 源寄存器,<存储器地址>

STR 指令用于从源寄存器中将一个 32 位字数据传送到存储器中。该指令在程序设计中比较常用,且寻址方式灵活多样,使用方式可参考指令 LDR。

指令示例:

```
STR   R0,[R1],#8       ;将 R0 中的字数据写入以 R1 为地址的存储器中,并将新地址 R1+8 写入 R1
STR   R0,[R1,#8]       ;将 R0 中的字数据写入以 R1+8 为地址的存储器中
```

5. STRB 指令

STRB 指令的格式为

STR{条件}B 源寄存器,<存储器地址>

STRB 指令用于从源寄存器中将一个 8 位字节数据传送到存储器中。该字节数据为源寄存器中的低 8 位。

指令示例:

```
STRB    R0,[R1]        ;将寄存器 R0 中的字节数据写入以 R1 为地址的存储器中
STRB    R0,[R1,#8]     ;将寄存器 R0 中的字节数据写入以 R1+8 为地址的存储器中
```

6. STRH 指令

STRH 指令的格式为

STR{条件}H 源寄存器,<存储器地址>

STRH 指令用于从源寄存器中将一个 16 位半字数据传送到存储器中。该半字数据为源寄存器中的低 16 位。

指令示例:

```
STRH    R0,[R1]        ;将寄存器 R0 中的半字数据写入以 R1 为地址的存储器中
STRH    R0,[R1,#8]     ;将寄存器 R0 中的半字数据写入以 R1+8 为地址的存储器中
```

◆ **3.2.4 批量数据加载/存储指令**

ARM 微处理器所支持的批量数据加载/存储指令可以一次在一片连续的存储器单元和多个寄存器之间传送数据,批量数据加载指令用于将一片连续存储器中的数据传送到多个

寄存器,批量数据存储指令则完成相反的操作。常用的加载/存储指令如下:

LDM:批量数据加载指令。

STM:批量数据存储指令。

LDM(或 STM)指令的格式为

`LDM(或 STM){条件}{类型} 基址寄存器{!},寄存器列表{∧}`

LDM(或 STM)指令用于从基址寄存器所指示的一片连续存储器到寄存器列表所指示的多个寄存器之间传送数据,该指令的常见用途是将多个寄存器的内容入栈或出栈。其中,{类型}分为两种情况,如表 3-4 所示。

表 3-4　批量数据加载/存储指令类型

数据块传送存储	堆栈操作压栈	说　明	数据块传送加载	堆栈操作出栈	说　明
STMDA	STMED	空递减	LDMDA	LDMFA	满递减
STMIA	STMEA	空递增	LDMIA	LDMFD	满递增
STMDB	STMFD	满递减	LDMDB	LDMEA	空递减
STMIB	STMFA	满递增	LDMIB	LDMED	空递增

(1)当 LDM/STM 没有用于堆栈,而只是简单地表示地址前向增加、后向增加、前向减少、后向减少时,由 IA、IB、DA、DB 控制。

IA(increment after)表示,每次传送后地址加 4;

IB(increment before)表示,每次传送前地址加 4;

DA(decrement after)表示,每次传送后地址减 4;

DB(decrement before)表示,每次传送前地址减 4。

(2)当 LDM/STM 用于堆栈时,由 FD、ED、FA、EA 控制。F、E 分别表示满堆栈、空堆栈。A 和 D 定义堆栈是递增还是递减,如果递增,STM 将向上,LDM 向下;如果递减,则相反。

FA(full ascending)表示满递增堆栈;

FD(full descending)表示满递减堆栈;

EA(empty ascending)表示空递增堆栈;

ED(empty descending)表示空递减堆栈。

{!}为可选后缀,若选用该后缀,则当数据传送完毕后,将最后的地址写入基址寄存器,否则基址寄存器的内容不改变。

基址寄存器不允许为 R15,寄存器列表可以为 R0~R15 的任意组合。

{∧}为可选后缀,当指令为 LDM 且寄存器列表中包含 R15,选用该后缀时表示,除了正常的数据传送外,还将 SPSR 复制到 CPSR。该后缀还表示传入或传出的是用户模式下的寄存器,而不是当前模式下的寄存器。

指示示例:

`STMIA R0!,{R1,R2,R3,R14}`

该指令表示先传值,后地址增加,将寄存器的内容传送到 RAM 中(Rn→RAM),如图 3-1 所示。

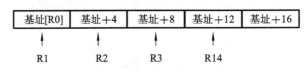

图 3-1 批量数据存储指令示意图

使用数据块传送指令进行堆栈操作的指令示例：

```
STMDA R0!,{R4-R7}
……
LDMIA R0!,{R4,R7}
```

使用堆栈指令进行堆栈操作的指令示例：

```
STMED R13!,{R4-R7}
……
LDMED R13!,{R4,R7}
或者
STMED SP!,{R4-R7}
……
LDMED SP!,{R4,R7}
```

两段代码的执行结果是一样的,但是使用堆栈指令的压栈和出栈操作的编程很简单(前后一致即可),而使用数据块指令进行压栈和出栈操作则需要考虑空与满对应、加与减对应的问题。

指令示例：

```
STMFD    R13!,{R0,R4-R12,LR}    ;将寄存器列表中的寄存器(R0,R4~R12,LR)存入堆栈
LDMFD    R13!,{R0,R4-R12,PC}    ;将堆栈内容恢复到寄存器(R0,R4~R12,LR)
```

◆ 3.2.5 数据交换指令

ARM 微处理器所支持数据交换指令能在存储器和寄存器之间交换数据。数据交换指令有两条:SWP(字数据交换)指令和 SWPB(字节数据交换)指令。

1. SWP 指令

SWP 指令的格式为

```
SWP{条件} 目的寄存器,源寄存器 1,[源寄存器 2]
```

SWP 指令用于将源寄存器 2 所指向的存储器中的字数据传送到目的寄存器中,同时将源寄存器 1 中的字数据传送到源寄存器 2 所指向的存储器中。显然,当源寄存器 1 和目的寄存器为同一个寄存器时,指令交换该寄存器和存储器的内容。

指令示例：

```
SWP    R0,R1,[R2]    ;将 R2 所指向的存储器中的字数据传送到 R0,同时将 R1 中的字数据传送
                      到 R2 所指向的存储单元
SWP    R0,R0,[R1]    ;将 R1 所指向的存储器中的字数据与 R0 中的字数据交换
```

2. SWPB 指令

SWPB 指令的格式为

```
SWP{条件}B 目的寄存器,源寄存器 1,[源寄存器 2]
```

SWPB 指令用于将源寄存器 2 所指向的存储器中的字节数据传送到目的寄存器中,目的寄存器的高 24 位清零,同时将源寄存器 1 中的字节数据传送到源寄存器 2 所指向的存储器中。显然,当源寄存器 1 和目的寄存器为同一个寄存器时,指令交换该寄存器和存储器的内容。

指令示例:

```
SWPB    R0,R1,[R2]        ;将 R2 所指向的存储器中的字节数据传送到 R0,R0 的高 24 位清零,同
                          时将 R1 中的低 8 位数据传送到 R2 所指向的存储单元
SWPB    R0,R0,[R1]        ;将 R1 所指向的存储器中的字节数据与 R0 中的低 8 位数据交换
```

3.2.6 数据处理指令

数据处理指令可分为数据传送指令、算术逻辑运算指令和比较指令等。数据传送指令用于在寄存器和存储器之间进行数据的双向传输。算术逻辑运算指令完成常用的算术与逻辑的运算,该类指令不但将运算结果保存在目的寄存器中,同时更新 CPSR 中相应条件标志位。比较指令不保存运算结果,只更新 CPSR 中相应条件标志位。数据处理指令详见表 3-5。

表 3-5　数据处理指令助记符及功能描述

助　记　符	功　能　描　述
MOV	数据传送指令
MVN	数据取反传送指令
CMP	比较指令
CMN	反值比较指令
TST	位测试指令
TEQ	相等测试指令
ADD	加法指令
ADC	带进位加法指令
SUB	减法指令
SBC	带借位减法指令
RSB	逆向减法指令
RSC	带借位的逆向减法指令
AND	逻辑与指令
ORR	逻辑或指令
EOR	逻辑异或指令
BIC	位清除指令

1. MOV 指令(move)

MOV 指令的格式为

```
MOV{条件}{S}  目的寄存器,源操作数
```

MOV 指令可完成从另一个寄存器、被移位的寄存器或将一个立即数加载到目的寄存器。其中 S 选项决定指令的操作是否影响 CPSR 中条件标志位的值,当没有 S 时指令不更

新 CPSR 中条件标志位的值。

指令示例:

```
MOV     R0,#0X00
MOV     R14,#0X30000000
MOV     R1,R0              ;将寄存器 R0 的值传送到寄存器 R1
MOVS    R1,R0              ;将寄存器 R0 的值传送到寄存器 R1,同时强制影响 CZNV 位,Z=1
MOV     PC,R14             ;将寄存器 R14 的值传送到 PC,常用于子程序返回
MOV     PC,LR              ;将寄存器 LR 的值传送到 PC,常用于子程序返回
MOV     R10,R0,LSL #3      ;将寄存器 R0 的值左移 3 位后传送到寄存器 R10
```

2. MVN 指令(move negative)

MVN 指令的格式为

```
MVN{条件}{S}   目的寄存器,源操作数
```

MVN 指令可完成从另一个寄存器、被移位的寄存器或将一个立即数加载到目的寄存器。与 MOV 指令不同之处是在传送之前按位被取反了,即把一个被取反的值传送到目的寄存器中。其中 S 决定指令的操作是否影响 CPSR 中条件标志位的值,当没有 S 时指令不更新 CPSR 中条件标志位的值。

指令示例:

```
MVN R0,#0       ;将立即数 0 取反,传送到寄存器 R0 中,完成后 R0=-1
```

3. CMP 指令(compare)

CMP 指令的格式为

```
CMP{条件}   操作数 1,操作数 2
```

CMP 指令用于把一个寄存器的内容和另一个寄存器的内容或立即数进行比较,同时更新 CPSR 中条件标志位的值。该指令进行一次减法运算,但不存储结果,只更改条件标志位。标志位表示操作数 1 与操作数 2 的关系(大、小、相等),例如,当操作数 1 大于操作数 2,则此后的有 GT 后缀的指令可以执行。

指令示例

```
CMPR1,R0        ;将寄存器 R1 的值与寄存器 R0 的值相减,并根据结果设置 CPSR 的标志位
CMPR1,#100      ;将寄存器 R1 的值与立即数 100 相减,并根据结果设置 CPSR 的标志位
```

4. CMN 指令(compare negative)

CMN 指令的格式为

```
CMN{条件}   操作数 1,操作数 2
```

CMN 指令用于把一个寄存器的内容和另一个寄存器的内容或立即数取反后进行比较,同时更新 CPSR 中条件标志位的值。该指令实际完成操作数 1 和操作数 2 相加,并根据结果更改条件标志位。

指令示例:

```
CMN R1,R0        ;将寄存器 R1 的值与寄存器 R0 的值相加,并根据结果设置 CPSR 的标志位
CMN R1,#100      ;将寄存器 R1 的值与立即数 100 相加,并根据结果设置 CPSR 的标志位
```

5. TST 指令(test bits)

TST 指令的格式为

```
TST{条件}   操作数 1,操作数 2
```

TST 指令用于把一个寄存器的内容和另一个寄存器的内容或立即数进行按位的逻辑与运算,并根据运算结果更新 CPSR 中条件标志位的值。操作数 1 是要测试的数据,而操作数 2 是一个位掩码,该指令一般用来检测是否设置了特定的位。

指令示例

```
TST R1,#%1          ;用于测试在寄存器 R1 中是否设置了最低位(%表示二进制数,KEIL MDK 不支持)
TST R1,#0xfe        ;将寄存器 R1 的值与立即数 0xfe 按位与,并根据结果设置 CPSR 的标志位
```

6. TEQ 指令(test equivalence)

TEQ 指令的格式为

```
TEQ{条件}  操作数 1,操作数 2
```

TEQ 指令用于把一个寄存器的内容和另一个寄存器的内容或立即数进行按位的逻辑异或运算,并根据运算结果更新 CPSR 中条件标志位的值。该指令通常用于比较操作数 1 和操作数 2 是否相等。

指令示例

```
TEQ R1,R0           ;将寄存器 R1 的值与寄存器 R2 的值按位异或,并根据结果设置 CPSR 的标志位
```

7. ADD 指令(addition)

ADD 指令的格式为

```
ADD{条件}{S}  目的寄存器,操作数 1,操作数 2
```

ADD 指令用于把两个操作数相加,并将结果存放到目的寄存器中。操作数 1 应是一个寄存器,操作数 2 可以是一个寄存器,也可以是被移位的寄存器或一个立即数。

指令示例

```
MOV  R1,#0x64       ;R1=100(0x64)
MOV  R2,#0x64       ;R2=100(0x64)
MOV  R3,#0x64       ;R3=100(0x64)
ADD  R0,R1,R2       ;R0=R1+R2=200 (0xC8)
ADD  R0,R1,#256     ;R0=R1+256=356 (0x164)
ADD  R0,R2,R3,LSL#1 ;R0=R2+(R3<<1)=300 (0x12C)
```

8. ADC 指令(addition with carry)

ADC 指令的格式为

```
ADC{条件}{S}  目的寄存器,操作数 1,操作数 2
```

ADC 指令用于把两个操作数相加,再加上 CPSR 中的 C 条件标志位的值,并将结果存放到目的寄存器中。它使用一个进位标志位,这样就可以做比 32 位大的数的加法,注意不要忘记设置 S 后缀来更改进位标志。操作数 1 应是一个寄存器,操作数 2 可以是一个寄存器,也可以是被移位的寄存器或一个立即数。

例 3-1   使用加法指令完成两个 128 位数的加法,假设第一个数由高到低存放在寄存器 R7～R4,第二个数由高到低存放在寄存器 R11～R8,运算结果由高到低存放在寄存器 R3～R0(不考虑最高位进位)。

算法分析:

$$
\begin{array}{rcccc}
 & R7 & R6 & R5 & R4 \\
+ & R11 & R10 & R9 & R8 \\
\hline
 & R3 & R2 & R1 & R0 \\
\end{array}
$$

汇编代码

```
LDR   R8,=0x33333333
LDR   R9,=0x33333333
LDR   R10,=0x33333333
LDR   R11,=0x33333333
LDR   R4,=0xEEEEEEEE
LDR   R5,=0xEEEEEEEE
LDR   R6,=0xEEEEEEEE
LDR   R7,=0xEEEEEEEE          ;数值初始化
ADDS  R0,R4,R8               ;加低端的字,R0=22222221,CY=1
ADCS  R1,R5,R9               ;加第二个字,带进位,R1=22222222,CY=1
ADCS  R2,R6,R10              ;加第三个字,带进位,R2=22222222,CY=1
ADC   R3,R7,R11              ;加第四个字,带进位,R3=22222222,CY=1
```

9. SUB 指令(subtraction)

SUB 指令的格式为

```
SUB{条件}{S}   目的寄存器,操作数 1,操作数 2
```

SUB 指令用于把操作数 1 减去操作数 2,并将结果存放到目的寄存器中。操作数 1 应是一个寄存器,操作数 2 可以是一个寄存器,也可以是被移位的寄存器或一个立即数。该指令可用于有符号数或无符号数的减法运算。

指令示例

```
MOV   R1,#0xFF       ;R1=255(0xFF)
MOV   R2,#0x64       ;R2=100(0x64)
MOV   R3,#0x64       ;R3=100(0x64)
SUB   R0,R1,R2       ;R0=R1-R2=155 (0x98)
SUB   R0,R1,#256     ;R0=R1-256=0xFFFFFFFF
SUB   R0,R1,R3,LSL#1 ;R0=R1-(R3<<1)=55 (0x37)
```

10. SBC 指令(subtraction with carry)

SBC 指令的格式为

```
SBC{条件}{S}   目的寄存器,操作数 1,操作数 2
```

SBC 指令用于把操作数 1 减去操作数 2,再减去 CPSR 中的 C 条件标志位的反码,并将结果存放到目的寄存器中。操作数 1 应是一个寄存器,操作数 2 可以是一个寄存器,也可以是被移位的寄存器或一个立即数。该指令使用进位标志来表示借位,这样就可以做大于 32 位的数的减法,注意不要忘记设置 S 后缀来更改进位标志。该指令可用于有符号数或无符号数的减法运算。

指令示例:

```
SUBS    R0,R1,R2             ;R0=R1-R2-!C,并根据结果设置 CPSR 的进位标志位
```

11. RSB 指令(reverse subtraction)

RSB 指令的格式为

```
RSB{条件}{S}   目的寄存器,操作数 1,操作数 2
```

RSB 指令称为逆向减法指令,用于把操作数 2 减去操作数 1,并将结果存放到目的寄存

器中。操作数 1 应是一个寄存器,操作数 2 可以是一个寄存器,也可以是被移位的寄存器或一个立即数。该指令可用于有符号数或无符号数的减法运算。

指令示例:

```
MOV  R1,#0xFF      ;R1=255(0xFF)
MOV  R2,#0x64      ;R2=100(0x64)
MOV  R3,#0x64      ;R3=100(0x64)
RSB  R0,R2,R1      ;R0=R1-R2=155 (0x98)
RSB  R0,R1,#256    ;R0=256-R1=1
RSB  R0,R2,R3,LSL#1 ;R0=(R3<<1)-R2=100 (0x64)
```

12. RSC 指令(reverse subtraction with carry)

RSC 指令的格式为

RSC{条件}{S} 目的寄存器,操作数 1,操作数 2

RSC 指令用于把操作数 2 减去操作数 1,再减去 CPSR 中的 C 条件标志位的反码,并将结果存放到目的寄存器中。操作数 1 应是一个寄存器,操作数 2 可以是一个寄存器,也可以是被移位的寄存器或一个立即数。该指令使用进位标志来表示借位,这样就可以做大于 32 位的数的减法,注意不要忘记设置 S 后缀来更改进位标志。该指令可用于有符号数或无符号数的减法运算。

指令示例:

RSC   R0,R1,R2   ;R0=R2-R1-!C

13. AND 指令(logical AND)

AND 指令的格式为

AND{条件}{S} 目的寄存器,操作数 1,操作数 2

AND 指令用于在两个操作数上进行逻辑与运算,并把结果存放到目的寄存器中。操作数 1 应是一个寄存器,操作数 2 可以是一个寄存器,也可以是被移位的寄存器或一个立即数。该指令常用于屏蔽操作数 1 的某些位。

指令示例:

AND   R0,R0,#3   ;该指令保持 R0 的 0、1 位,其余位清零

14. ORR 指令(logical OR)

ORR 指令的格式为

ORR{条件}{S} 目的寄存器,操作数 1,操作数 2

ORR 指令用于在两个操作数上进行逻辑或运算,并把结果存放到目的寄存器中。操作数 1 应是一个寄存器,操作数 2 可以是一个寄存器,也可以是被移位的寄存器或一个立即数。该指令常用于设置操作数 1 的某些位。

指令示例:

ORR   R0,R0,#3   ;该指令设置 R0 的 0、1 位,其余位保持不变

15. EOR 指令(logical exclusive OR)

EOR 指令的格式为

EOR{条件}{S} 目的寄存器,操作数 1,操作数 2

EOR 指令用于在两个操作数上进行逻辑异或运算,并把结果存放到目的寄存器中。操

作数 1 应是一个寄存器,操作数 2 可以是一个寄存器,也可以是被移位的寄存器或一个立即数。该指令常用于反转操作数 1 的某些位。

指令示例:

```
EOR    R0,R0,#3          ;该指令反转 R0 的 0、1 位,其余位保持不变
```

16. BIC 指令(bit clear)

BIC 指令的格式为

```
BIC{条件}{S}  目的寄存器,操作数 1,操作数 2
```

BIC 指令用于清除操作数 1 的某些位,并把结果存放到目的寄存器中。操作数 1 应是一个寄存器,操作数 2 可以是一个寄存器,也可以是被移位的寄存器或一个立即数。操作数 2 为 32 位掩码,如果掩码中设置了某一位,则清除这一位,未设置的掩码位保持不变。

指令示例:

```
BIC    R0,R0,#%1011          ;该指令清除 R0 中的位 0、1 和 3,其余位保持不变
```

◆ **3.2.7　移位指令(操作)**

ARM 微处理器内嵌的桶式移位器(barrel shifter),支持数据的各种移位操作,移位操作在 ARM 指令集中不作为单独的指令使用,它只能作为指令格式中的一个字段,在汇编语言中表示指令中的选项。例如,数据处理指令的操作数 2 为寄存器时,就可以加入移位操作选项对它进行各种移位操作。移位操作包括 6 种类型:LSL(逻辑左移)、ASL(算术左移)、LSR(逻辑右移)、ASR(算术右移)、ROR(循环右移)、RRX(带扩展的循环右移)。其中,ASL 和 LSL 是等价的,可以自由互换。

1. LSL(或 ASL)操作(logical or arithmetic shift left)

LSL(或 ASL)操作的格式为

```
通用寄存器,LSL(或 ASL)操作数
```

LSL(或 ASL)可完成对通用寄存器中的内容进行逻辑(或算术)的左移操作,按操作数所指定的数量向左移位,低位用 0 填充。其中,操作数可以是通用寄存器,也可以是立即数(0~31)。

操作示例:

```
MOV    R0, R1, LSL#2          ;将 R1 中的内容左移 2 位后传送到 R0 中
```

2. LSR 操作(logical shift right)

LSR 操作的格式为

```
通用寄存器,LSR 操作数
```

LSR 可完成对通用寄存器中的内容进行逻辑右移的操作,按操作数所指定的数量向右移位,左端用 0 填充。其中,操作数可以是通用寄存器,也可以是立即数(0~31)。

操作示例:

```
MOV    R0, R1, LSR#2          ;将 R1 中的内容右移 2 位后传送到 R0 中,左端用 0 填充
```

3. ASR 操作(arithmetic shift right)

ASR 操作的格式为

```
通用寄存器,ASR 操作数
```

ASR 可完成对通用寄存器中的内容进行右移的操作,按操作数所指定的数量向右移

位,左端用第 31 位的值填充。其中,操作数可以是通用寄存器,也可以是立即数(0～31)。

操作示例:

```
MOV    R0, R1, ASR#2              ;将 R1 中的内容右移 2 位后传送到 R0 中,左端用第 31 位的值填充
```

4. ROR 操作(rotate right)

ROR 操作的格式为

通用寄存器,ROR 操作数

ROR 可完成对通用寄存器中的内容进行循环右移的操作,按操作数所指定的数量向右循环移位,左端用右端移出的位填充。其中,操作数可以是通用寄存器,也可以是立即数(0～31)。显然,当进行 32 位的数的循环右移操作时,通用寄存器中的值不改变。

操作示例:

```
MOV    R0, R1, ROR#2              ;将 R1 中的内容循环右移 2 位后传送到 R0 中
```

5. RRX 操作(rotate right with extend)

RRX 操作的格式为

通用寄存器,RRX 操作数

RRX 可完成对通用寄存器中的内容进行带扩展的循环右移的操作,按操作数所指定的数量向右循环移位,左端用进位标志位 C 填充。其中,操作数可以是通用寄存器,也可以是立即数(0～31)。

操作示例:

```
MOV    R0, R1, RRX#2              ;将 R1 中的内容进行带扩展的循环右移 2 位后传送到 R0 中
```

可采用的移位操作如下:

LSL:逻辑左移,寄存器中字的低端空出的位补 0。

LSR:逻辑右移,寄存器中字的高端空出的位补 0。

ASR:算术右移,移位过程中保持符号位不变,即如果源操作数为正数,则字的高端空出的位补 0,否则补 1。

ROR:循环右移,由字的低端移出的位填入字的高端空出的位。

RRX:带扩展的循环右移,操作数右移一位,高端空出的位用原 C 标志值填充。

各种移位操作过程如图 3-2 到图 3-6 所示。

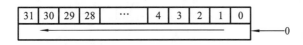

图 3-2　LSL 移位操作示意图

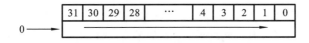

图 3-3　LSR 移位操作示意图

图 3-4　ASR 移位操作示意图

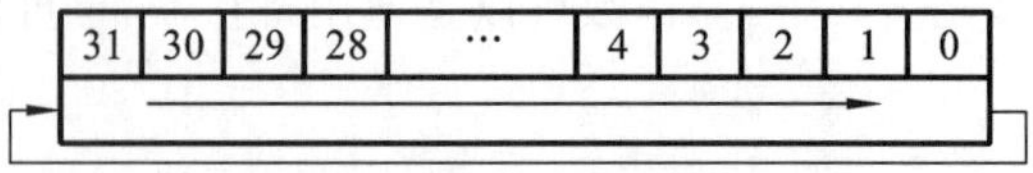

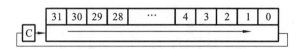

图 3-5 ROR 移位操作示意图

图 3-6 RRX 移位操作示意图

◆ 3.2.8 跳转指令

跳转指令用于实现程序流程的跳转,在 ARM 程序中有两种方法可以实现程序流程的跳转:一是使用专门的跳转指令;二是直接向程序计数器 PC 写入跳转地址值。

通过向程序计数器 PC 写入跳转地址值,可以实现在 4 GB 地址空间中的任意跳转,在跳转之前结合使用{MOV LR,PC}等类似指令,可以保存将来的返回地址值,从而实现在连续的 4 GB 线性地址空间中调用子程序。

ARM 指令集中的跳转指令可以完成从当前指令向前或向后的 32 MB 地址空间的跳转,包括 4 条指令:B(跳转指令)、BL(带返回的跳转指令)、BLX(带返回和状态切换的跳转指令)、BX(带状态切换的跳转指令)。

1. B 指令

B 指令的格式为

```
B{条件}  目标地址
```

B 指令是最简单的跳转指令。一旦遇到一个 B 指令,ARM 处理器将立即跳转到给定的目标地址,从那里继续执行。注意存储在跳转指令中的实际值是相对当前 PC 值的一个偏移量,而不是一个绝对地址,它的值由汇编器计算(参考寻址方式中的相对寻址)。它是 24 位有符号数,左移 2 位后由符号扩展为 32 位,表示的有效偏移为 26 位(前后 32 MB 的地址空间)。

指令示例:

```
B    Label      ;程序无条件跳转到标号 Label 处执行
CMP  R1,#0      ;当 CPSR 寄存器中的 Z 条件码置位时,程序跳转到标号 Label 处执行
BEQ  Label
```

2. BL 指令

BL 指令的格式为

```
BL{条件}   目标地址
```

BL 是另一个跳转指令,但跳转之前,会在寄存器 R14 中保存 PC 的当前内容,因此,可以通过将 R14 的内容重新加载到 PC 中,来返回到跳转指令之后的那个指令处执行。该指令是实现子程序调用的一个基本且常用的手段。

指令示例:

```
BL  Label        ;当程序无条件跳转到标号 Label 处执行时,同时将当前的 PC 值保存到 R14 中
```

3. BLX 指令

BLX 指令的格式为

```
BLX        目标地址
```

BLX 指令从 ARM 指令集跳转到指令中所指定的目标地址,并将处理器的工作状态由 ARM 状态切换到 Thumb 状态,该指令同时将 PC 的当前内容保存到寄存器 R14 中。因此,当子程序使用 Thumb 指令集,而调用者使用 ARM 指令集时,可以通过 BLX 指令实现子程序的调用和处理器工作状态的切换。同时,子程序的返回可以通过将寄存器 R14 值复制到 PC 中来完成。

4. BX 指令

BX 指令的格式为

```
BX{条件}      目标地址
```

BX 指令用于跳转到指令中所指定的目标地址,目标地址处的指令既可以是 ARM 指令,也可以是 Thumb 指令。

3.2.9　协处理器指令

ARM 微处理器可支持多达 16 个协处理器,用于各种协处理操作,在程序执行的过程中,每个协处理器只执行针对自身的协处理指令,忽略 ARM 处理器和其他协处理器的指令。ARM 的协处理器指令主要用于 ARM 处理器初始化 ARM 协处理器的数据处理操作,在 ARM 处理器的寄存器和协处理器的寄存器之间传送数据,以及在 ARM 协处理器的寄存器和存储器之间传送数据。ARM 协处理器指令包括 5 条:CDP(协处理器数操作指令)、LDC(协处理器数据加载指令)、STC(协处理器数据存储指令)、MCR(ARM 处理器寄存器到协处理器寄存器的数据传送指令)、MRC(协处理器寄存器到 ARM 处理器寄存器的数据传送指令)。

1. CDP 指令

CDP 指令的格式为

```
CDP{条件} 协处理器编码,协处理器操作码1,目的寄存器,源寄存器1,源寄存器2,协处理器操作码2
```

CDP 指令用于 ARM 处理器通知 ARM 协处理器执行特定的操作,若协处理器不能成功完成特定的操作,则产生未定义指令异常。其中协处理器操作码 1 和协处理器操作码 2 为协处理器将要执行的操作,目的寄存器和源寄存器均为协处理器的寄存器,指令不涉及 ARM 处理器的寄存器和存储器。

指令示例:

```
CDP        P3,2,C12,C10,C3,4          ;该指令完成协处理器 P3 的初始化
```

2. LDC 指令

LDC 指令的格式为

```
LDC{条件}{L} 协处理器编码,目的寄存器,[源寄存器]
```

LDC 指令用于将源寄存器所指向的存储器中的字数据传送到目的寄存器中,若协处理器不能成功完成传送操作,则产生未定义指令异常。其中,{L}选项表示指令为长读取操作,如用于双精度数据的传输。

指令示例:

```
LDC        P3,C4,[R0]           ;将 ARM 处理器的寄存器 R0 所指向的存储器中的字数据传送到协处
                                  理器 P3 的寄存器 C4 中
```

3. STC 指令

STC 指令的格式为

```
STC{条件}{L} 协处理器编码,源寄存器,[目的寄存器]
```

STC 指令用于将源寄存器中的字数据传送到目的寄存器所指向的存储器中,若协处理器不能成功完成传送操作,则产生未定义指令异常。其中,{L}选项表示指令为长读取操作,如用于双精度数据的传输。

指令示例:

```
STC      P3,C4,[R0]           ;将协处理器 P3 的寄存器 C4 中的字数据传送到 ARM 处理器的寄存
                               器 R0 所指向的存储器中
```

4. MCR 指令

MCR 指令的格式为

```
MCR{条件} 协处理器编码,协处理器操作码 1,源寄存器,目的寄存器 1,目的寄存器 2,协处理器操作码 2
```

MCR 指令用于将 ARM 处理器寄存器中的数据传送到协处理器寄存器中,若协处理器不能成功完成操作,则产生未定义指令异常。其中协处理器操作码 1 和协处理器操作码 2 为协处理器将要执行的操作,源寄存器为 ARM 处理器的寄存器,目的寄存器 1 和目的寄存器 2 均为协处理器的寄存器。

指令示例:

```
MCR      P3,3,R0,C4,C5,6      ;将 ARM 处理器寄存器 R0 中的数据传送到协处理器 P3 的寄
                               存器 C4 和 C5 中
```

5. MRC 指令

MRC 指令的格式为

```
MRC{条件} 协处理器编码,协处理器操作码 1,目的寄存器,源寄存器 1,源寄存器 2,协处理器操作码 2
```

MRC 指令用于将协处理器寄存器中的数据传送到 ARM 处理器寄存器中,若协处理器不能成功完成操作,则产生未定义指令异常。其中协处理器操作码 1 和协处理器操作码 2 为协处理器将要执行的操作,目的寄存器为 ARM 处理器的寄存器,源寄存器 1 和源寄存器 2 均为协处理器的寄存器。

指令示例:

```
MRC      P3,3,R0,C4,C5,6      ;将协处理器 P3 的寄存器中的数据传送到 ARM 处理器寄存器
                               中
```

3.2.10 异常指令

ARM 微处理器所支持的异常指令有 2 条:SWI(软件中断指令)和 BKPT(断点中断指令)。

1. SWI 指令

SWI 指令的格式为

```
SWI{条件}  24 位立即数
```

SWI 指令用于产生软件中断,以便用户程序能调用操作系统的系统例程。操作系统在 SWI 的异常处理程序中提供相应的系统服务,指令中 24 位立即数指定用户程序调用系统例程的类型,相关参数通过通用寄存器传递;当指令中 24 位立即数被忽略时,用户程序调用系统例程的类型由通用寄存器 R0 的内容决定,同时,参数通过其他通用寄存器传递。

指令示例：

```
SWI         0x02          ;调用操作系统编号位 02 的系统例程
```

2. BKPT 指令

BKPT 指令的格式为

```
BKPT    16 位立即数
```

BKPT 指令产生软件断点中断，可用于程序的调试。

3.3 Thumb 指令集

为兼容数据总线宽度为 16 位的应用系统，ARM 体系结构除了支持执行效率很高的 32 位 ARM 指令集外，同时支持 16 位 Thumb 指令集。Thumb 指令集是 ARM 指令集的一个子集，允许指令编码长度为 16 位。与等价的 32 位代码相比较，Thumb 指令集在保留 32 位代码优势的同时，大大地节省了系统的存储空间。

所有的 Thumb 指令都有对应的 ARM 指令，而且 Thumb 的编程模型也对应于 ARM 的编程模型，在应用程序的编写过程中，只要遵循一定的调用规则，Thumb 子程序和 ARM 子程序就可以互相调用。当处理器执行 ARM 程序段时，称 ARM 处理器处于 ARM 工作状态；当处理器执行 Thumb 程序段时，称 ARM 处理器处于 Thumb 工作状态。

与 ARM 指令集比较，Thumb 指令集中的数据处理指令的操作数仍然是 32 位的，指令地址也为 32 位。但 Thumb 指令集为了实现 16 位的指令长度，舍弃了 ARM 指令集的一些特性，如大多数的 Thumb 指令是无条件执行的，而几乎所有的 ARM 指令都是有条件执行的；大多数的 Thumb 数据处理指令的目的寄存器与其中一个源寄存器相同。

由于 Thumb 指令的长度为 16 位，即只用 ARM 指令一半的编码长度来实现同样的功能，所以，要实现特定的程序功能，所需的 Thumb 指令的条数较 ARM 指令多。在一般的情况下，Thumb 指令与 ARM 指令的时间效率和空间效率关系为：

Thumb 代码所需的存储空间约为 ARM 代码的 60%～70%；

Thumb 代码使用的指令数比 ARM 代码多 30%～40%；

若使用 32 位存储器，ARM 代码比 Thumb 代码快约 40%；

若使用 16 位存储器，Thumb 代码比 ARM 代码快 40%～50%；

与 ARM 代码比较，使用 Thumb 代码，存储器的功耗会降低约 30%。

显然，ARM 指令集和 Thumb 指令集各有优点，若对系统的性能有较高要求，应使用 32 位的存储系统和 ARM 指令集；若对系统的成本及功耗有较高要求，则应使用 16 位的存储系统和 Thumb 指令集。当然，若两者结合使用，充分发挥各自的优点，会取得更好的效果。

 思考与练习

1. ARM 指令集有哪些寻址方式？各有何特点？

2. 简述 ARM 指令集中存储/加载类指令的分类及用法。

3. ARM 指令集和 Thumb 指令集有什么区别？各自优缺点是什么？

第4章

GNU汇编伪操作与伪指令

　　本章主要介绍汇编伪操作与伪指令,在嵌入式系统开发中,要进行嵌入式 Linux 的移植与开发,则不可避免地要使用 GNU 开发工具,其中与硬件直接相关的部分要用汇编语言来编程,而汇编语言中,指令语句在源程序汇编时会产生可供计算机执行的机器指令,即目标代码。汇编程序中除指令语句之外,还用到一些特殊指令助记符,以辅助源程序的汇编。这些特殊的指令助记符便是伪指令。汇编语言源程序里的特殊助记符,不在处理器运行期间由机器执行,而是在汇编时被合适的机器指令代替成 ARM 或 Thumb 指令,从而实现真正的指令操作,在汇编期间由汇编程序执行操作命令。伪操作是 ARM 汇编语言源程序里的指令助记符,指导汇编程序对汇编语言源程序的编译操作即为伪操作。伪操作是编译器执行的命令,而不是 ARM 处理器执行的命令。本章将向读者介绍嵌入式系统的伪操作与伪指令。

　　本章主要内容:

　　1. ARM 伪操作;

　　2. ARM 伪指令;

　　3. ARM 汇编程序的基本架构;

　　4. ARM 中汇编与 C 语言的混合编程。

4.1　GNU 汇编器的平台无关伪操作

在汇编语言程序里,伪操作助记符与指令系统的助记符不同,没有相对应的操作码,它们在运行期间并不由机器执行,因而不产生机器码,其在源程序中的作用是协助汇编程序做各种准备工作,仅在汇编过程中起作用,一旦汇编结束,伪操作使命便完成。在 ARM 的汇编程序中,伪操作种类繁多,可以细分为符号定义伪操作、数据定义伪操作、汇编控制伪操作以及其他常用的伪操作等几种。

◆ 4.1.1　符号定义伪操作

符号定义伪操作用于定义 ARM 汇编程序中的变量、对变量赋值以及定义寄存器的别名等。常见的符号定义伪操作有如下几种。

1. GBLA、GBLL 和 GBLS

语法格式:

```
GBLA ( GBLL 或 GBLS ) 全局变量名
```

功能:GBLA、GBLL、GBLS 伪操作用于定义 ARM 程序中的一个全局变量,并将其初始化。其中,GBLA 伪操作用于定义一个全局的数字变量,并初始化为 0;GBLL 伪操作用于定义一个全局的逻辑变量,并初始化为 F(假);GBLS 伪操作用于定义一个全局的字符串变量,并初始化为空。

使用示例:

```
GBLA Test1            ;定义一个全局的数字变量,变量名为 Test1
Test1 SETA 0xaa       ;将该变量赋值为 0xaa
GBLL Test2            ;定义一个全局的逻辑变量,变量名为 Test2
Test2 SETL {TRUE}     ;将该变量赋值为真
GBLS Test3            ;定义一个全局的字符串变量,变量名为 Test3
Test3 SETS "Testing"  ;将该变量赋值为 "Testing"
```

以上伪操作用于定义全局变量,因此在整个程序范围内变量名必须唯一。

2. LCLA、LCLL 和 LCLS

语法格式:

```
LCLA ( LCLL 或 LCLS ) 局部变量名
```

功能:LCLA、LCLL 和 LCLS 伪操作用于定义 ARM 程序中的一个局部变量,并将其初始化。其中,LCLA 伪操作用于定义一个局部的数字变量,并初始化为 0;LCLL 伪操作用于定义一个局部的逻辑变量,并初始化为 F(假);LCLS 伪操作用于定义一个局部的字符串变量,并初始化为空。

使用示例:

```
LCLA Test4            ;声明一个局部的数字变量,变量名为 Test4
Test3 SETA 0xaa       ;将该变量赋值为 0xaa
LCLL Test5            ;声明一个局部的逻辑变量,变量名为 Test5
Test4 SETL {TRUE}     ;将该变量赋值为真
LCLS Test6            ;定义一个局部的字符串变量,变量名为 Test6
Test6 SETS "Testing"  ;将该变量赋值为 "Testing"
```

以上伪操作用于声明局部变量,在其作用范围内变量名必须唯一。

3. SETA、SETL 和 SETS

语法格式:

变量名 SETA (SETL 或 SETS) 表达式

功能:SETA、SETL、SETS 伪操作用于给一个已经定义的全局变量或局部变量赋值。其中,SETA 伪操作用于给一个数字变量赋值;SETL 伪操作用于给一个逻辑变量赋值;SETS 伪操作用于给一个字符串变量赋值。

变量名为已经定义过的全局变量或局部变量,表达式为将要赋给变量的值。

使用示例:

```
SETA Test3        ;声明一个局部的数字变量,变量名为 Test3
Test3 SETA 0xaa   ;将该变量赋值为 0xaa
SETL Test4        ;声明一个局部的逻辑变量,变量名为 Test4
Test4 SETL {TRUE} ;将该变量赋值为真
```

4. RLIST

语法格式:

名称 RLIST { 寄存器列表 }

功能:RLIST 伪操作可用于对一个通用寄存器列表定义名称,使用该伪操作定义的名称可在 ARM 指令 LDM、STM 中使用。在 LDM、STM 指令中,列表中的寄存器访问次序是根据寄存器的编号由低到高,而与列表中的寄存器排列次序无关。

使用示例:

```
RegList RLIST {R0-R5,R8,R10}          ;将寄存器列表名称定义为 RegList
```

◆ **4.1.2　数据定义伪操作**

数据定义伪操作一般用于为特定的数据分配存储单元,同时可完成已分配存储单元的初始化。

1. LTORG

语法格式:

LTORG

功能:LTORG 用于声明一个数据缓冲池,也称为文字池。在使用伪指令 LDR 时,常常需要在适当的地方加入 LTORG 声明数据缓冲池,LDR 加载的数据暂时放于数据缓冲池。LTORG 伪操作通常放在无条件跳转指令之后,或者子程序返回指令之后,这样处理器就不会错误地将文字池中的数据当作指令来执行了。

使用示例:

```
LDR R0,= 0x12345678
ADD R1,R1,R0
MOV PC,LR
LTORG        ;声明文字池,此地址存储 0x12345678
```

2. DCB

语法格式:

标号 DCB 表达式

功能:DCB 伪操作用于分配一片连续的字节存储单元,并用伪操作中指定的表达式初始化。其中,表达式可以为 0~255 的数字或字符串。DCB 也可用"="代替。

使用示例:

STR DCB "This is a test!";分配一片连续的字节存储单元并初始化

3. DCW(或 DCWU)

语法格式:

标号 DCW(或 DCWU)表达式

功能:DCW(或 DCWU)伪操作用于分配一片连续的半字存储单元,并用伪操作中指定的表达式初始化。其中,表达式可以为程序标号或数字表达式。用 DCW 分配的字存储单元是半字对齐的,而用 DCWU 分配的字存储单元并不严格半字对齐。

使用示例:

DataTest DCW 1,2,3   ;分配一片连续的半字存储单元并初始化

4. DCD(或 DCDU)

语法格式:

标号 DCD (或 DCDU)表达式

功能:DCD(或 DCDU)伪操作用于分配一片连续的字存储单元,并用伪操作中指定的表达式初始化。其中,表达式可以为程序标号或数字表达式。DCD 也可用"&"代替。用 DCD 分配的字存储单元是字对齐的,而用 DCDU 分配的字存储单元并不严格字对齐。

使用示例:

DataTest DCD 4,5,6   ;分配一片连续的字存储单元并初始化

5. DCFD(或 DCFDU)

语法格式:

标号 DCFD (或 DCFDU)表达式

功能:DCFD(或 DCFDU)伪操作用于为双精度的浮点数分配一片连续的字存储单元,并用伪操作中指定的表达式初始化。每个双精度的浮点数占据两个字单元。用 DCFD 分配的字存储单元是字对齐的,而用 DCFDU 分配的字存储单元并不严格字对齐。

使用示例:

FDataTest DCFD 2E115,-5E7   ;分配一片连续的字存储单元并初始化为指定的双精度数

6. DCFS(或 DCFSU)

语法格式:

标号 DCFS(或 DCFSU)表达式

功能:DCFS(或 DCFSU)伪操作用于为单精度的浮点数分配一片连续的字存储单元,并用伪操作中指定的表达式初始化。每个单精度的浮点数占据一个字单元。用 DCFS 分配的字存储单元是字对齐的,而用 DCFSU 分配的字存储单元并不严格字对齐。

使用示例:

FDataTest DCFS 2E5,-5E-7   ;分配一片连续的字存储单元并初始化为指定的单精度数

7. DCQ(或 DCQU)

语法格式:

标号 DCQ(或 DCQU)表达式

功能：DCQ(或 DCQU)伪操作用于分配一片以 8 个字节为单位的连续存储区域,并用伪操作中指定的表达式初始化。用 DCQ 分配的存储单元是字对齐的,而用 DCQU 分配的存储单元并不严格字对齐。

使用示例：

```
DataTest DCQ 100        ;分配一片连续的存储单元并初始化为指定的值
```

8. SPACE

语法格式：

```
标号 SPACE 表达式
```

功能：SPACE 伪操作用于分配一片连续的存储区域并初始化为 0。其中,表达式为要分配的字节数,SPACE 也可用"%"代替。

使用示例：

```
DataSpace SPACE 100        ;分配连续 100 字节的存储单元并初始化为 0
```

9. MAP

语法格式：

```
MAP 表达式 {,基址寄存器}
```

功能：MAP 伪操作用于定义一个结构化的内存表的首地址。MAP 也可用"^"代替。表达式可以是程序中的标号或数学表达式,基址寄存器为可选项。当基址寄存器选项不存在时,表达式的值即为内存表的首地址;当该选项存在时,内存表的首地址为表达式的值与基址寄存器的和。MAP 伪操作通常与 FIELD 伪操作配合使用来定义结构化的内存表。

使用示例：

```
MAP 0x100,R0        ;定义结构化内存表首地址的值为 0x100+R0
```

10. FIELD

语法格式：

```
标号 FIELD 表达式
```

功能：FIELD 伪操作用于定义一个结构化内存表中的数据域。FIELD 也可用"#"代替。

表达式的值为当前数据域在内存表中所占的字节数。FIELD 伪操作常与 MAP 伪操作配合使用来定义结构化的内存表。MAP 伪操作定义内存表的首地址,FIELD 伪操作定义内存表中的各个数据域,并可以为每个数据域指定一个标号供其他的指令引用。

注意：MAP 和 FIELD 伪操作仅用于定义数据结构,并不实际分配存储单元。

使用示例：

```
MAP 0x100        ;定义结构化内存表首地址的值为 0x100
A FIELD 16        ;定义 A 的长度为 16 字节,位置为 0x100
```

4.1.3 汇编控制伪操作

汇编控制伪操作用于控制汇编程序的执行流程。

1. IF、ELSE、ENDIF

语法格式：

```
IF 逻辑表达式
    指令序列 1
ELSE
    指令序列 2
ENDIF
```

功能：IF、ELSE、ENDIF 伪操作能根据条件的成立与否决定是否执行某个指令序列。当 IF 后面的逻辑表达式为真，则执行指令序列 1，否则执行指令序列 2。其中，ELSE 及指令序列 2 可以没有，此时，当 IF 后面的逻辑表达式为真，则执行指令序列 1，否则继续执行后面的指令。IF、ELSE、ENDIF 伪操作可以嵌套使用。

使用示例：

```
GBLL Test ;声明一个全局的逻辑变量,变量名为 Test
IF Test=TRUE
    指令序列 1
ELSE
    指令序列 2
ENDIF
```

2. WHILE、WEND

语法格式：

```
WHILE 逻辑表达式
    指令序列
WEND
```

功能：WHILE、WEND 伪操作能根据条件的成立与否决定是否循环执行某个指令序列。当 WHILE 后面的逻辑表达式为真，则执行指令序列，该指令序列执行完毕后，再判断逻辑表达式的值，若为真则继续执行，一直到逻辑表达式为假。WHILE、WEND 伪指令可以嵌套使用。

使用示例：

```
GBLA Counter          ;声明一个全局的数字变量,变量名为 Counter
Counter SETA 3        ;由变量 Counter 控制循环次数
  ⋮
WHILE Counter <10
    指令序列
WEND
```

3. MACRO、MEND

语法格式：

```
$标号 宏名 $参数 1,$参数 2,……
指令序列
MEND
```

功能：MACRO、MEND 伪操作可以将一段代码定义为一个整体，称为宏指令，然后就可以在程序中通过宏指令多次调用该段代码。其中，$标号在宏指令被展开时，标号会被替换为用户定义的符号。宏指令可以使用一个或多个参数，当宏指令被展开时，这些参数被相应的值替换。MACRO、MEND 伪操作可以嵌套使用。

4. MEXIT

语法格式：

```
MEXIT
```

功能：MEXIT 用于从宏定义中跳转出去。

◆ 4.1.4　其他常用的伪操作

除了上面介绍的伪操作外，还有一些伪操作在汇编程序中经常被使用，如段定义伪操作、入口点设置伪操作、包含文件伪操作、标号导出或导入声明伪操作等。

1. AREA

语法格式：

```
AREA 段名 属性 1 ,属性 2 ,……
```

功能：AREA 伪操作用于定义一个代码段或数据段。段名若以数字开头，则该段名必须用"|"括起来，如|1_test|。

属性字段表示该代码段（或数据段）的相关属性，多个属性用逗号分隔。常用的属性如下：

（1）CODE 属性：用于定义代码段，默认为 READONLY。

（2）DATA 属性：用于定义数据段，默认为 READWRITE。

（3）READONLY 属性：指定本段为只读，代码段默认为 READONLY。

（4）READWRITE 属性：指定本段为可读可写，数据段的默认属性为 READWRITE。

（5）ALIGN 属性：使用方式为 ALIGN 表达式。在默认时，ELF（可执行连接文件）的代码段和数据段是按字对齐的，表达式的取值范围为 0～31，相应的对齐方式为 2 的表达式次幂。

（6）COMMON 属性：该属性定义一个通用的段，不包含任何用户代码和数据。各源文件中同名的 COMMON 段共享同一段存储单元。

一个汇编语言程序至少包含一个段，当程序太长时，也可以将程序分为多个代码段和数据段。

使用示例：

```
AREA Init,CODE,READONLY          ;定义了一个代码段,段名为 Init,属性为只读
```

2. ALIGN

语法格式：

```
ALIGN { 表达式 { ,偏移量 }}
```

功能：ALIGN 伪操作可通过添加填充字节的方式，使当前位置满足一定的对齐方式。其中，表达式的值用于指定对齐方式，可能的取值为 2 的幂，如 1、2、4、8、16 等。若未指定表达式，则将当前位置对齐到下一个字的位置。偏移量也为一个数字表达式，若使用该字段，则当前位置的对齐方式为"2 的表达式次幂＋偏移量"。

使用示例：

```
AREA Init,CODE,READONLY,ALIGN＝3          ;指定后面的操作为 8 字节对齐
指令序列
END
```

3. CODE16、CODE32

语法格式:

```
CODE16(或 CODE32)
```

CODE16 伪操作通知编译器,其后的指令序列为 16 位的 Thumb 指令。

CODE32 伪操作通知编译器,其后的指令序列为 32 位的 ARM 指令。

功能:当汇编源程序中同时包含 ARM 指令和 Thumb 指令时,可用 CODE16 伪操作通知编译器其后的指令序列为 16 位的 Thumb 指令,用 CODE32 伪操作通知编译器其后的指令序列为 32 位的 ARM 指令。因此,在使用 ARM 指令和 Thumb 指令混合编程的代码里,可用这两条伪操作进行切换,但它们只通知编译器其后指令的类型,并不能对处理器进行状态的切换。

使用示例:

```
AREA Init , CODE , READONLY
  ⋮
CODE32                  ;通知编译器其后的指令为 32 位的 ARM 指令
LDR R0 ,= NEXT +1       ;将跳转地址放入寄存器 R0
BX R0                   ;程序跳转到新的位置执行,并将处理器切换到 Thumb 工作状态
  ⋮
CODE16                  ;通知编译器其后的指令为 16 位的 Thumb 指令
NEXT LDR R3,= 0x3FF
  ⋮
END ;程序结束
```

4. ENTRY

语法格式:

```
ENTRY
```

功能:ENTRY 伪操作用于指定汇编程序的入口点。在一个完整的汇编程序中至少要有一个 ENTRY(也可以有多个,当有多个 ENTRY 时,程序的真正入口点由链接器指定),但一个源文件里最多只能有一个 ENTRY(可以没有)。

使用示例:

```
AREA Init,CODE,READONLY
ENTRY                        ;指定应用程序的入口点
  ⋮
```

5. END

语法格式:

```
END
```

功能:END 伪操作用于通知编译器已经到了源程序的结尾。

使用示例:

```
AREA Init,CODE,READONLY
  ⋮
END                     ;指定应用程序的结尾
```

6. EQU

语法格式：

```
名称 EQU 表达式 {,类型}
```

功能：EQU 伪操作用于为程序中的常量、标号等定义一个等效的字符名称，类似于 C 语言中的 ♯ define。其中 EQU 可用"∗"代替。

名称为 EQU 伪操作定义的字符名称，当表达式为 32 位常量时，可以指定表达式的数据类型，包括 CODE16、CODE32 和 DATA 这三种类型。

使用示例：

```
Test EQU 50              ;定义标号 Test 的值为 50
Addr EQU 0x55,CODE32     ;定义 Addr 的值为 0x55,且该处为 32 位 ARM 指令。
```

7. EXPORT（或 GLOBAL）

语法格式：

```
EXPORT 标号 {[WEAK]}
```

功能：EXPORT 伪操作用于在程序中声明一个全局标号，该标号可在其他文件中引用。EXPORT 可用 GLOBAL 代替。标号在程序中区分大小写，[WEAK]选项声明其他的同名标号优先于该标号被引用。

使用示例：

```
AREA Init,CODE,READONLY
EXPORT Stest                    ;声明一个可全局引用标号 Stest
⋮
END
```

8. IMPORT

语法格式：

```
IMPORT 标号 {[WEAK]}
```

功能：IMPORT 伪操作用于通知编译器要使用的标号是在其他的源文件中定义的，但要在当前源文件中引用，而且无论当前源文件是否引用该标号，该标号均会被加入当前源文件的符号表中。标号在程序中区分大小写，[WEAK]选项表示当所有源文件都没有定义这样一个标号时，编译器也不给出错误信息，在多数情况下将该标号置为 0,若该标号由 B 或 BL 指令引用，则将 B 或 BL 指令置为 NOP 操作。

使用示例：

```
AREA Init,CODE,READONLY
IMPORT Main                     ;通知编译器当前文件要引用标号 Main,但 Main 在其他源文件中定义
⋮
END
```

9. EXTERN

语法格式：

```
EXTERN 标号 {[WEAK]}
```

功能：EXTERN 伪操作用于通知编译器要使用的标号是在其他的源文件中定义的，但要在当前源文件中引用，如果当前源文件实际并未引用该标号，该标号就不会被加入当前源

文件的符号表中。标号在程序中区分大小写,[WEAK]选项表示当所有源文件都没有定义这样一个标号时,编译器也不给出错误信息,在多数情况下将该标号置为 0,若该标号由 B 或 BL 指令引用,则将 B 或 BL 指令置为 NOP 操作。

使用示例:

```
AREA Init,CODE,READONLY
EXTERN Main                ;通知编译器当前文件要引用标号 Main,但 Main 在其他源文件中定义
⋮
END
```

10. GET(或 INCLUDE)

语法格式:

```
GET 文件名
```

功能:GET 伪操作用于将一个源文件包含到当前源文件中,并将被包含的源文件在当前位置进行汇编处理。可以使用 INCLUDE 代替 GET。

汇编程序中常用的方法是在某源文件中定义一些宏指令,用 EQU 定义常量的符号名称,用 MAP 和 FIELD 定义结构化的数据类型,然后用 GET 伪操作将这个源文件包含到其他的源文件中。使用方法与 C 语言中的 include 相似。

GET 伪操作只能用于包含源文件,包含目标文件需要使用 INCBIN 伪操作。

使用示例:

```
AREA Init,CODE,READONLY
GET a1.s                   ;通知编译器当前源文件包含源文件 a1.s
GET C:\a2.s                ;通知编译器当前源文件包含源文件 C:\ a2.s
⋮
END
```

11. INCBIN

语法格式:

```
INCBIN 文件名
```

功能:INCBIN 伪操作用于将一个目标文件或数据文件包含到当前源文件中,被包含的文件不做任何变动地存放在当前文件中,编译器从其后开始继续处理。

使用示例:

```
AREA Init,CODE,READONLY
INCBIN a1.dat              ;通知编译器当前源文件包含文件 a1.dat
INCBIN C:\a2.txt           ;通知编译器当前源文件包含文件 C:\a2.txt
⋮
END
```

12. RN

语法格式:

```
名称 RN 表达式
```

功能:RN 伪操作用于给一个寄存器定义一个别名。采用这种方式可以方便程序员记忆该寄存器的功能。其中,名称为给寄存器定义的别名,表达式为寄存器的编码。

使用示例：

```
Temp RN R0          ;将 R0 定义一个别名 Temp
```

4.2　GNU 汇编器支持的 ARM 伪指令

　　GNU 汇编器支持的 ARM 伪指令共有四条：LDR、ADR、ADRL、NOP。它们不是 ARM 指令集中的指令，只是为了方便编译器编译而定义的指令，使用方式可以和 ARM 指令一样，但 ARM 指令与一条机器指令对应，而编译器会把 ARM 汇编的伪指令编译为一条或多条机器指令。

◆ 4.2.1　LDR 伪指令

语法格式：

```
LDR   寄存器,=立即数或标号
```

　　功能：用于加载 32 位立即数或一个地址值到指定寄存器。

　　在汇编编译源程序时，LDR 伪指令被编译器替换成一条合适的指令。若加载的常数未超出 MOV 或 MVN 的范围，则使用 MOV 或 MVN 指令代替该 LDR 伪指令，否则汇编器将常量放入文字池，并使用一条程序相对偏移的 LDR 指令从文字池读出常量，其采用绝对地址。

1. 加载常量使用示例

　　(1)常数未超出 MOV 或 MVN 的范围。

```
LDR R2,=0xFF0          ;MOV R2, #0xFF0
LDR R0,=0xFF000000     ;MOV R0, #0xFF000000
LDR R1,=0xFFFFFFFF     ;MVN R1, #0x1
```

　　(2)常数超出 MOV 或 MVN 的范围。

```
LDR R0,=10000          ;常数 10000 超出机器指令 32 bit 中的低 12 位,替换为:
LDR R0,[PC,#-4]        ;从指令位置到文字池的偏移量必须少于 4 KB
DCD 10000
```

　　BL 指令跳转范围为 ±32 MB，而有时跳转超过 32 MB，此时采用 LDR 伪指令。

2. 加载地址使用示例

　　将标号 ADDR1 所代表的地址存于 R0 中。

```
    ⋮
    LDR R0,=ADDR1
    ⋮
ADDR1
    MOV R1,LR
    ⋮
```

　　加载地址使用示例中代码编译后的反汇编代码如图 4-1 所示。使用伪指令将程序标号 ADDR1 的地址存入 R0 中，LDR 伪指令被汇编成一条 LDR 指令，并在文字池中定义一个常量，该常量为 ADDR1 标号的地址。

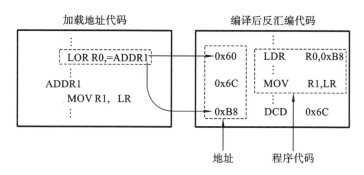

图 4-1　地址加载的代码与编译后反汇编代码的对应关系

◆　4.2.2　ADR 伪指令

语法格式：

ADR 寄存器，标号

功能：ADR 伪指令将基于 PC 相对偏移的地址值或基于寄存器相对偏移的地址值读取到寄存器中。

在汇编编译器编译源程序时，ADR 伪指令被编译器替换成一条合适的指令，通常，编译器用一条 ADD 指令或 SUB 指令来实现该 ADR 伪指令的功能。假设当前地址值到 Delay 相对偏移量为 0x3C，则将标号 Delay 所代表的地址存于 R0 中。

使用示例：

```
      ⋮
   ADR R0,Delay        ;该句等价于 ADD R0,PC,#0x3C
      ⋮
Delay
   MOV R0,LR
```

ADR 伪指令采用相对偏移地址，要求标号和 ADR 伪指令必须在同一段。使用 ADR 伪指令编译后的反汇编代码用一条 ADD 指令替换 ADR，如图 4-2 所示。

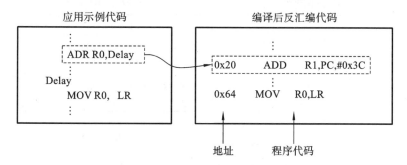

图 4-2　ADR 伪指令与编译后反汇编代码的对应关系

ADR 伪指令为小范围地址读取伪指令。当地址值是字节对齐时，取值范围为 $-255 \sim 255$；当地址值是字对齐时，取值范围为 $-1020 \sim 1020$；当地址值是 16 字节对齐时，其取值范围更大。

ADR 伪指令通常还用于查表，比如在数码管显示代码中，可用 ADR 伪指令取出待显示的数据。使用示例：

```
      ⋮
    ADR   R0,SEG_TAB          ;加载转换表地址
    LDRB  R1,[R0,R2]          ;使用 R2 作为参数,进行查表
      ⋮
SEG_TAB
    DCB   0xC0, 0xF9, 0xA4, 0xB0, 0x99, 0x92, 0x82, 0xF8
      ⋮
```

◆ **4.2.3 ADRL 伪指令**

语法格式：

```
ADRL 寄存器,标号
```

功能：该指令将基于 PC 相对偏移的地址值或基于寄存器相对偏移的地址值读取到寄存器中。

使用示例：

```
      ⋮
    ADRL R0,Delay
      ⋮
Delay
    MOV R0,LR
      ⋮
```

ADRL 伪指令采用相对偏移地址,要求标号和 ADRL 伪指令必须在同一段。ADR 中的常数 0x3C 是放在机器指令 12 bit 中的偏移量立即数,当该偏移量立即数不能被 12 bit 表示出来时,可以使用 ADRL 伪指令,将其拆分为两个可以被 12 bit 表示的立即数,然后用两条 ADD 或 SUB 指令替换 ADRL 伪指令,若不能用两条指令实现,则产生错误,编译失败。使用伪指令 ADRL 将程序标号 Delay 的地址存入 R0 中,编译后的反汇编代码用两条 ADD 指令替换 ADRL,如图 4-3 所示。

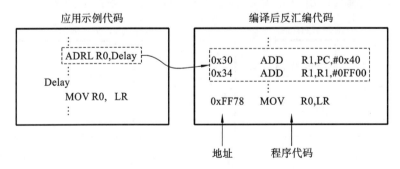

图 4-3 ADRL 伪指令与编译后反汇编代码的对应关系

相比于 ADR 伪指令,ADRL 伪指令可以读取更大范围的地址,是中等范围地址读取伪指令。当地址值是字节对齐时,取值范围为 $-64\sim64$ KB;当地址值是字对齐时,取值范围为 $-256\sim256$ KB;当地址值是 16 字节对齐时,其取值范围更大。在 32 位 Thumb-2 指令中,地址取值范围达 $-1\sim1$ MB。

◆　4.2.4　NOP 伪指令

语法格式：

```
NOP
```

功能：CPU 一旦上电就将永不停歇地运行，没有指令可使 CPU 什么都不做，通常，NOP 伪指令在汇编时将会被代替成 ARM 中的空操作，该伪指令在汇编时被代替成"MOV R0，R0"。NOP 伪指令主要用于延时操作，汇编程序通常要用于控制硬件，程序员必须在发出命令的指令和后续操作之间加入几个 NOP 伪指令作为延时用，以保证硬件操作有足够的完成时间。

使用示例：

```
    LDR R0, _Start
    NOP                    ;空操作
    NOP
    ⋮
_Start
    NOP
```

4.3　ARM 汇编语言的程序结构

在 ARM 或 Thumb 汇编语言程序中，程序是以程序段（section）的形式呈现的。程序段是具有特定名称的相对独立的指令或数据序列，由代码段（code section）和数据段（data section）组成，顾名思义，代码段存放要执行的代码，数据段则存放代码运行所需的数据。一个汇编语言程序应当至少包含一个代码段，当程序较长时，可以将一个长的代码段或者数据段分割为多个代码段或者多个数据段，然后通过程序编译链接（link）最终形成一个可执行的映像文件。

一个可执行映像文件通常由以下三部分构成：

①一个或多个代码段，代码段的属性为只读；

②零个或多个包含初始化数据的数据段，数据段的属性为可读写；

③零个或多个不包含初始化数据的数据段，数据段的属性为可读写。

一个汇编语言的代码段基本结构如下：

```
    AREA Init,CODE,READONLY
    ENTRY
Start
    MOV R0,#1
    MOV R1,#5
    ⋮
    END
```

其中 CODE 为代码段的标识，伪指令 AREA 与 CODE 结合使用，表明定义了一个代码段，其段名为 Init，并说明该代码段的属性为只读。ENTRY 伪指令标识程序的入口点，接下来是指令序列，程序代码最后一条为伪指令 END，标识该代码段结束。

由于任何顶格编写的单词或者助记符都会被编译器当作一个地址标识而不是汇编指令。因此,编写代码时注意缩进格式,所有的指令必须向右缩进一个空格,建议用一个 tab 键代替空格,如上述代码段中 Start。

一个汇编语言的数据段基本结构如下:

```
AREA DataInit,DATA,BIINIT,ALIGN=2
DISPBUF SPACE 200
RCVBUF SPACE 200
 ⋮
```

SPACE 伪指令分配连续 200 字节的存储单元并初始化为 0。

例 4-1 编写汇编程序实现将 src 中的内容复制到 dst 中,数据存放于一片连续的字存储单元 SRC 和 DST 中。

```
AREA copy,CODE,READONLY        ;定义一个名为 copy 的代码段,属性为只读
num EQU 20                     ;num=20
ENTRY                          ;程序的入口
Start
LDR R0,=src                    ;把 src 首地址加载到 R0
LDR R1,=dst                    ;把 dst 首地址加载到 R1
MOV R2,#num                    ;把 20 送给 R2
wordcopy                       ;R0,R1 中存放的都是地址,[R0]表示将 R0 地址中存放的值取
                                出来
LDR R3,[R0],#4                 ;后变地址回写 R3=[R0],R0=R0+4
STR R3,[R1],#4                 ;后变地址回写[R1]=R3,R1=R1+4
SUBS R2,R2,#1                  ;R2=R2-1
BNE wordcopy                   ;如果 R2 不等于 0,无条件跳转至 wordcopy
stop
B .                            ; 如果 R2 等于 0,则程序停于此处
AREA DataBlock,DATA,READWRITE  ;定义一个名为 DataBlock 的数据块,属性为可读写
srcDCD H,E,L,L,O, ,W,O,R,L,D   ;分配连续的字存储单元 src
dst  DCD 0,0,0,0,0, 0,0,0,0,0  ;分配连续的字存储单元 dst
END                            ;程序结尾标识
```

4.4 汇编语言与 C 语言的混合编程

相对于高级编程语言,汇编语言以其运行的高效性,在底层编程中广泛使用,但是在应用系统的程序设计中,若采用汇编语言来完成所有的工作,除工作量非常大且烦琐外,与 C/C++语言相比,可读性也不强。因此,通常结合汇编语言和 C/C++语言两者的优势,采用混合编程的方式,即在一个实际的程序设计中,除了最底层的部分(如初始化、异常处理部分)用汇编语言外,主要的编程任务仍在 C/C++语言中完成,执行过程首先完成初始化过程,然后跳转到 C/C++代码中执行。

汇编语言与 C/C++语言的混合编程通常有以下几种方式:

①汇编程序与 C 程序的相互调用;

②C 程序中内嵌汇编语句；

③汇编程序、C/C++程序间变量的互访。

以上混合编程中,比如寄存器的使用、数据栈以及参数的传递等必须遵循一些规则,这些规则被称为 ATPCS(ARM Thumb procedure call standard),其中最重要的是解决 C 语言与汇编语言之间的传值问题。

◆ 4.4.1 基本 ATPCS 规则

基本 ATPCS 规则规定了子程序间调用时的一些基本规则,主要包括各寄存器的使用规则、堆栈的使用规则、参数的传递规则和子程序结果返回规则等。

1. 寄存器的使用规则

①子程序间通过 R0～R3 传递参数,被调用的子程序在返回前无须恢复寄存器 R0～R3 的内容。如果参数多于 4 个,则多出的部分用堆栈传递。

②在子程序中,使用寄存器 R4～R11 保存局部变量,如果在子程序中用到了寄存器 R4～R11 中的某些寄存器,子程序进入时必须保存这些寄存器的值,在返回前必须恢复这些寄存器的值;对于子程序中没有用到的寄存器则不必进行这些操作。在 Thumb 程序中,通常只能使用寄存器 R4～R7 来保存局部变量。

③寄存器 R12 用作子程序间 Scratch 寄存器,记作 IP。它用于保存 SP,在函数返回时使用该寄存器出栈。

④寄存器 R13 用作堆栈指针,记作 SP。在子程序中寄存器 R13 不能用作其他用途。寄存器 SP 在进入子程序时的值和退出子程序的值必须相等。

⑤寄存器 R14 称为链接寄存器,记作 LR。它用作保存子程序的返回地址。如果子程序中保存了返回地址,则寄存器 R14 可以用作其他用途。

⑥寄存器 R15 是程序计数器,记作 PC,它不能用作其他用途。

对于兼容 ATPCS 编译器而言,在编程时可以使用 A0～A3 替换 R0～R3,用 V1～V8 替换 R4～R11。A0～A3 和 IP 是 Scratch 寄存器(即临时寄存器),其值在进行子程序调用时不需要保存和恢复。表 4-1 总结了在 ATPCS 规则中规定的各寄存器的使用规则及其名称,这些名称在 ARM 编译器和汇编器中都是预定义的。

表 4-1　寄存器的使用规则

寄　存　器	别　　名	特殊名称	使　用　规　则
R15		PC	程序计数器
R14		LR	链接寄存器
R13		SP	堆栈指针
R12		IP	子程序内部调用的 Scratch 寄存器
R11	V8		ARM 状态局部变量寄存器 8
R10	V7	SL	ARM 状态局部变量寄存器 7,在支持数据检查的 ATPCS 中为堆栈限制指针
R9	V6	SB	ARM 状态局部变量寄存器 6,在支持 RWPI 的 ATPCS 中为静态基址寄存器

寄 存 器	别 名	特殊名称	使 用 规 则
R8	V5		ARM 状态局部变量寄存器 5
R7	V4	WR	ARM 状态局部变量寄存器 4,Thumb 状态工作寄存器
R6	V3		局部变量寄存器 3
R5	V2		局部变量寄存器 2
R4	V1		局部变量寄存器 1
R3	A4		参数/结果/Scratch 寄存器 4
R2	A3		参数/结果/Scratch 寄存器 3
R1	A2		参数/结果/Scratch 寄存器 2
R0	A1		参数/结果/Scratch 寄存器 1

2. 堆栈的使用规则

当栈指针指向最后压入堆栈的有效数据项,即栈顶元素时,称为满堆栈(Full 栈)。

当栈指针指向下一个要放入数据的空位置,即与栈顶元素相邻的一个位置时,称为空堆栈(Empty 栈)。

数据栈的增长方向也可以不同,当数据栈向内存减少的地址方向增长时,称为递增堆栈(Descending 栈);反之称为递减堆栈(Ascending 栈)。

ARM 的 ATPCS 规定默认的数据栈为递增(FD)类型,并且对数据栈的操作是 8 字节对齐的,这意味着在编写汇编子程序时,如果要进行出栈和入栈操作,则必须使用 LDMFD 和 STMFD 指令(或 LDMIA 和 STMDB 指令)。

栈指针是保存了栈顶地址的寄存器值,栈一般有以下 4 种数据栈:

1)FD(full descending)满递减

满递减数据栈的堆栈指针指向最后压入堆栈的数据对应地址位置,且由高地址向低地址生成,如图 4-4 所示,使用指令 LDMFD 出栈和 STMFD 入栈。

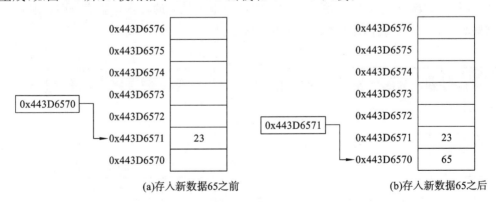

(a)存入新数据65之前　　　　　　　　　　(b)存入新数据65之后

图 4-4　满递减数据栈的数据入栈示意图

2)ED(empty descending)空递减

空递减数据栈的堆栈指针指向下一个要放入数据的空地址位置,且由高地址向低地址生成,如图 4-5 所示,使用指令 LDMED 出栈和 STMED 入栈。

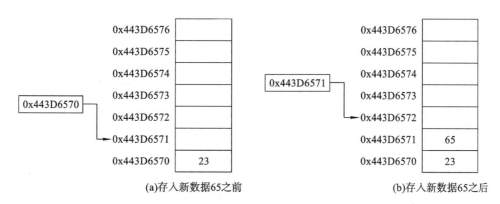

(a)存入新数据65之前 (b)存入新数据65之后

图 4-5　空递减数据栈的数据入栈示意图

3）FA（full ascending）满递增

堆栈指针指向最后压入堆栈的数据对应地址位置，且由低地址向高地址生成，如图 4-6 所示，使用指令 LDMFA 出栈和 STMFA 入栈。

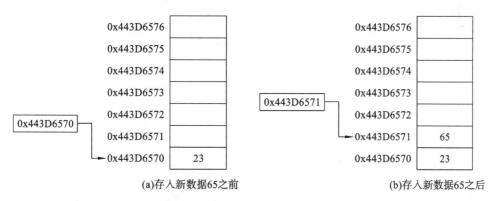

(a)存入新数据65之前 (b)存入新数据65之后

图 4-6　满递增数据入栈示意图

4）EA（empty ascending）空递增

堆栈指针指向下一个要放入数据的空地址位置，且由低地址向高地址生成，如图 4-7 所示，使用指令 LDMEA 出栈和 STMEA 入栈。

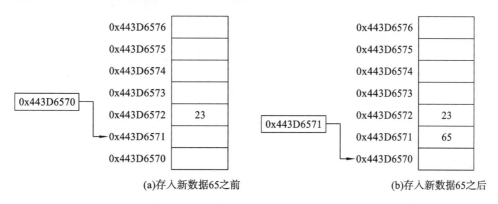

(a)存入新数据65之前 (b)存入新数据65之后

图 4-7　空递增数据栈的数据入栈示意图

3. 参数的传递规则

根据参数个数是否固定可以将子程序参数传递规则分为以下两种。

1)参数个数可变的子程序参数传递规则

对于参数个数可变的子程序,当参数不超过 4 个时,可以使用寄存器 R0~R3 来传递参数;当参数超过 4 个时,使用数据栈来传递参数。

在传递参数时,将所有参数看作是存放在连续内存单元中的字数据。然后,依次将各字数据传送到寄存器 R0、R1、R2、R3 中,如果参数多于 4 个,则将剩余的字数据传送到数据栈中,入栈的顺序与参数顺序相反,即最后一个字数据先入栈。

2)参数个数固定的子程序参数传递规则

对于参数个数固定的子程序,参数传递规则与参数个数可变的子程序不同,如果系统包含浮点运算的硬件部件,则浮点参数将按各个浮点参数的顺序处理和为每个浮点参数分配 FP 寄存器的规则传递。分配的方法是,满足该浮点参数需要的且编号最小的一组连续 FP 寄存器中的第一个整数参数通过寄存器 R0~R3 来传递,其他参数通过数据栈传递。

例 4-2 通过堆栈实现多参数传递,实现 i+2i+3i+4i+5i 求和。

汇编代码文件 start_c.s:

```
        AREA sum,CODE,READONLY
        IMPORT ADD
        ENTRY
Start
        MOV R0;#10
        STR lr,[sp,#-4]!          ;保存返回地址 lr
        ADD R1,R0,R0              ;计算 2i(第二个参数)存于 R1
        ADD R2,R1,R0             ;计算 3i(第三个参数) 存于 R2
        ADD R3,R1,R2            ;计算 5i
        STR R3,[sp,#-4]!        ;第五个参数通过堆栈传递
        ADD R3,R1,R1           ;计算 4i(第四个参数)存于 R3
        BL ADD
        ADD sp,sp,#4          ;从堆栈中删除第五个参数
        LDR pc,[sp],#4       ;返回
        END
```

C 文件 Main.c 实现两数相加:

```
int ADD(int L,int M,int N,int O,int P)
{
    int result=0;
    result=L +M +N +O +P;
    return result;
    //返回值通过 R0 寄存器返回
}
```

4.子程序结果返回规则

子程序的结果返回规则如下:

(1)如果结果为一个 32 位整数,则可以通过寄存器返回。

(2)如果结果为一个 64 位整数,则可以通过寄存器 R0 和 R1 返回,以此类推。

（3）如果结果为一个浮点数，则可以通过浮点运算的寄存器 F0、D0 或 S0 返回。

（4）如果结果为复合型浮点数（如复数），则可以通过寄存器 F0～FN 或者 D0～DN 返回。

（5）对于位数更多的结果，需要通过内存来传递。

4.4.2 汇编程序与 C 程序的相互调用

汇编程序与 C 程序的相互调用主要指汇编程序中调用 C 程序、C 程序中调用汇编程序，为保证参数的正确调用，汇编程序的设计需要遵守 ATPCS 基本规则。

1. 汇编程序中调用 C 程序

在 C 程序中不需要使用任何关键字来声明将被汇编程序调用的 C 程序（只要该程序的声明前不加 static 关键字），而汇编程序在调用该 C 程序之前必须在汇编程序中使用 IMPORT 伪操作声明该 C 程序，同时要通过 BL 指令来调用该 C 程序。具体使用示例如下。

汇编代码文件 start_c.s：

```
    AREA start,CODE,READONLY
    IMPORT Main
    ENTRY
Start
    MOV R0,#1        ;R0 寄存器传送参数给 n
    MOV R1,#5        ;R1 寄存器传送参数给 m
    BL Main
    ...             ;还可添加其他代码
    END
```

C 文件 Main.c 实现两数相加：

```
int Main(int n,int m)
{
    int result=0;int i;
    for(i=n;i<=m;i++)
    {
        result=i+result;
    }
    return result;          //返回值通过 R0 寄存器返回
}
```

2. C 程序中调用汇编程序

在汇编程序中需要使用 EXPORT 伪操作来声明汇编子程序，使得该子程序可以被其他程序调用。同时在 C 程序调用该汇编程序之前需要在 C 程序中使用 extern 关键字来声明该汇编子程序。具体使用示例如下。

C 文件 main.c 调用汇编程序实现两数相加：

```
/*声明汇编函数*/
extern int asm_add(int m,int n);
/*声明汇编函数*/
int main(int argv,char **argc)
{
```

```
    int i=1;
    int j=10;
    add_m_n(i,j);
    return 0;
}
```

汇编指令实现两数累加：

```
    AREA ADD_M_N,CODE,READONLY EXPORT asm_add
    asm_add
    MOV R2,#0X0          ;R2 赋初值 0
addmnloop
    ADD R2,R2,R0         ;累加和放入 R2 中
    ADD R0,R0,#0X01      ;R0=R0+1
    CMP R0,R1            ;将 R0 的值与 R1 相比较
    BNE addmnloop        ;比较的结果不为 0,继续调用 addmnloop,否则执行下一条语句
    MOV PC,LR            ;返回
    END
```

◆ 4.4.3　C 程序中内嵌汇编语句

　　改变 CPSR 寄存器的值、初始化堆栈指针寄存器 SP 等操作过程,在 C 程序是实现不了的,它们只能由汇编程序实现,此时我们必须采用在 C 源代码中嵌入少量汇编代码的方法来实现,这就是 C 程序中内嵌汇编语句。内嵌的汇编语句包括大部分 ARM 指令和 Thumb 指令,但不能直接引用 C 程序的变量定义,数据的交换必须通过 ATPCS 规则进行。ATPCS 规则在使用时存在一些限制,主要表现在如下几方面:

　　①不能直接修改 PC(即赋值操作)实现跳转;

　　②使用物理寄存器时,不要使用过于复杂的 C 表达式,避免物理寄存器的冲突;

　　③R12 和 R13 可能被编译器用来存放中间编译的结果,计算表达式值时可能将 R0～R3、R12 及 R14 用于子程序调用,因此要避免使用这些物理寄存器;

　　④避免直接指定物理寄存器,而让编译器分配物理寄存器。

　　嵌入式汇编语句在形式上是独立定义的函数体,具体使用格式与示例如下。

　　使用格式:

```
__asm
{
    指令[;指令]
    ...
    指令
}
```

　　示例:两数相减内嵌汇编语句。

```
__asm int sub(int i,int j)
{
    SUB R0,R0,R1
    MOV PC,LR
}
```

```
void main()
{
    int result;
    result= sub(54321,12345);
    printf("54321-12345=%d\n",result)
}
```

内嵌汇编语句通过关键字 asm 或者_ _asm 标识,同一行如有多条指令,则指令之间用分号(;)分隔,如果一条指令占据多行,则除最后一行之外都要使用续行符反斜杠(\)连接。C 函数中参数 i,j 分别由 R0、R1 传值,其返回结果 result 放入 R0 中传值。

◆ 4.4.4 汇编程序、C/C++程序间变量的互访

在一个工程中,一般都会由多个汇编文件和多个 C/C++程序文件组成,因此便存在变量间的相互访问。本小节主要讨论汇编程序访问全局 C 变量以及 C/C++程序对汇编全局变量的访问。

1. 汇编程序访问全局 C 变量

在 C/C++程序中声明的全局变量可以被汇编程序通过地址间接访问,具体访问过程如下:

在汇编程序中使用 IMPORT/EXTERN 伪指令声明该全局变量,该 C 全局变量在汇编程序中被认为是一个标号;

根据数据的类型,使用相应的 LDR 与 STR 指令访问该标号所表示的地址处所存放的内容。

各数据类型及相应的 LDR/STR 指令如下:

```
unsigned char LDRB/STRB
unsigned short LDRH/STRH
unsigned int LDR/STR
char LDRSB/STRSB
short LDRSH/STRH
```

汇编程序访问 C 全局变量的使用示例:

```
AREA GLOBALS,CODE,READONLY
IMPORT  i
ASMsub
LDR R1,=i          ;加载变量的地址
LDR R0, [R1]       ;从地址中读取数据传送给 R0
SUB R0,R0,#1       ;减 1 操作
STR R0, [R1]       ;保存修改后变量的值
END
```

2. C/C++程序对汇编全局变量的访问

在汇编程序中声明的数据可以被 C/C++程序访问,具体访问过程如下:

在汇编程序中用伪汇编指令(如 DCB、DCD 等)为全局变量分配空间并赋值,并定义一个标号代表该存储位置;

在汇编程序中用 EXPORT 伪指令导出该标号；

在 C/C++程序中用 extern 关键字声明该全局变量。

汇编程序中定义了一块内存区域,并保存一串字符,其汇编代码如下：

```
EXPORT Message          ;声明全局标号
Message DCB   "HelloARM$"    ;定义一串字符串
```

C/C++程序中实现对汇编程序中变量 Message 的访问,并计算其字符串的长度的使用示例：

```
extern char Message[];
int charlength()
{
    Int length;
    char *pMessage;
    pMessage=Message;
    while(*pMessage ! ='$')
    {
        length++;
        pMessage ++;
    }
    return length;
}
```

 思考与练习

1. 在 GNU 风格的 ARM 汇编中如何定义一个全局数字变量?

2. ADR 和 LDR 的用法有什么区别?

3. ATPCS 中规定的 ARM 寄存器的使用规则是什么?

4. 什么是内联汇编?

5. 汇编代码中如何调用 C 代码中定义的函数? 举例实现求阶乘。

第5章

ARM集成开发
环境搭建

本章主要介绍 ARM 集成开发环境,掌握了基本的汇编指令及伪指令之后,加上先学的 C 语言编程基础,就可以编写 ARM 程序实现 ARM 基本功能。若要在实战中得到真实可执行的程序,开发环境需要对程序进行编辑、编译的支持,同时程序在开发过程中免不了要进行调试,因此还需要调试器的支持。通常提供给程序开发员使用的是整合了编辑器、编译器、调试器以及其他一些辅助工具的集成开发环境(IDE)软件,对于 ARM 程序开发而言,目前比较流行的是基于 Windows 平台的 ADS 和基于 Linux 平台的 GCC 等交叉编译工具链。ADS 在程序的编译和调试方面要比 GCC 使用起来方便,但 ARM 公司在 2001 年已对 ADS1.2 集成开发工具停止维护和支持。因此,ARM 公司推出了新的、功能更强大的、用户界面更友好的 MDK(microcontroller development kit)作为其硬件平台的集成开发工具,MDK 也是 ARM 公司最近推出的针对各种嵌入式处理器的软件开发工具。对于初学者来说,为了更好地掌握汇编编程、C 语言编程以及两者间的混合编程,会搭建一种开发环境是非常必要的。

本章主要内容:

1. MDK 开发环境的搭建;

2. 基于 Linux 交叉开发环境的搭建;

3. 基于 RVDS4.0 集成开发环境的搭建。

5.1 MDK 开发环境搭建

◆ 5.1.1 MDK 软件支持包

MDK5 开发环境并不支持所有的 ARM 系列控制器,本节选择 MDK5 Version 5.10,开发板选择 ARM 系列芯片 Samsung 的 S3C2440A 为例阐述 MDK5 开发环境的使用。自行在官方网站上下载 MDK5 软件包,安装后需要完成注册,否则使用有限制。MDK5 以后的版本不再直接支持 ARM7、ARM9 的开发,因此需要下载相应的 ARM7、ARM9 软件支持包,如图 5-1 所示,注意要选择与 MDK 版本对应的支持包。

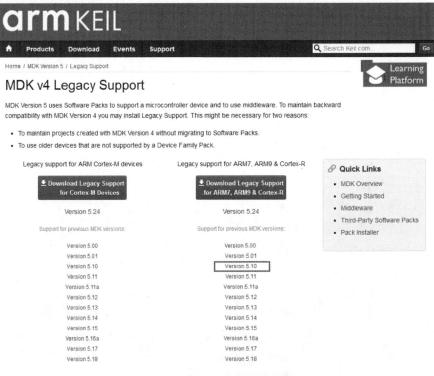

图 5-1　下载 ARM9 软件支持包

◆ 5.1.2 J-link 驱动

除此之外,还需安装 J-link 驱动,本书采用 J-link V8 版本的 J-linkARM V4.081。J-link 驱动的最新版本可以由链接 http://www.segger.com/jlink-software.html 下载。

◆ 5.1.3 MDK 工程的建立

(1)打开 Keil 5,新建一个工程,如图 5-2 所示。

(2)新建一个工程目录,用于存放该工程的所有文件,命名为 S3C2440_test 并保存,然后创建工程文件,工程名为 test,如图 5-3 所示。

(3)根据开发板,选择 Samsung 的 S3C2440A,单击 OK 按钮,如图 5-4 所示。之后会出

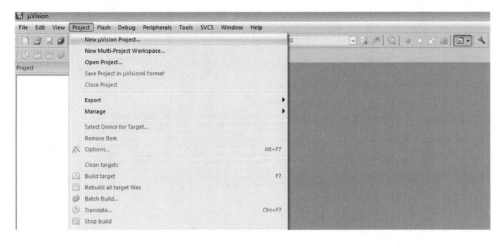

图 5-2　创建工程

图 5-3　保存工程

现如图 5-5 所示对话框,询问是否拷贝"S3C2440.s"到工程文件夹并加入工程里,由于 S3C2440.s 是启动代码,因此选择"是"。

(4)按如图 5-6 所示步骤对 Configuration Wizard 进行配置,这里需要勾选所有单选框。

(5)新建.c 文件并编写代码,然后将该文件加到工程里,如图 5-7 所示。

(6)切换到 Options for Target'Target 1',依次对 Target、Output、Debug、Utilities 选项卡进行设置,如图 5-8～图 5-11 所示。特别注意:在如图 5-10 所示 Debug 选项卡中,若选择软件仿真,则选择左边的 Use Simulator;若选择硬件在线仿真,则选择右边 Use 下拉菜单中的 J-LINK/J-TRACE ARM;在 Utilities 选项卡中不勾选 Update Target before Debugging,再单击 Settings 按钮[见图 5-11(a)],然后按照图 5-11(b)所示步骤选择与 Flash 型号对应的编程算法。

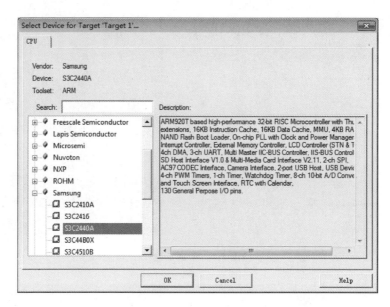

图 5-4 ARM 芯片选择

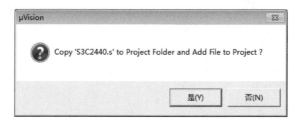

图 5-5 S3C2440 启动代码加入

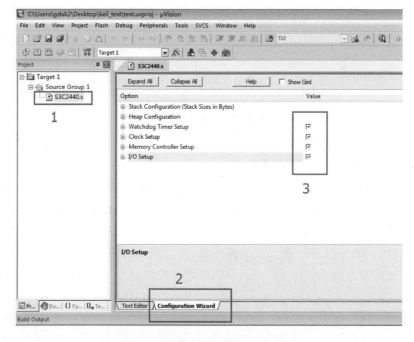

图 5-6 配置 Configuration Wizard

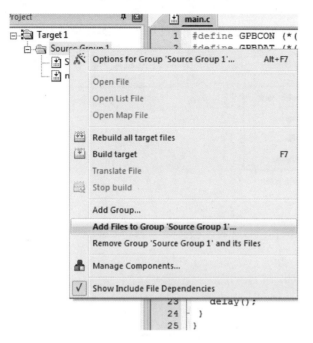

图 5-7　.c 文件的新建

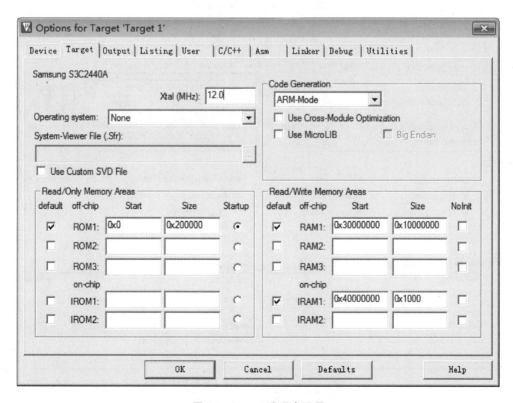

图 5-8　Target 选项卡设置

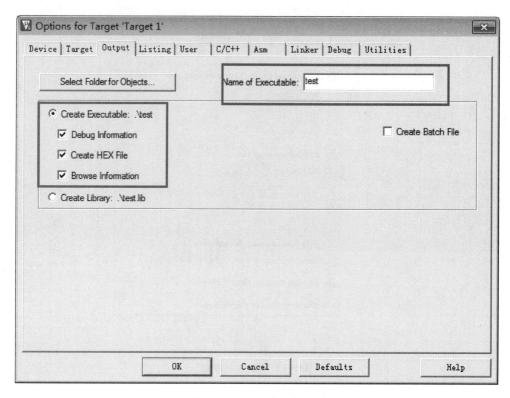

图 5-9　Output 选项卡设置

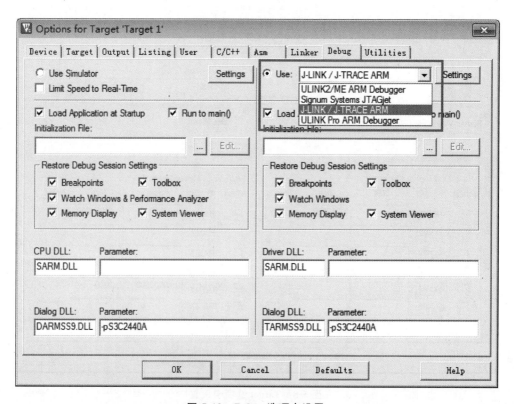

图 5-10　Debug 选项卡设置

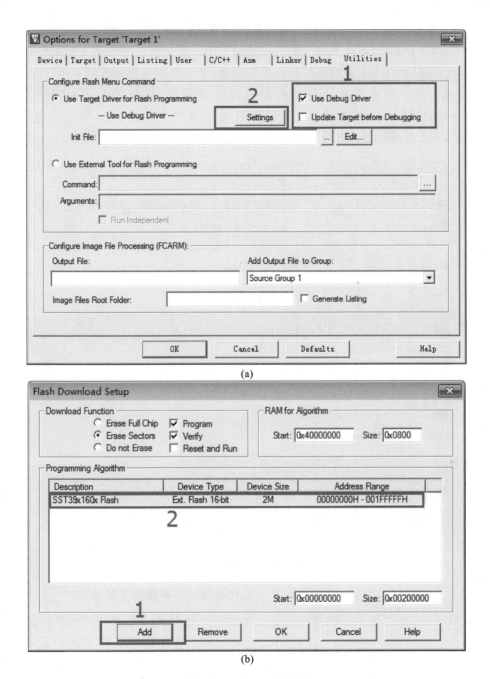

图 5-11　Utilities 选项设置

◆ 5.1.4　调试工程

1. 基本代码调试

以下代码的调试演示都是基于软件仿真条件的,若有相应开发板则可以选择硬件在线调试,其调试操作过程类似。5.1.3 节中对 MDK5.10 版本的工程进行了详细配置操作,当工程完成编译,链接操作无误后,生成可执行文件.axf 与.hex,而在该开发环境中装载的是可执行文件.axf。然后选择 Debug 菜单项,选择 Start/Stop Debug Session 或者按下快捷键 Ctrl+F5 进入调试界面。在代码区中,有一个蓝黄色组合的三角形箭头指示当前代码执行的位置,若选择 Debug→Run(快捷键 F5),就会全速运行该代码;如果想单步调试,则选择 Debug→Step(快捷键 F11)或 Step Over(快捷键 F10),这时窗口中的箭头会发生相应的移动。实际代码测试中,当希望对某段代码进行测试,又不希望代码继续向下执行时,可以利用断点实现。将光标移至要进行断点设置的代码行处,选择 Debug→Insert/Remove Breakpoint(快捷键 F9),就会在光标所在的位置出现一个实心圆点,表明该处是断点。图 5-12所示为本章所使用的部分例程代码,该程序段中还设置了断点操作。

```
Disassembly
     27:                          led_display();
     28:           }
0x00000468  EBFFFFDF  BL         led_display(0x000003EC)
0x0000046C  E2866001  ADD        R6,R6,#0x00000001
0x00000470  E3560004  CMP        R6,#0x00000004
```

delay.c   main.c   S3C2440.s
```
12   返回  值:无
13  └****************************/
14   int main(void)
15 ┌ {
16     unsigned int i,j,num;
17     led_port_init();
18
19  //  while(1)
20  //  {
21  //    led_display();
22  //  }
23     while(1)
24     {
25       for(i=0;i<4;i++)
26 ┌     {
27         led_display();
28       }
29       delay_50ms(20);
30       for(j=0;j<4;j++)
31 ┌     {
32         led_run();
33       }
34       delay_50ms(20);
35       for(num=0;num<16;num++)
36 ┌     {
```

图 5-12 代码调试时在代码中添加断点

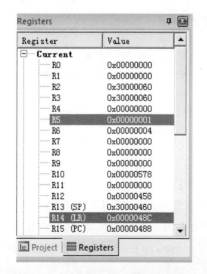

图 5-13 代码调试时的寄存器查看窗口

2. 代码调试寄存器与变量操作

第一,寄存器操作。选择 View→Registers Window,可弹出寄存器窗口,从而可以观察寄存器的变化情况。如图 5-13 所示,当单步调试时,可以发现正在进行操作的寄存器显示蓝色(表示被选中),同时其值也会发生变化(特别是在汇编代码中,这一步非常明显)。

第二,变量操作。在实际代码测试中,特别是 C 代码中,程序员进程会对代码中出现的某个变量进行测试,以此验证代码是否正确执行。这可以通过变量操作窗口来实现,选择 View→Call Stack Window,弹出如图 5-14 所示窗口。

图 5-14 所示窗口中显示当前执行代码中各变

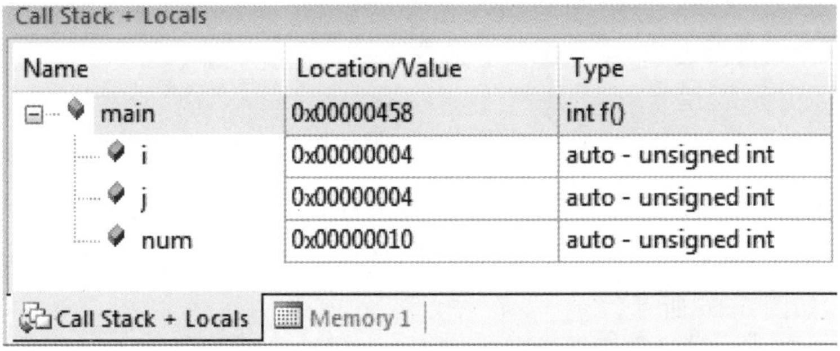

图 5-14 代码调试中查看当前变量值窗口

量的值,有时程序员只想要查看特定变量的变化情况,则可通过图 5-15 实现。在 View 菜单中选择 Watch Windows→Watch 1,弹出如图 5-15 所示窗口。然后选中需要查看的变量,右击选择"Add 'num' to…"下拉菜单中的 Watch 1,或者直接选中变量拖拉至 Watch 1 窗口中,完成变量的添加;在程序运行过程中,可以看到变量 num 的值发生变化。重复上述步骤,可以完成多个变量的添加操作。

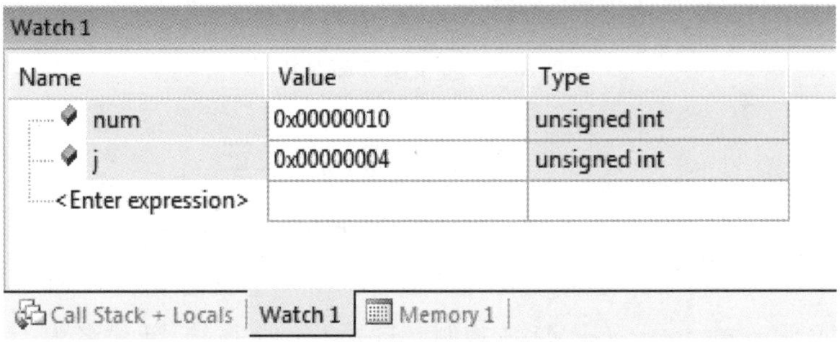

图 5-15 代码调试中查看选中变量值窗口

5.2 基于 Linux 系统的交叉开发环境搭建

本节采用基于嵌入式 Linux 系统的交叉开发环境对 Exynos4412 处理器的 UP-CUP4412 型平台实验箱进行裸机开发,此时,必须在 Linux 系统中搭建交叉开发环境,步骤如下:

第一步,在宿主机的/usr/local/目录下建立 ARM 目录存放交叉编译器。命令:

```
#mkdir  /usr/local/ARM
```

第二步,解压交叉编译器包至/usr/local/ARM/目录下。命令:

```
#tar  xzvf  ARM-2009q3-67.tar.gz  -C  /usr/local/ARM/
```

ARM-2009q3-67. tar. gz 交叉编译包默认已安装完全,此处不详细讲解。

第三步,修改系统编译器默认搜索路径配置文件 PATH 及 LD_LIBRARY_PATH 的环境变量。命令:

```
#vi /root/.profile
```

然后在最后一行添加如下命令:

```
export PATH=/usr/local/ARM/ARM-2009q3/bin:$PATH
```

第四步,保存文件后退出,重启配置。命令:

```
source /root/.profile
```

第五步,验证。

配置生效,此时可以通过在终端中输入编译器部分名称来验证是否安装成功,在终端内输入"ARM-none-linux-gnueabi-",双击 Tab 键,将自动补齐以 ARM-none-linux 为开头的交叉编译器名称,如图 5-16 所示。

```
root@locust:/home/locust# arm-none-linux-gnueabi-
arm-none-linux-gnueabi-addr2line    arm-none-linux-gnueabi-gprof
arm-none-linux-gnueabi-ar           arm-none-linux-gnueabi-ld
arm-none-linux-gnueabi-as           arm-none-linux-gnueabi-nm
arm-none-linux-gnueabi-c++          arm-none-linux-gnueabi-objcopy
arm-none-linux-gnueabi-c++filt      arm-none-linux-gnueabi-objdump
arm-none-linux-gnueabi-cpp          arm-none-linux-gnueabi-ranlib
arm-none-linux-gnueabi-g++          arm-none-linux-gnueabi-readelf
arm-none-linux-gnueabi-gcc          arm-none-linux-gnueabi-size
arm-none-linux-gnueabi-gcc-4.4.1    arm-none-linux-gnueabi-sprite
arm-none-linux-gnueabi-gcov         arm-none-linux-gnueabi-strings
arm-none-linux-gnueabi-gdb          arm-none-linux-gnueabi-strip
arm-none-linux-gnueabi-gdbtui
```

图 5-16 交叉编译器名称

```
.global _start
_start:
        ldr r1,=0x11000280
        ldr r0,=0x00010000
        str r0,[r1]

loop:
        ldr r1,=0x11000284
        mov r0,#0x10
        str r0,[r1]
        bl delay

        mov r0,#0x00
        str r0,[r1]
        bl delay
        b loop

delay:
        ldr r3,=0x3ffff00
delay1:
        sub r3,#1
        cmp r3,#0
        moveq pc,lr
        b delay1
```

图 5-17 汇编代码

5.2.1 汇编代码验证

第一步,通过编写汇编代码控制 UP-CUP4412 型平台实验箱上发光二极管 LED6 的交替亮灭,LED6 受 GPIO 端口 GPM1_4 控制。进入 Linux 系统,新建名为 start.s 的文件,并在其中编写代码,具体的代码如图 5-17 所示。

第二步,编写 Makefile 文件,如图 5-18 所示,然后通过 Makefile 文件编译 start.s 文件,得到 start.bin 二进制文件,此二进制文件用于下载到 UP-CUP4412 型平台实验箱以控制 LED6。

第三步,配置超级终端,选择串口号 COM5,设置端口属性,如图 5-19 和图 5-20 所示。

第四步,将实验箱电源打开,若已经打开,按复位键即可,待出现"Hit any key to stop autoboot:x"倒计时字样,按 Enter 键进入如图 5-21 所示的未进入系统窗口;接下来输入"loadb 40008000"命令,得到如图 5-22 所示窗口;然后,上传二进制文件(.bin),如图 5-23 所示;发送后得到如图 5-24 所示的上传成功的提示语句,说明代码已经放置内存地址 0x40008000 处;最后输入命令"go 40008000",开始执行代码段。

此时,观察到 UP-CUP4412 型平台实验箱上对应 LED6 灯闪烁,表明交叉开发环境搭建成功。

```
1 all:
2         arm-none-linux-gnueabi-gcc start.s -o start.o -c -g
3         arm-none-linux-gnueabi-ld -Ttext 0x40008000 start.o -o start.elf
4         arm-none-linux-gnueabi-objcopy -O binary start.elf start.bin
5         cp start.bin /mnt/hgfs/code/
6 clr:
7         rm *.o *.elf *.bin
8 .PHONY:clr
9
```

图 5-18   编写 Makefile 文件

图 5-19   串口号选择

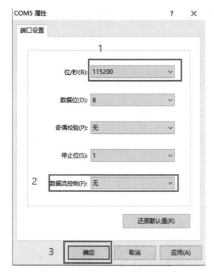

图 5-20   端口属性设置

图 5-21   未进入系统界面

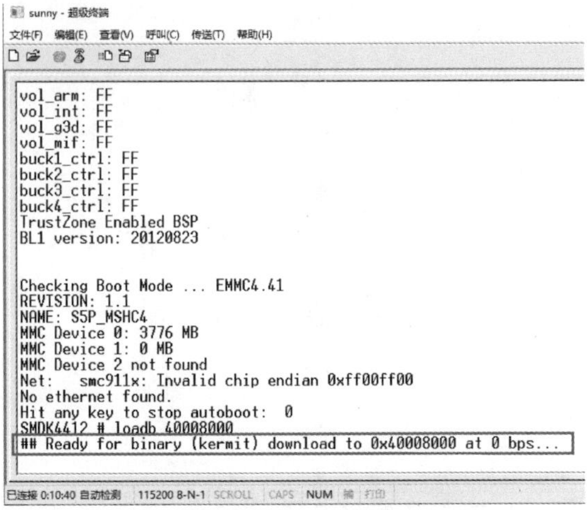

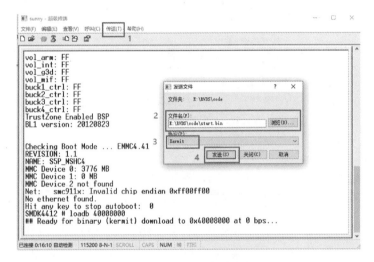

图 5-22　准备导入二进制文件界面

图 5-23　导入二进制文件界面

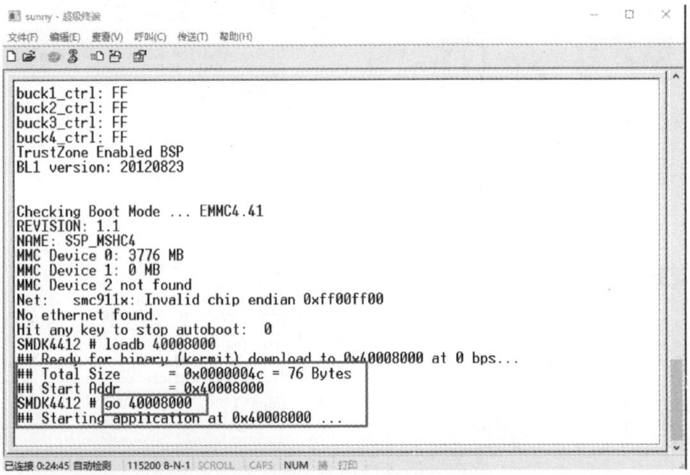

图 5-24　执行代码段界面

◆ 5.2.2 C 代码验证

汇编程序的编写非常烦琐,辨识度差,而且较难看出其实现了什么功能。ARM 裸机程序可以用大家比较熟悉的 C 语言来编写。用 C 语言编写代码实现 ARM 裸机开发,其编辑、编译、下载等步骤与汇编代码一致,但用 C 语言编程实现功能需要汇编启动 C 代码,因此,Makefile 文件会有所不同,此处以 GPIO 端口 GPM1_4 控制的发光二极管 LED6 的交替亮灭实例进行验证。

第一步,编写 C 代码的汇编启动代码 start.s,如图 5-25 所示。

第二步,编写 C 代码 test.c,如图 5-26 所示。

```
1 #define GPM1CON (*(volatile unsigned int *) 0x11000280) //端口M1的控制寄存器
2 #define GPM1DAT (*(volatile unsigned int *) 0x11000284) //端口M1的数据寄存器
3 /*****************************************************************
4 函数功能:主函数
5 *****************************************************************/
6 void delay_ms(int);
7 int main(void)
8 {
9 /* GPM1_4引脚设置为输出一个控制脚占4位, 0x1输出 */
10 GPM1CON = (GPM1CON & ~(0xf<<16)) | 1<<16;
11 GPM1DAT= GPM1DAT | 0x1<<4; // GPM1_4引脚初始状态为1, LED6亮
12 while(1)
13         {
14                 delay_ms(10000);
15                 GPM1DAT= GPM1DAT & (~(0x1<<4)); //设置 GPM1_4引脚状态为0, LED6灭
16                 delay_ms(10000);
17                 GPM1DAT= GPM1DAT | 0x1<<4; // GPM1_4引脚初始状态为1, LED6亮
18         }
19     return 0;
20 }
21 /*****************************************************************
22 函数功能:延时函数
23 *****************************************************************/
24 void delay_ms(int num)
25 {
26     int i,j;
27     for(i=num; i>0; i--)
28     {
29             for(j=1000; j>0; j--);
30     }
31 }
```

```
1 .text
2 .globl _start
3 _start:
4         bl main
5 halt_loop:
6         b halt_loop
```

图 5-25　汇编启动代码 start.s　　　　　　　图 5-26　C 代码 test.c

第三步,编写 Makefile 文件,如图 5-27 所示。

```
1 objs := start.o test.o
2
3 test.bin:test.elf
4         arm-none-linux-gnueabi-objcopy -O binary test.elf test.bin
5 test.elf:$(objs)
6         arm-none-linux-gnueabi-ld -Ttext 0x40008000 $(objs) -o test.elf
7 test.o : test.c
8         arm-none-linux-gnueabi-gcc test.c -o test.o -c -g -nostdlib
9 start.o : start.s
10         arm-none-linux-gnueabi-gcc start.s -o start.o -c -g -nostdlib
11
12 .PHONY:clr
13 clr:
14         rm *.bin *.o *.elf
```

图 5-27　基于 C 代码的 Makefile 文件

注意在生成 *.o 的规则中,应避免使用标准函数库,即加上-nostdlib 选项,否则会报错,错误提示为

```
test.o:(.ARM.exidx+0x0): undefined reference to '__aeabi_unwind_cpp_pr1'
test.o:(.ARM.exidx+0x8): undefined reference to '__aeabi_unwind_cpp_pr0'
```

第四步,将获得的 test.bin 文件加载到 UP-CUP4412 型平台实验箱,其过程与汇编操作过程一致。

5.3　基于 RVDS4.0 集成开发环境搭建

◆ 5.3.1　RVDS4.0 环境搭建

通过本节的学习,能够对嵌入式系统集成环境 RVDS4.0 的搭建有一个清晰的认识,并能掌握基本的裸机程序开发,下面是 RVDS4.0 集成开发环境的搭建过程。

1. RVDS4.0 的安装

可进官网下载相应版本的软件,安装成功后出现如图 5-28 所示界面。

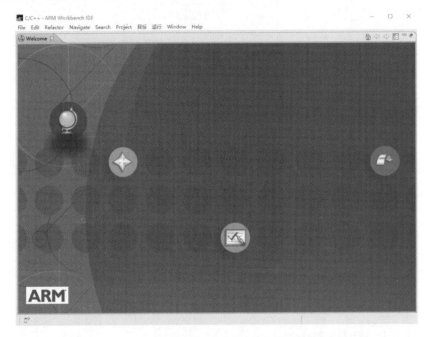

图 5-28　RVDS4.0 安装成功界面

2. 安装调试插件 Zylin Embedded DCT

第一步,打开 RVDS4.0 后,在菜单栏选择 Help→Software Updates→Find and Install...,如图 5-29(a)所示。待出现如图 5-29(b)所示窗口后,选择 Search for new features to install 进行在线安装。

第二步,单击 Next 后出现如图 5-30 所示窗口,单击 New Remote Site... 按钮,增加下载链接后,单击 Next,按提示完成安装。

第三步,安装成功后,在 Debug 菜单栏下会出现 Zylin Embedded debug,如图 5-31 所示。

◆ 5.3.2　安装 GCC 编译工具

为了编译源码得到基于 ARM 端可识别的二进制文件,需要安装 GCC 编译工具,下载 yagarto-bu-2.22_gcc-4.7.2-c-c＋＋_nl-1.20.0_gdb-7.5_eabi_20121013.exe 文件,双击安装,依次选择 Next→I accept the terms of the License Agreement→Next,直到安装完成,安装过程如图 5-32 所示。

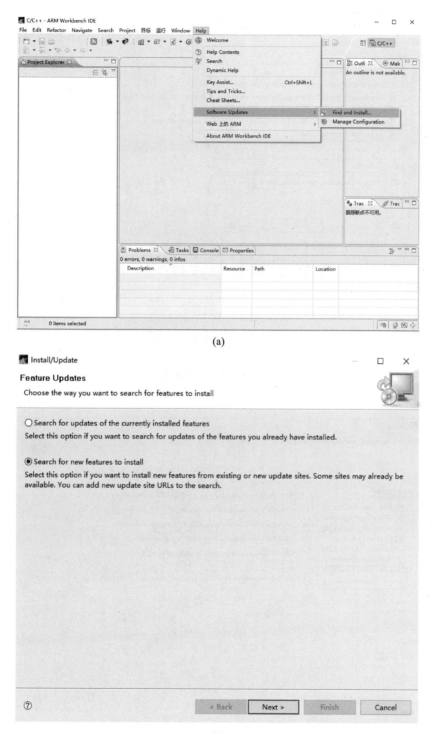

(a)

(b)

图 5-29　安装调试插件

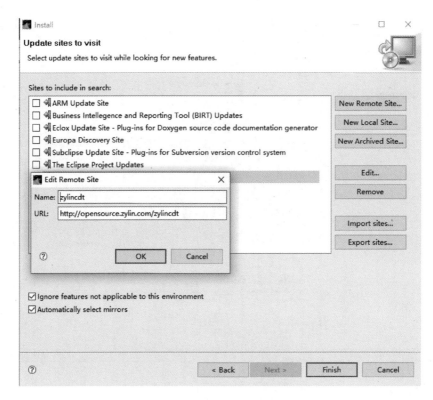

图 5-30　调试插件下载链接窗口

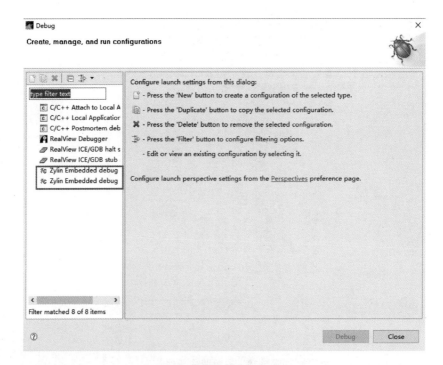

图 5-31　调试插件安装成功窗口

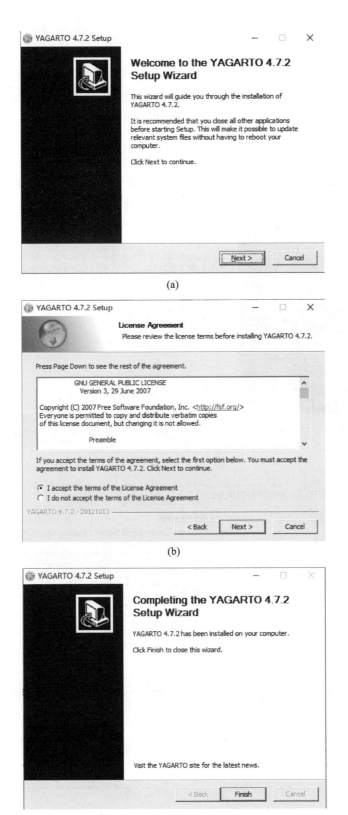

图 5-32　安装 GCC 编译工具

◆　5.3.3　安装 TOOLS 工具

安装 TOOLS 工具的方法与安装 GCC 编译工具相同,下载并安装 yagarto-tools-20121018-setup.exe 文件,双击安装,依次选择 Next→I accept the terms of the License Agreement→Next,直到安装完成,安装过程如图 5-33 所示。

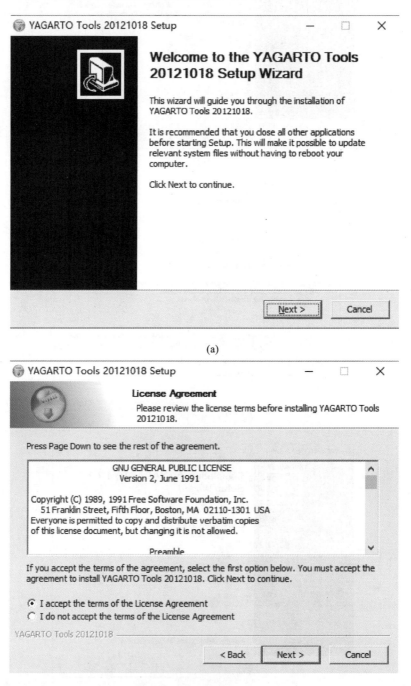

(a)

(b)

图 5-33　安装 TOOLS 工具

(c)

续图 5-33

所有的工具安装完成后,便开始基于 RVDS4.0 创建工程,然后编写源代码,编译连接后,生成后缀名为.bin 的二进制文件,最后将此二进制文件加载到 UP-CUP4412 型平台实验箱的内存空间区,实现控制实验箱中相应的硬件。

 思考与练习

1. 如何进行 MDK5.0 以上版本的开发环境的搭建?

2. 搭建嵌入式 Linux 交叉开发环境,分别用 C 语言或汇编语言编写代码,实现 LED6、LED7、LED8 流水灯效果,并进行测试。

3. 搭建 RVDS4.0 集成开发环境,分别用 C 语言或汇编语言编写代码,实现 LED6、LED7、LED8 流水灯效果,并进行测试。

4. 开发环境的搭建后,在汇编代码编写验证过程中,MDK 和 GNU 代码开头有什么区别?

第6章

GPIO
编程

本章节主要介绍 Exynos4412 处理器的通用 I/O 接口,掌握该处理器 GPIO 接口的配置以及编程应用是学习嵌入式技术过程中非常重要的环节。

本章主要内容:

1. GPIO 接口寄存器的分类及特点;

2. 特殊功能寄存器封装;

3. GPIO 接口的应用举例。

从第六章开始,进入 Exynos4412 处理器对应功能单元模块的介绍,Exynos4412 处理器又称为 Exynos4 Quad,它采用了三星 32nm HKMG 工艺,基于 Cortex-A9 的 32 位四核微处理器,主频达 1.4～1.6 GHz,集成了许多移动终端中常用的硬件外设单元,如图 6-1 所示。

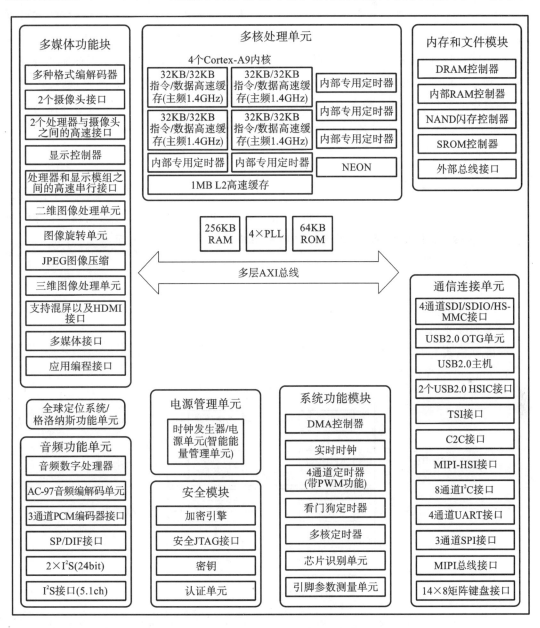

图 6-1 Exynos4412 处理器结构框图

6.1 GPIO 控制器

本章主要介绍 GPIO 的相关知识,在嵌入式系统中,常常有数量众多但结构比较简单的外部设备和电路,对于这些外部设备和电路,有的需要 CPU 提供控制手段,输出控制信号控制外部设备和电路,有的需要被 CPU 用作输入信号。所以在嵌入式微处理器上一般会提供一个通用输入输出接口,即 GPIO。GPIO,是英文 General Purpose I/O Ports 的简称,也称为并行 I/O(parallel I/O),由一组输入引脚、输出引脚或输入/输出引脚组成,CPU 对它们能够进行存取操作,是最基本的 I/O 形式。

GPIO 控制接口是接口技术中最简单的一种,大多数外部设备只需要一位数据,就可以达到控制的作用,因此可以通过获取某个管脚的电平属性来判断外围设备的状态,该接口至少有两个寄存器,即通用 I/O 控制寄存器和通用 I/O 数据寄存器,其中数据寄存器的各位都直接引到芯片的外部,这种寄存器中每一位的作用,即每一位的信号流通方向,则可以对控制寄存器中对应位进行独立设置,比如可以设置某个管脚的属性为输入、输出或其他的特殊功能,而掌握 GPIO 接口的使用对于深入挖掘嵌入式处理器潜能,特别在一些控制类领域起到非常重要的作用。

◆ 6.1.1 GPIO 特性

Exynos4412 微处理器有 786 个引脚,包括 304 个多功能复用 GPIO 端口、164 个存储端口,37 组通用端口和 2 组存储端口,而 GPIO 端口特性包括以下五个方面:

◆可中断通用控制 I/O 端口;

◆外部中断;

◆外部可唤醒中断;

◆多功能复用 I/O 端口;

◆睡眠模式下引脚状态可控(除了 GPX0、GPX1、GPH2 和 GPH3)。

Exynos4412 处理器的 GPIO 功能模块如图 6-2 所示。

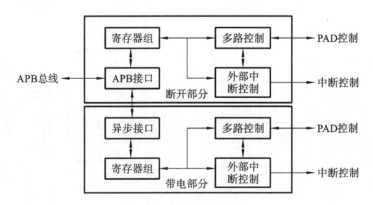

图 6-2 GPIO 功能模块

GPIO 由两部分组成:断开状态和带电状态。带电部分的 GPIO 口,需在休眠模式下供电,因此,休眠状态时保持了寄存器的值,断开状态则与之不同。这些 GPIO 引脚可以驱动 LED 或其他指示设备、控制片外设备、探测数字输入信号和检测电平的跳变,还可以唤醒某个在省电模式中的外围设备,但一般需与其他外围设备模块引脚复用,所以在某些应用场合不是所有的 GPIO 引脚都能使用。为了更好地管理这些引脚,按照默认功能将 GPIO 引脚分为 12 类通用输入输出端口和 2 类存储端口。

1)12 类通用输入输出端口

(1)端口 A(GPA0、GPA1):14 路输入输出端口→3x 带流控制 UART,UART 不带流控

制,或 2x 带 I^2C 接口。

(2)端口 B(GPB):8 路输入/输出端口→2xSPI 接口,或 2xI^2C 接口,或 IEM 接口。

(3)端口 C(GPC0、GPC1):10 路输入/输出端口→2xI^2S 接口,或 2xPCM 接口,或 AC97 接口、SPDIF 接口、I^2C 接口,或 SPI 接口。

(4)端口 D(GPD0、GPD1):8 路输入/输出端口→PWM 接口、2xI^2C 接口、LCD I/F、MIPI 接口。

(5)端口 M(GPM0、GPM1、GPM2、GPM3、GPM4):35 路输入/输出端口→CAM I/F 接口,或 TS I/F 接口、HSI,或 Trace I/F 接口。

(6)端口 F(GPF0、GPF1、GPF2、GPF3):30 路输入/输出端口→LCD I/F 接口。

(7)端口 J(GPJ0、GPJ1):13 路输入/输出端口→CAM I/F 接口。

(8)端口 K(GPK0、GPK1、GPK2、GPK3):28 路输入/输出端口→4xMMC(4 位 MMC)接口,或 2xMMC(8 位 MMC)接口,或 GPS 调试 I/F 接口。

(9)端口 L:

①(GPL0、GPL1):11 路输入/输出端口→GPS I/F 接口。

②(GPL2):8 路输入/输出端口→GPS 调试 I/F 接口,或键盘 I/F 接口。

(10)端口 X(GPX0、GPX1、GPX2、GPX3):32 路输入/输出端口→外部可唤醒中断,或键盘 I/F 接口。

(11)端口 Z(GPZ):7 路输入/输出端口→低功耗 I^2S 接口,或 PCM 接口。

(12)端口 Y:

①(GPY0、GPY1、GPY2):16 路输入/输出端口→EBI(SROM,NF,One NAND)的控制信号接口。

②(GPY3、GPY4、GPY5、GPY6):32 路输入/输出端口。

2)2 类存储端口

(1)MP1_0～MP1_9:78 路 DRAM1 接口。

(2)MP2_0～MP2_9:78 路 DRAM2 接口。

在 Exynos4412 微处理器中,若要使用某个引脚的功能,每个端口都可以简单地由软件配置为各种系统配置,满足各种设计要求。

6.1.2 GPIO 常用寄存器分类

每个引脚都可以用作多种用途,比如输入、输出或其他功能引脚,这通过对寄存器的配置来完成,通常情况下,每组端口都有 2～6 个寄存器。

1. 端口控制寄存器(GPxCON,x=A0～V4)

在 Exynos4412 微处理器中,大多数引脚都复用,所以必须对每个引脚进行配置,端口控制寄存器(GPxCON)用来配置每个引脚的功能。

2. 端口数据寄存器(GPxDAT,x=A0～V4)

端口数据寄存器中的每一位和端口引脚一一对应。若端口被配置成了输出端口,可以向 GPxDAT 的相应位写入数据;若端口被配置成了输入端口,可以从 GPxDAT 的相应位读出数据,读回的数据就是当前引脚的电平状态。

3. 端口上/下拉寄存器（GPxPUD，x＝A0～V4）

Exynos4412 的芯片内部给引脚设置了上拉电路和下拉电路，通过引脚上下拉设置寄存器控制引脚上拉电阻和下拉电阻的使能和禁止。端口上拉寄存器中的每 2 位和端口引脚一一对应，如果引脚的上拉电阻被使能，无论在哪种状态（输入/输出/DATAn/EINTn 等其他功能）下，上拉电阻都起作用。

4. 端口驱动能力寄存器（GPxDRV，x＝A0～V4）

根据引脚连接的外设电器特性，为引脚设置合适的驱动电流，达到既能满足正常驱动，也不浪费功耗的需求。

5. 低功耗模式引脚功能控制寄存器（GPxCONPDN，x＝A0～V4）

该寄存器用来控制 Exynos4412 芯片在低功耗模式下的引脚功能，类似 GPxCON 寄存器，部分引脚没有这个功能。

6. 低功耗引脚上下拉设置寄存器（GPxPUDPDN，x＝A0～V4）

该寄存器用来控制 Exynos4412 芯片在低功耗模式下的引脚上拉和下拉功能的使能和禁止，类似 GPxPUDPDN 寄存器，部分引脚没有这个功能。

◆ 6.1.3　GPIO 寄存器详解

Exynos4412 微处理器有 12 类通用输入输出端口寄存器和 2 类存储端口寄存器，每一组有多个引脚，每一个引脚至少有两个功能，因此，必须在执行主程序前定义 I/O 接口的功能，Exynos4412 微处理器的 GPIO 端口众多，针对 UP-CUP4412 型平台实验设备硬件接口，这里主要介绍 GPA0、GPM1、GPX1 和 GPX2 端口，Exynos4412 微处理器的其他 GPIO 端口可查看用户手册 SEC_ Exynos4412_Users Manual_Ver.1.00.00。

1. GPA0 配置

基地址：0x1140_0000。

GPA0CON 地址：基地址＋0x0000＝0x11400000。GPA0CON 配置如表 6-1 所示。

表 6-1　GPA0CON 配置

名　称	位	类　型	功 能 描 述	复 位 值
GPA0CON[7]	[31:28]	RW	0x0＝Input 0x1＝Output 0x2＝UART_1_RTSn 0x3＝I2C_2_SCL 0x4～0xE＝Reserved 0xF＝EXT_INT1[7]	0x00
GPA0CON[6]	[27:24]	RW	0x0＝Input 0x1＝Output 0x2＝UART_1_CTSn 0x3＝I2C_2_SDA 0x4～0xE＝Reserved 0xF＝EXT_INT1[6]	0x00

续表

名　称	位	类　型	功能描述	复位值
GPA0CON[5]	[23:20]	RW	0x0＝Input 0x1＝Output 0x2＝UART_1_TXD 0x3～0xE＝Reserved 0xF＝EXT_INT1[5]	0x00
GPA0CON[4]	[19:16]	RW	0x0＝Input 0x1＝Output 0x2＝UART_1_RXD 0x3～0xE＝Reserved 0xF＝EXT_INT1[4]	0x00
GPA0CON[3]	[15:12]	RW	0x0＝Input 0x1＝Output 0x2＝UART_0_RTSn 0x3～0xE＝Reserved 0xF＝EXT_INT1[3]	0x00
GPA0CON[2]	[11:8]	RW	0x0＝Input 0x1＝Output 0x2＝UART_0_CTSn 0x3～0xE＝Reserved 0xF＝EXT_INT1[2]	0x00
GPA0CON[1]	[7:4]	RW	0x0＝Input 0x1＝Output 0x2＝UART_0_TXD 0x3～0xE＝Reserved 0xF＝EXT_INT1[1]	0x00
GPA0CON[0]	[3:0]	RW	0x0＝Input 0x1＝Output 0x2＝UART_0_RXD 0x3～0xE＝Reserved 0xF＝EXT_INT1[0]	0x00

GPA0DAT 地址：基地址＋0x0004＝0x11400004。GPA0DAT 配置如表 6-2 所示。

表 6-2　GPA0DAT 配置

名　称	位	类　型	功能描述	复位值
GPA0DAT[7:0]	[7:0]	RWX	设定为输入功能时，对应位决定了引脚的电平； 　设定为输出功能时，对应位反映了引脚的电平； 　设定为其他功能时，读取时电平不确定	0

GPA0PUD 地址:基地址+0x0008=0x11400008。GPA0PUD 配置如表 6-3 所示。

表 6-3　GPA0PUD 配置

名　　称	位	类　　型	功 能 描 述	复 位 值
GPA0PUD[n]	$[2n+1:2n]$ $n=0\sim7$	RW	0x0＝禁用上拉和下拉 0x1＝下拉使能 0x2＝预留 0x3＝上拉使能	0x5555

GPA0DRV 地址:基地址+0x000C=0x1140000C。GPA0DRV 配置如表 6-4 所示。

表 6-4　GPA0DRV 配置

名　　称	位	类　　型	功 能 描 述	复 位 值
GPA0DRV [n]	[23:16]	RW	Reserved(Should be zero)	0x00
	$[2n+1:2n]$ $n=0\sim7$	RW	0x0＝1x 0x2＝2x 0x1＝3x 0x3＝4x	0x0000

GPA0CONPDN 地址:基地址+0x0010=0x11400010。GPA0CONPDN 配置如表 6-5 所示。

表 6-5　GPA0CONPDN 配置

名　　称	位	类　　型	功 能 描 述	复 位 值
GPA0[n]	$[2n+1:2n]$ $n=0\sim7$	RW	0x0＝Outputs 0 0x1＝Outputs 1 0x2＝Input 0x3＝Previous state	0x00

GPA0PUDPDN 地址:基地址+0x0014=0x11400014。GPA0PUDPDN 配置如表 6-6 所示。

表 6-6　GPA0PUDPDN 配置

名　　称	位	类　　型	功 能 描 述	复 位 值
GPA0[n]	$[2n+1:2n]$ $n=0\sim7$	RW	0x0＝禁用上拉和下拉 0x1＝下拉使能 0x2＝预留 0x3＝上拉使能	0x00

2. GPM1 配置

基地址:0x1100_0000。

GPM1CON 地址:基地址+0x0280=0x11000280。GPM1CON 配置如表 6-7 所示。

表 6-7　GPM1CON 配置

名　称	位	类　型	功　能　描　述	复　位　值
GPM1CON[6]	[27:24]	RW	0x0＝Input 0x1＝Output 0x2＝CAM_BAY_RGB[13] 0x3＝Reserved 0x4＝Reserved 0x5＝TraceData[12] 0x6～0xE＝Reserved 0xF＝EXT_INT9[6]	0x00
GPM1CON[5]	[23:20]	RW	0x0＝Input 0x1＝Output 0x2＝CAM_BAY_RGB[12] 0x3＝Reserved 0x4＝Reserved 0x5＝TraceData[11] 0x6～0xE＝Reserved 0xF＝EXT_INT9[5]	0x00
GPM1CON[4]	[19:16]	RW	0x0＝Input 0x1＝Output 0x2＝CAM_BAY_RGB[11] 0x3＝Reserved 0x4＝XhsiCAREADY 0x5＝TraceData[10] 0x6～0xE＝Reserved 0xF＝EXT_INT9[4]	0x00
GPM1CON[3]	[15:12]	RW	0x0＝Input 0x1＝Output 0x2＝CAM_BAY_RGB[10] 0x3＝Reserved 0x4＝XhsiACFLAG 0x5＝TraceData[9] 0x6～0xE＝Reserved 0xF＝EXT_INT9[3]	0x00
GPM1CON[2]	[11:8]	RW	0x0＝Input 0x1＝Output 0x2＝CAM_BAY_RGB[9] 0x3＝Reserved 0x4＝XhsiACDATA 0x5＝TraceData[8] 0x6～0xE＝Reserved 0xF＝EXT_INT9[2]	0x00

续表

名　　称	位	类　型	功　能　描　述	复　位　值
GPM1CON[1]	[7:4]	RW	0x0＝Input 0x1＝Output 0x2＝CAM_BAY_RGB[8] 0x3＝CAM_B_FIELD 0x4＝XhsiACWAKE 0x5＝TraceCtl 0x6～0xE＝Reserved 0xF＝EXT_INT9[1]	0x00
GPM1CON[0]	[3:0]	RW	0x0＝Input 0x1＝Output 0x2＝Reserved 0x3＝CAM_B_DATA[7] 0x4＝XhsiACREADY 0x5＝TraceData[7] 0x6～0xE＝Reserved 0xF＝EXT_INT9[0]	0x00

GPM1DAT 地址：基地址＋0x0284＝0x11000284。GPM1DAT 配置如表 6-8 所示。

表 6-8　GPM1DAT 配置

名　　称	位	类　型	功　能　描　述	复　位　值
GPM1DAT[6:0]	[6:0]	RWX	设定为输入功能时，对应位决定了引脚的电平； 设定为输出功能时，对应位反映了引脚的电平； 设定为其他功能时，读取时电平不确定	0

GPM1PUD 地址：基地址＋0x0288＝0x11000288。GPM1PUD 配置如表 6-9 所示。

表 6-9　GPM1PUD 配置

名　　称	位	类　型	功　能　描　述	复　位　值
GPM1PUD[n]	[2n+1:2n] n＝0～6	RW	0x0＝禁用上拉和下拉 0x1＝下拉使能 0x2＝预留 0x3＝上拉使能	0x1555

GPM1DRV 地址：基地址＋0x028C＝0x1100028C。GPM1DRV 配置如表 6-10 所示。

表 6-10　GPM1DRV 配置

名　　称	位	类　型	功　能　描　述	复　位　值
GPM1DRV[n]	[23:16]	RW	Reserved(Should be zero)	0x00
	[2n+1:2n] n＝0～6	RW	0x0＝1x 0x2＝2x 0x1＝3x 0x3＝4x	0x0000

GPM1CONPDN 地址:基地址+0x0290=0x11000290。GPM1CONPDN 配置如表 6-11
所示。

表 6-11　GPM1CONPDN 配置

名　称	位	类　型	功 能 描 述	复 位 值
GPM1[n]	[2n+1:2n] n=0~6	RW	0x0＝Outputs 0 0x1＝Outputs 1 0x2＝Input 0x3＝Previous state	0x00

GPM1PUDPDN 地址:基地址+0x0294=0x11000294。GPM1PUDPDN 配置如表 6-12
所示。

表 6-12　GPM1PUDPDN 配置

名　称	位	类　型	功 能 描 述	复 位 值
GPM1[n]	[2n+1:2n] n=0~6	RW	0x0＝禁用上拉和下拉 0x1＝下拉使能 0x2＝预留 0x3＝上拉使能	0x00

3. GPX1 配置

基地址:0x1100_0000。

GPX1CON 地址:基地址+0x0C20=0x11000C20。GPX1CON 配置如表 6-13 所示。

表 6-13　GPX1CON 配置

名　称	位	类　型	功 能 描 述	复 位 值
GPX1CON[7]	[31:28]	RW	0x0＝Input 0x1＝Output 0x2＝WAKEUP_INT1[7] 0x3＝KP_COL[7] 0x4＝Reserved 0x5＝ALV_DBG[11] 0x6~0xE＝Reserved 0xF＝EXT_INT41[7]	0x00
GPX1CON[6]	[27:24]	RW	0x0＝Input 0x1＝Output 0x2＝WAKEUP_INT1[6] 0x3＝KP_COL[6] 0x4＝Reserved 0x5＝ALV_DBG[10] 0x6~0xE＝Reserved 0xF＝EXT_INT41[6]	0x00

续表

名　称	位	类　型	功　能　描　述	复　位　值
GPX1CON[5]	[23:20]	RW	0x0＝Input 0x1＝Output 0x2＝WAKEUP_INT1[5] 0x3＝KP_COL[5] 0x4＝Reserved 0x5＝ALV_DBG[9] 0x6～0xE＝Reserved 0xF＝EXT_INT41[5]	0x00
GPX1CON[4]	[19:16]	RW	0x0＝Input 0x1＝Output 0x2＝WAKEUP_INT1[4] 0x3＝KP_COL[4] 0x4＝Reserved 0x5＝ALV_DBG[8] 0x6～0xE＝Reserved 0xF＝EXT_INT41[4]	0x00
GPX1CON[3]	[15:12]	RW	0x0＝Input 0x1＝Output 0x2＝WAKEUP_INT1[3] 0x3＝KP_COL[3] 0x4＝Reserved 0x5＝ALV_DBG[7] 0x6～0xE＝Reserved 0xF＝EXT_INT41[3]	0x00
GPX1CON[2]	[11:8]	RW	0x0＝Input 0x1＝Output 0x2＝WAKEUP_INT1[2] 0x3＝KP_COL[2] 0x4＝Reserved 0x5＝ALV_DBG[6] 0x6～0xE＝Reserved 0xF＝EXT_INT41[2]	0x00
GPX1CON[1]	[7:4]	RW	0x0＝Input 0x1＝Output 0x2＝WAKEUP_INT1[1] 0x3＝KP_COL[1] 0x4＝Reserved 0x5＝ALV_DBG[5] 0x6～0xE＝Reserved 0xF＝EXT_INT41[1]	0x00

续表

名　　称	位	类　型	功　能　描　述	复　位　值
GPX1CON[0]	[3:0]	RW	0x0＝Input 0x1＝Output 0x2＝WAKEUP_INT1[0] 0x3＝KP_COL[0] 0x4＝Reserved 0x5＝ALV_DBG[4] 0x6～0xE＝Reserved 0xF＝EXT_INT41[0]	0x00

GPX1DAT 地址:基地址＋0x0C24＝0x11000C24。GPX1DAT 配置如表 6-14 所示。

表 6-14　GPX1DAT 配置

名　　称	位	类　型	功　能　描　述	复　位　值
GPX1DAT [7:0]	[7:0]	RWX	设定为输入功能时,对应位决定了引脚的电平; 设定为输出功能时,对应位反映了引脚的电平; 设定为其他功能时,读取时电平不确定	0

GPX1PUD 地址:基地址＋0x0C28＝0x11000C28。GPX1PUD 配置如表 6-15 所示。

表 6-15　GPX1PUD 配置

名　　称	位	类　型	功　能　描　述	复　位　值
GPX1PUD[n] n＝0～7	[2n+1:2n]	RW	0x0＝禁用上拉和下拉 0x1＝下拉使能 0x2＝预留 0x3＝上拉使能	0x5555

GPX1DRV 地址:基地址＋0x0C2C＝0x11000C2C。GPX1DRV 配置如表 6-16 所示。

表 6-16　GPX1DRV 配置

名　　称	位	类　型	功　能　描　述	复　位　值
GPX1DRV[n]	[23:16]	RW	Reserved(Should be zero)	0x00
	[2n+1:2n] n＝0～7	RW	0x0＝1x 0x2＝2x 0x1＝3x 0x3＝4x	0x0000

4. GPX2 配置

基地址:0x1100_0000。

GPX2CON 地址:基地址＋0x0C40＝0x11000C40。GPX2CON 配置如表 6-17 所示。

表 6-17　GPX2CON 配置

名　　称	位	类　　型	功 能 描 述	复 位 值
GPX2CON[7]	[31:28]	RW	0x0＝Input 0x1＝Output 0x2＝WAKEUP_INT2[7] 0x3＝KP_ROL[7] 0x4＝Reserved 0x5＝ALV_DBG[19] 0x6～0xE＝Reserved 0xF＝EXT_INT42[7]	0x00
GPX2CON[6]	[27:24]	RW	0x0＝Input 0x1＝Output 0x2＝WAKEUP_INT2[6] 0x3＝KP_ROL[6] 0x4＝Reserved 0x5＝ALV_DBG[18] 0x6～0xE＝Reserved 0xF＝EXT_INT42[6]	0x00
GPX2CON[5]	[23:20]	RW	0x0＝Input 0x1＝Output 0x2＝WAKEUP_INT2[5] 0x3＝KP_ROL[5] 0x4＝Reserved 0x5＝ALV_DBG[17] 0x6～0xE＝Reserved 0xF＝EXT_INT42[5]	0x00
GPX2CON[4]	[19:16]	RW	0x0＝Input 0x1＝Output 0x2＝WAKEUP_INT2[4] 0x3＝KP_ROL[4] 0x4＝Reserved 0x5＝ALV_DBG[16] 0x6～0xE＝Reserved 0xF＝EXT_INT42[4]	0x00
GPX2CON[3]	[15:12]	RW	0x0＝Input 0x1＝Output 0x2＝WAKEUP_INT2[3] 0x3＝KP_ROL[3] 0x4＝Reserved 0x5＝ALV_DBG[15] 0x6～0xE＝Reserved 0xF＝EXT_INT42[3]	0x00

续表

名　称	位	类　型	功　能　描　述	复　位　值
GPX2CON[2]	[11:8]	RW	0x0＝Input 0x1＝Output 0x2＝WAKEUP_INT2[2] 0x3＝KP_ROL[2] 0x4＝Reserved 0x5＝ALV_DBG[14] 0x6～0xE＝Reserved 0xF＝EXT_INT42[2]	0x00
GPX2CON[1]	[7:4]	RW	0x0＝Input 0x1＝Output 0x2＝WAKEUP_INT2[1] 0x3＝KP_ROL[1] 0x4＝Reserved 0x5＝ALV_DBG[13] 0x6～0xE＝Reserved 0xF＝EXT_INT42[1]	0x00
GPX2CON[0]	[3:0]	RW	0x0＝Input 0x1＝Output 0x2＝WAKEUP_INT2[0] 0x3＝KP_ROL[0] 0x4＝Reserved 0x5＝ALV_DBG[12] 0x6～0xE＝Reserved 0xF＝EXT_INT42[0]	0x00

GPX2DAT 地址:基地址＋0x0C44＝0x11000C44。GPX2DAT 配置如表 6-18 所示。

表 6-18　GPX2DAT 配置

名　称	位	类　型	功　能　描　述	复　位　值
GPX2DAT [7:0]	[7:0]	RWX	设定为输入功能时,对应位决定了引脚的电平; 设定为输出功能时,对应位反映了引脚的电平; 设定为其他功能时,读取时电平不确定	0

GPX2PUD 地址:基地址＋0x0C48＝0x11000C48。GPX2PUD 配置如表 6-19 所示。

表 6-19　GPX2PUD 配置

名　称	位	类　型	功　能　描　述	复　位　值
GPX2PUD[n]	[2n+1:2n] n＝0～7	RW	0x0＝禁用上拉和下拉 0x1＝下拉使能 0x2＝预留 0x3＝上拉使能	0x5555

GPX2DRV 地址:基地址+0x0C4C=0x11000C4C。GPX2DRV 配置如表 6-20 所示。

表 6-20　GPX2DRV 配置

名　　称	位	类　　型	功 能 描 述	复 位 值
GPX2DRV[n]	[23:16]	RW	Reserved(Should be zero)	0x00
	[2n+1:2n] n=0~7	RW	0x0=1x 0x2=2x 0x1=3x 0x3=4x	0x0000

6.2　特殊功能寄存器封装

　　特殊功能寄存器即 Special Function Register,英文缩写为 SFR,用于控制片内外设,比如 GPIO、UART、ADC 等,每个片内外设都有对应的特殊寄存器,用于存放相应功能部件的控制命令、数据和状态。特殊功能寄存器是芯片功能实现的载体,可以理解为芯片产商留给嵌入式开发人员的控制接口,因此,嵌入式开发人员必须掌握特殊功能寄存器的使用。下面以 Exynos4412 的 GPIO 片内外设为例说明。

　　根据 Exynos4412 芯片手册中的地址映射表,可以得知 Exynos4412 的特殊功能寄存器绝大部分都放在 0x1000_0000~0x1400_0000 的地址空间,如表 6-21 所示。

表 6-21　Exynos4412 模块地址映射表

基 　地 　址	极 限 地 址	大　　小	描　　　述
0x0000_0000	0x0001_0000	64 KB	iROM
0x0200_0000	0x0201_0000	64 KB	iROM(mirror of 0x0~0x10000)
0x0202_0000	0x0206_0000	256 KB	iRAM
0x0300_0000	0x0302_0000	128 KB	Data memory or general purpose of Samsung Reconfigurable Processor SRP
0x0302_0000	0x0303_0000	64 KB	I-cache or general purpose of SRP
0x0303_0000	0x0303_9000	36 KB	Configuration memory(write only)of SRP
0x0381_0000	0x0383_0000	—	AudioSS's SFR region
0x0400_0000	0x0500_0000	16 MB	Bank0 of static read only memory controller(SMC) (16-bit only)
0x0500_0000	0x0600_0000	16 MB	Bank1 of SMC
0x0600_0000	0x0700_0000	16 MB	Bank2 of SMC
0x0700_0000	0x0800_0000	16 MB	Bank3 of SMC
0x0800_0000	0x0C00_0000	64 MB	Reserved
0x0C00_0000	0x0CD0_0000	—	Reserved
0x0CE0_0000	0x0D00_0000	—	SFR region of nand flash controller(NFCON)
0x1000_0000	0x1400_0000		SFR region

基 地 址	极 限 地 址	大 小	描 述
0x0400_0000	0xA000_0000	1.5 GB	Memory of dynamic memory controller(DMC)-0
0xA000_0000	0x0000_0000	1.5 GB	Memory of DMC-1

6.2.1 GPIO 模块特殊功能寄存器地址描述

查看 6.1.3 节中完整的 GPIO 模块的寄存器描述表,可以得到 GPIO 模块的基地址和每个寄存器相对基地址的偏移量,比如 GPA0 组。

GPA0 组特殊功能寄存器偏移量如表 6-22 所示。

表 6-22　GPA0 组特殊功能寄存器偏移量

寄 存 器	偏移量	描 述	复 位 值
GPA0CON	0x0000	Port group GPA0 configuration register	0x0000_0000
GPA0DAT	0x0004	Port group GPA0 data register	0x00
GPA0PUD	0x0008	Port group GPA0 pull-up/pull-down register	0x5555
GPA0DRV	0x000C	Port group GPA0 drive strength control register	0x00_0000
GPA0CONPDN	0x0010	Port group GPA0 power down mode configuration register	0x0000
GPA0PUDPDN	0x0014	Port group GPA0 power down mode pull-up/pull-down register	0x0000

GPIO 模块的基地址是 0x1140_0000,则 GPA0 组的配置寄存器 GPA0CON 的地址为

基地址+偏移量=0x1140_0000+0x0000=0x11400000

6.2.2 GPIO 模块特殊功能寄存器封装

GPIO 模块特殊功能寄存器操纵的是地址,在使用前通常需要做一些处理,即封装。根据工程师个人习惯,寄存器封装分为直接一对一封装、结构体封装和集成开发环境的寄存器封装三种形式。

1. 直接一对一封装

例如:

```
#define GPA0CON ( * (volatile unsigned int  *) 0x11400000)
#define GPA0DAT ( * (volatile unsigned int  *) 0x11400004)
```

其实这是一个宏定义形式,宏定义在预处理阶段进行直接替换,为了理解直接一对一封装,可以先去掉 volatile,理解 #define GPA0CON(* (unsigned int *)0x11400000)。

C 语言中,定义指针变量 p 时用 int * p,表示定义了一个指向 int 类型的指针变量。0x11400000 是一个十六进制数据,前面用(unsigned int *)修饰,与普通指针变量的定义类似,在这里表示把 0x11400000 强制转换成了一个指向 unsigned int 类型变量的指针。

那么,(unsigned int *)0x11400000 表示指向了内存中从 0x11400000 开始的连续的 4 个字节空间(0x11400000～0x11400003)。(* (volatile unsigned int *)0x11400000)是在(unsigned int *)0x11400000 基础上加了一个指针运算符 * ,表示取内存单元中的数据。

volatile 是 C 语言的 32 个关键字之一,是一种类型修饰符,用它声明的类型变量表示可

以被某些编译器未知的因素更改,比如操作系统、硬件中断或者线程等。遇到 volatile 关键词声明的变量,编译器对访问该变量的代码就不再进行优化,每次读取这个变量的值都要从内存单元里读取,而不是直接使用放在高速缓存或寄存器里的备份,从而可以提供对特殊地址的稳定访问。

特殊功能寄存器封装好后,可以像访问 unsigned int 变量一样访问它,如

```
GPA0CON= (GPA0CON &~ (0xf<<4)) | 1<<4;    //GPA0_1引脚设置为输出
```

分析:GPA0 控制寄存器(GPA0CON)经过(GPA0CON & ~(0xf<<4)) | 1<<4 算法后,其后 8 位为 00011111,GPA0CON 寄存器一个脚占 4 位,其中低四位 1111 表示 GPA0_0 引脚配置,高四位 0001 表示 GPA0_1 引脚配置。0x0 表示输入,0x1 表示输出,因此该算法表示将 GPA0_1 引脚设置为输出功能。

2. 结构体封装

```
/* GPA0 */
typedef struct{
                unsigned int CON;
                unsigned int DAT;
                unsigned int PUD;
                unsigned int DRV;
                unsigned int CONPDN;
                unsigned int PUDPDN;
                }gpa0;
#define  GPA0  ( * (volatile gpa0  *) 0x11400000)
```

结构体使用在 C 语言中讲解较为详细,这里仅介绍通过结构体形式对特殊功能寄存器进行封装。typedef 关键词声明了名为 gpa0 的结构体类型,结构体内又定义了 6 个 unsigned int 类型的变量,unsigned int 类型的变量为 32 位,在内存空间中占 4 个字节。

#define   GPA0(* (volatile gpa0 *)0x11400000)声明了一个 gpa0 类型结构体的宏,结构体名是结构体首成员的地址,GPA0 这个结构体的首成员 CON 的地址为 0x11400000,占 4 个字节。在 C 语言中,结构体内的成员变量是连续的,那么 GPA0 结构体的第二个成员 DAT 的地址为 0x11400000+0x0004=0x11400004。其中,0x0004 正是 GPA0DAT 寄存器相对于 GPIO 基地址的偏移地址,如表 6-22 所示。结构体内其他成员的偏移量,也和相应的寄存器偏移地址相符,因此,我们知道了结构体首地址,就可以确定其他特殊功能寄存器的具体地址。

结构体成员的访问方式:采用访问结构体变量成员的方式,访问寄存器。

```
GPA0.CON= (GPA0.CON &~ (0xf<<4)) | 1<<4;    //GPA0_1引脚设置为输出
```

3. 集成开发环境的寄存器封装

集成开发环境的寄存器封装不是所有的芯片都支持,如果芯片支持头文件形式封装,嵌入式开发人员会把常用的寄存器写到一个头文件中,每次使用的时候直接包含该头文件就可以,方便快速。很多集成开发环境会提供对应芯片特殊寄存器的头文件,比如在 Keil 中创建与 ARM7 三星 S3C2410 芯片相关的工程,右击鼠标可以添加 #include<S3C2410A. H> 头文件。

GPIO 实例

◆ 6.3.1 电路原理

UP-CUP4412 型平台实验设备上共有 5 个 LED 显示灯,其中有 3 个 LED 是可控制的,分别接在 Exynos4412 处理器的 GPM1_4、EINT11(GPX1_3)、EINT18(GPX2_2)上。3 个 LED 显示灯共阳极 3.3V 电压,阴极分别经过不同的三极管接地,因此相应 GPIO 高电平点亮,低电平熄灭,图 6-3 所示是 LED 接线原理图。

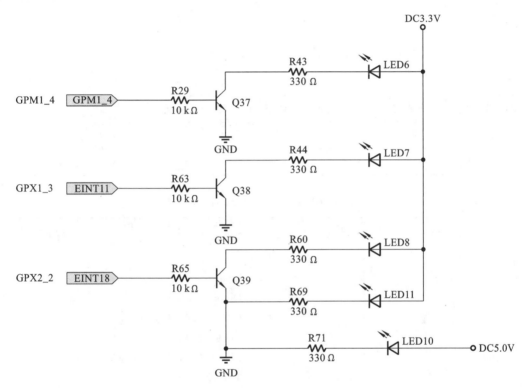

图 6-3　LED 接线原理图

示例将利用 Exynos4412 的三个 I/O 引脚 GPM1_4、GPX1_3、GPX2_2 与三个 LED 连接,作为输出,并控制其亮灭。Exynos4412 处理器的 GPIO 作为控制 I/O 要进行必要的设置才能正确控制外设,此实例将相应 I/O 设置为输出模式,并向相应 I/O 数据寄存器写入数据便可控制 LED 的亮灭。接口至少有两个寄存器,即通用 I/O 控制寄存器 GPxCON 和通用 I/O 数据寄存器 GPxDAT。

◆ 6.3.2 Exynos4412 处理器 GPIO 寄存器

通过 6.1 节与 6.2 节的介绍,已经了解了 Exynos4412 芯片 GPIO 接口的功能及 GPIO 控制器的配置方法,根据 Exynos4412 GPIO 寄存器配置,得到 GPM1、GPX1、GPX2 的 I/O 寄存器列表(见表 6-23),GPM1、GPX1、GPX2 控制寄存器(见表 6-24),以及 GPM1、GPX1、GPX2 数据寄存器(见表 6-25)。

表 6-23　GPM1、GPX1、GPX2 的 I/O 寄存器列表（基地址为 0x1100_0000）

寄 存 器	偏 移 量	描　　述	复 位 值
GPM1CON	0x0280	Port group GPM1 configuration register	0x0000_0000
GPM1DAT	0x0284	Port group GPM1 data register	0x00
GPM1PUD	0x0288	Port group GPM1 pull-up/pull-down register	0x1555
GPM1DRV	0x028C	Port group GPM1 drive strength control register	0x00_0000
GPX1CON	0x0C20	Port group GPX1 configuration register	0x0000_0000
GPX1DAT	0x0C24	Port group GPX1 data register	0x00
GPX1PUD	0x0C28	Port group GPX1 pull-up/pull-down register	0x5555
GPX1DRV	0x0C2C	Port group GPX1 drive strength control register	0x00_0000
GPX2CON	0x0C40	Port group GPX2 configuration register	0x0000_0000
GPX2DAT	0x0C44	Port group GPX2 data register	0x00
GPX2PUD	0x0C48	Port group GPX2 pull-up/pull-down register	0x5555
GPX2DRV	0x0C4C	Port group GPX2 drive strength control register	0x00_0000

表 6-24　GPM1、GPX1、GPX2 控制寄存器

名　称	位	类　型	描　述	初　始　值
GPM1CON[4]	[19:16]	RW	0x0＝Input 0x1＝Output 0x2＝CAM_BAY_RGB[11] 0x3＝Reserved 0x4＝XhsiCAREADY 0x5＝TraceData[10] 0x6～0xE＝Reserved 0xF＝EXT_INT9[4]	0x00
GPX1CON[1]	[7:4]	RW	0x0＝Input 0x1＝Output 0x2＝WAKEUP_INT1[1] 0x3＝KP_COL[1] 0x4＝Reserved 0x5＝ALV_DBG[5] 0x6～0xE＝Reserved 0xF＝EXT_INT41[1]	0x00

续表

名　　称	位	类　型	描　　述	初　始　值
GPX2CON[2]	[11:8]	RW	0x0＝Input 0x1＝Output 0x2＝Reserved 0x3＝KP_ROW[2] 0x4＝Reserved 0x5＝ALV_DBG[14] 0x6～0xE＝Reserved 0xF＝WAKEUP_INT42[2]	0x00

表 6-25　GPM1、GPX1、GPX2 数据寄存器

名　　称	位	类　型	描　　述	复　位　值
GPM1DAT[6:0]	[6:0]	RWX	设定为输入功能时,对应位决定了引脚的电平; 设定为输出功能时,对应位反映了引脚的电平; 设定为其他功能时,读取时电平不确定	0
GPX1DAT[7:0]	[6:0]	RWX	设定为输入功能时,对应位决定了引脚的电平; 设定为输出功能时,对应位反映了引脚的电平; 设定为其他功能时,读取时电平不确定	0
GPX2DAT[7:0]	[7:0]	RWX	设定为输入功能时,对应位决定了引脚的电平; 设定为输出功能时,对应位反映了引脚的电平; 设定为其他功能时,读取时电平不确定	0

◆ 6.3.3　程序编写

本节将通过一个简单的示例说明 Exynos4412 的 GPIO 接口的应用。

例 6-1　　通过配置 GPM1_4 口作为输出功能,并向该 I/O 口写入数据,控制 LED6 灯实现闪烁。

分析:

GPM1 组基地址:0x1100_0000;

GPM1CON 偏移量地址:0x0280;

GPM1DAT 偏移量地址:0x0284;

GPM1CON 地址:0x1100_0000＋0x0280＝0x11000280;

GPM1DAT 地址:0x1100_0000＋0x0284＝0x11000284。

(1)利用汇编程序实现闪烁 start.s,汇编指令编写代码时,统一大写或小写。

```
.global _start
_start:
        ;设置 GPM1CON 的 bit[16:19],配置 GPM1CON[4]引脚为输出功能
    ldr r1,=0x11000280
```

```
    ldr r0,=0x00010000
    str r0, [r1]
led_blink:
        ;设置 GPM1DAT 的 bit[0:6],使 GPM1DAT[4]引脚输出高电平,LED 亮
    ldr r1,=0x11000284
    mov r0, #0x10   ;0001_0000,GPM1DAT[4]送高电平
    str r0, [r1]
        ;延时
    bl delay
        ;设置 GPM1DAT 的 bit[0:6],使 GPM1DAT[4]引脚输出低电平,LED 灭
    mov r0, #0x00    ;0000_0000,GPM1DAT[4]送低电平
    str r0, [r1]
        ;延时
    bl delay
    b led_blink
halt:
    b halt
delay:
    mov r2, #0x1000000
delay_loop:
    sub r2, r2, #1
    cmp r2, #0x0
    bne delay_loop
    mov pc, lr
```

.global 关键字用来让一个符号对链接器可见,可以供其他链接对象模块使用,告诉编译器后续跟的是一个全局可见的变量或函数名,即.global _start 让_start 符号成为可见的标识符,使链接器跳转到程序中的_start 处开始执行程序。

(2)利用 C 代码实现闪烁。

①汇编代码直接操作的是地址,C 代码将对特殊功能寄存器进行封装操作,配置 GPM1CON 的第 4 引脚为输出模式,关键代码为

```
GPM1CON= (GPM1CON &~ (0xf<<n*4)) | 1<<n*4;
```

②将 GPM1DAT 的第 4 位的值设置为 0x1 时,LED6 亮,关键代码为

```
GPM1DAT=GPM1DAT | 0x1<<n*1;
```

③将 GPM1DAT 的第 4 位的值设置为 0x0 时,LED6 灭,关键代码为

```
GPM1DAT=GPM1DAT&(~ (0x1<<n*1));
```

其中,n 表示 GPIO 组对应 I/O 口的管脚序号,如 GPM1_4 表示 GPM1 组序号为 4 的管脚。

④用 C 语言编程时,需要编写汇编启动代码。

汇编启动代码:start.s。

```
.text
.global _start
_start:
    IMPORT main
```

```
    BL main
halt:
    B halt
    END
```

主程序代码:led.c。

```
#define GPM1CON (* (volatile unsigned int*) 0x11000280) //端口 M1 的控制寄存器
#define GPM1DAT (* (volatile unsigned int *) 0x11000284) //端口 M1 的数据寄存器
/* * * * * * * * * * * * * * * * * * * * * * 函数功能:主函数* * * * * * * * * * * * * * * * * * * * * * * * * /
void delay_ms(int);
int main(void)
{
    /* GPM1_4 引脚设置为输出一个控制脚占 4 位,0x1 输出 */
    GPM1CON= (GPM1CON &~ (0xf<<16)) | 1<<16;
    GPM1DAT=GPM1DAT | 0x1<<4; // GPM1_4 引脚初始状态为 1,LED6亮
    while(1)
    {
      delay_ms(1000);
      GPM1DAT=GPM1DAT&(~ (0x1<<4)); //设置 GPM1_4 引脚状态为 0,LED6灭
      delay_ms(1000);
      GPM1DAT=GPM1DAT | 0x1<<4; // GPM1_4 引脚初始状态为 1,LED6亮
    }
    return 0;
}
/* * * * * * * * * * * * * * * * * * * * * 函数功能:延时函数* * * * * * * * * * * * * * * * * * * * * * * * /
void delay_ms(int num)
{   int i,j;
    for(i=num; i>0; i--)
    {
        for(j=1000; j>0; j--);
    }
}
```

例 6-2 通过配置按键 K6 作为输入模式,将相应 LED7 的 I/O 设置为输出模式,轮询检测 K6 相应 I/O 数据寄存器的值,判断是否按下按键,并控制相应 LED7 的 I/O 数据寄存器进行写入数据操作便可控制 LED7 的亮和灭,按键接线原理图如图 6-4 所示。

分析:

(1)UP-CUP4412 型平台实验设备上共有 4 个 KEY 是可控制的,分别接在 Exynos4412 处理器的 EINT16(GPX2_0)、EINT17(GPX2_1)、EINT20(GPX2_4)、EINT21(GPX2_5)上。4 个独立按键一端共地,一端经过 10 kΩ 电阻接 1.8 V 电源,当按键按下相应 GPIO 端口接地,其数据寄存器值为 0。

(2)根据 6.1.3 节 GPIO 寄存器详解和例 6.1 可知 GPX1 组和 GPX2 组的寄存器地址,

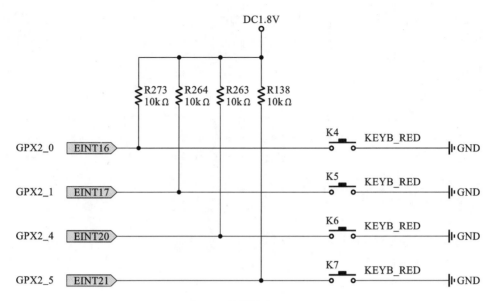

图 6-4　按键接线原理图

配置 GPX1CON 的第 3 引脚为输出模式,控制 LED7 亮灭。关键代码:

```
GPX1CON= (GPX1CON &~ (0xF<<n*4)) | 1<<n*4;
```

　(3)配置 GPX2CON 的第 4 引脚为输入模式。关键代码:

```
GPX2CON= (GPX2CON &~ (0xFF<<n*4)) | 0x00<<n*4;
```

　(4)I/O 口 GPX2_4 与按键 K6 相连,读取按键 K6 状态值。关键代码:

```
#define  BIT  0x1<<1*n
if(1== (GPFDAT&BIT))          //用于判断按键弹开
if(0== (GPFDAT&BIT))          //用于判断按键按下
```

其中 n 表示 GPIO 组对应 I/O 端口的管脚序号,比如 GPX1_3 表示 GPX1 组序号为 3 的管脚,具体 C 代码如下:

　　汇编启动代码:start. s。

```
.text
.global _start
_start:
    IMPORT main
    BL main
halt:
    B halt
END
```

　主程序代码:key. c。

```
#define GPX1CON (* (volatile unsigned long *) 0x11000C20)
#define GPX1DAT (* (volatile unsigned long *) 0x11000C24)
#define GPX2CON (* (volatile unsigned long *) 0x11000C40)
#define GPX2DAT (* (volatile unsigned long *) 0x11000C44)
static void GPIO_Init(void)
{
```

```
/ * * * * * * * * * * * * * * LED7 初始化 * * * * * * * * * * * * * * * * * /
    GPX1CON &= ( ~ (0xF << 3 * 4));
    GPX1CON |= (0x1 << 3 * 4);
    //上两句等价于 GPX1CON= (GPX1CON &~ (0xF<<3*4)) | 1<<3*4;设置输出模式
    GPX1DAT &= 0x0;    // GPX1 数据寄存器初始化为 0
    / * * * * * * * * * * * * * 按键 K6 初始化 * * * * * * * * * * * * * * /
    GPX2CON &= ( ~ (0xFF << 4 * 4));
    GPX2CON |= (0x00 << 4 * 4);
    //上两句等价于 GPX2CON= (GPX2CON &~ (0xFF<<4*4)) | 0x00<<4*4; 设置输入模式
    GPX2DAT &= 0x0;     // GPX2 数据寄存器初始化为 0
}
void delay(int time)
{
    while (time--);
}
int main(void)
{
    int i;
    GPIO_Init();
    while(1)
    {
        if(1==(GPX2DAT &BIT))   //按键弹开
          for(i=0;i<5000000;i++); //延时
        if(1==(GPX2DAT &BIT))
            GPX1DAT=GPX1DAT&(~ (0x1<<3*1));//灭
        else //按键按下
            GPX1DAT=GPX1DAT | 0x1<<3*1;   //亮
    }
    return 0;
}
```

 思考与练习

1. Cortex-A9 内核有什么特点?

2. 什么是 GPIO?

3. Exynos4412 有多少组 GPIO 端口?

4. 编程实现 Exynos4412 的 GPIO 口控制 LED8 闪烁。

5. 如何利用 Exynos4412 的 GPIO 口控制 LED6、LED7、LED8 三只 LED 灯实现跑马灯功能,分别用汇编语言和 C 语言编程实现。

6. 编码实现如下功能:按下 K4,LED6 点亮;按下 K5,LED7 点亮;按下 K6,LED6、LED7 同时点亮;按下 K7,LED6、LED7 交替闪烁。

第7章

ARM系统时钟及编程

本章主要介绍 Exynos4412 芯片的时钟管理单元（CMU）、CMU 控制锁相环（PLL），并为 Exynos4412 芯片中的各个 IP、总线和模块产生时钟。每一款处理器都有自己的一套时钟系统，学习并了解处理器系统时钟的相关知识，是学习一种处理器的重要环节。在嵌入式系统里，既有 CPU，又有音频/视频接口、LCD 接口、GPS 等模块。这类芯片被统称为 SoC，即 system on chip，译为芯片级系统或片上系统。在 Exynos4412 芯片中，它以异步方式为功能模块提供时钟，以提供更广泛的工作频率选择，且简化了物理实现。本章以 Exynos4412 芯片为例阐述 ARM 系统时钟，主要内容包括 Exynos4412 时钟的产生过程、时钟的配置、时钟配置寄存器描述，最后举例说明 Exynos4412 时钟源配置步骤。

本章主要内容：

1. Exynos4412 时钟的产生过程；

2. 时钟的配置；

3. 时钟配置寄存器描述；

4. Exynos4412 时钟源配置实例。

7.1 Exynos4412 时钟的产生过程

◆ 7.1.1 Exynos4412 时钟域

不同的模块往往工作在不同的频率下,在一个芯片上采用单时钟设计基本上是不可能实现的,SoC 设计往往采取多时钟域设计。Exynos4412 的时钟域有 5 个,如图 7-1 所示。

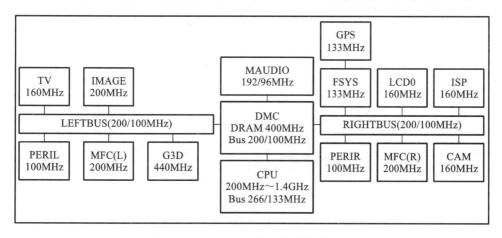

图 7-1 Exynos4412 处理器时钟域框图

这 5 个时钟域名如下:

(1)CPU 模块:内含 Cortex-A9 MPCore 处理器、L2 cache 控制器、CoreSight(调试用)。CMU_CPU 用于给这些部件产生时钟。

(2)DMC 模块:内含 DRAM 内存控制器(DMC)、安装子系统(security sub system)、通用中断控制器(generic interrupt controller,GIC)。CMU_DMC 用于给这些部件产生时钟。

(3)LEFTBUS 模块和 RIGHTBUS 模块:它们是全局数据总线,用于在 DRAM 和其他子模块之间传输数据。它还包含时钟频率为 100 MHz 的全局外设总线,用户可以使用 100 MHz 时钟进行寄存器访问。

(4)CMU_TOP:生成时钟所有剩余的功能块,包括 G3D、MFC、LCD0、ISP、CAM、TV、FSYS、MFC、GPS、MAUDIO、PERIL 和 PERIR。它产生的总线时钟工作频率为 440、200、160、133、100 MHz 等。它还生成各种特殊时钟来操作 Exynos4412 芯片中的 IP。

(5)异步总线桥:用于连接两个不同功能块。

同时,Exynos4412 处理器提供时钟管理系 CMUS,它包含 6 个管理单元,即 CMU_LEFTBUS、CMU_RIGHTBUS、CMU_TOP、CMU_DMC、CMU_CPU 和 CMU_ISP。这 6 个管理单元为 CPU 和众多的外设模块提供不同的时钟频率,Exynos4412 芯片中各功能模块的典型工作频率如表 7-1 所示。

表 7-1 Exynos4412 芯片的各功能模块的典型工作频率

功 能 模 块	描 述	典型工作频率
CPU	Cortex-A9 MPCore(4 核处理器)	200 MHz~1.4 GHz
	CoreSight	200 MHz/100 MHz

续表

功能模块	描　述	典型工作频率
DMC	DMC,2D Graphics Engine	400 MHz(up to 200 MHz for G2D)
SSS	Security Sub-System	200 MHz
LEFTBUS	Data Bus/Peripheral Bus	200 MHz/100 MHz
RIGHTBUS	Data Bus/Peripheral Bus	200 MHz/100 MHz
G3D	3D Graphics Engine	440 MHz
MFC	Multi-format Codec	200 MHz
IMAGE	Rotator,MDMA	200 MHz
LCD0	FIMD0,MIE0,MIPI DSI0	160 MHz
ISP	ISP	160 MHz
CAM	FIMC0,FIMC1,FIMC2,FIMC3 JPEG	160 MHz
TV	VP,MIXER,TVENC	160 MHz
FSYS	USB,PCIe,SDMMC,TSI,OneNANDC,SROMC, PDMA0,PDMA1,NFCON,MIPI-HIS,ADC	133 MHz
GPS	GPS	133 MHz
MAUDIO	AudioSS,iROM,iRAM	192 MHz
PERI-L	UART, I^2C, SPI, I^2S, PCM, SPDIF, PWM, I^2CHDMI,Slimbus	100 MHz
PERI-R	CHIPID,SYSREG,PMU/CMU/TMU Bus I/F, MCTimer,WDT,RTC,KEYIF,SECKEY,TZPC	100 MHz

　　UP-CUP4412 开发板外接 24 MHz 和 32.768 kHz 的晶振,如图 7-2 所示外部晶振电路,实际上,Exynos4412 处理器有 3 个时钟源:

　　XrtcXTI 接 32.768 kHz 的晶振,用于实时钟(RTC),与图 7-2(a)相连。

　　XXTI 接 12～50 MHz 的晶振,用于向系统提供时钟,也可以不接。

　　XusbXTI 接 24 MHz 的晶振,用于向系统提供时钟,与图 7-2(b)相连。

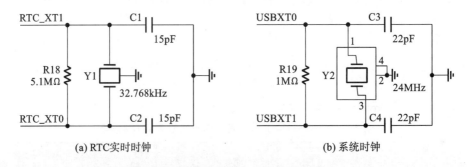

(a) RTC实时时钟　　　　　　　　　　　(b) 系统时钟

图 7-2　Exynos4412 外部晶振电路

　　24 MHz 的晶振用得比较多,该时钟向 USB_PHY、MIPI_PHY、HDMI_PHY 和锁相环

（APLL、MPLL、VPLL 和 EPLL）提供初始时钟源。但从表 7-1 可知，Exynos4412 芯片的各功能模块的典型工作频率达上百兆，而 CPU 可达 1.4 GHz，外接输入和输出频率相差近 100 倍，若 CPU 工作在 24 MHz 频率下，开发板的使用效率非常低，所有依赖系统时钟工作的硬件，其工作效率也很低，因此需通过时钟控制逻辑的 PLL 倍频系统时钟来达到。但要知道，硬件特性决定了任何一个设备都不可能无止境地工作在更高频率下，处理器在高频率下要考虑 CPU 及主板的发热现象。

◆ 7.1.2 时钟的产生

在 UP-CUP4412 开发板中，系统时钟来源是与 XusbXTI 引脚相接的 24 MHz 晶振，PLL 为锁相环，用于将输入的时钟频率提高，倍频输出。Exynos4412 处理器有 4 个 PLL，即 APLL、MPLL、EPLL 和 VPLL。分析时钟产生前，首先介绍相关符号：

（1）MUX：多路复用或多路选择器，如图 7-3 所示，即从多个输入源中选择一个。左边的表示无抖动多路选择器，在多路选择切换的瞬间，下游时钟就可以稳定。但需要在切换时保证上游时钟已经存在并稳定，不然下游时钟状态不确定。右边的表示有抖动多路选择器，多路选择切换后，

图 7-3 多路选择器

要经历一段不稳定时间，但是稳定后有相应寄存器标志位标示下游时钟已经稳定，这类指示寄存器一般以 CLK_MUX_STAT 开头。

（2）PLL：锁相环，把低频率的输入时钟提频后输出。

（3）DIV：分频器，把高频率的输入时钟降频后输出。

（4）APLL：用于驱动产生 CPU 模块的时钟，图 7-4 说明了 Exynos4412 片上系统的时钟生成电路，可产生的频率达 1.4 GHz，其占空比为 49∶51；APLL 作为 MPLL 的补充，也可以给 DMC 模块、LEFTBUS 模块、RIGHTBUS 模块和 CMU_TOP 提供时钟。

（5）MPLL：主要用于驱动 DMC 模块、LEFTBUS 模块、RIGHTBUS 模块和 CMU_TOP 时钟，如图 7-5 所示，它产生高达 1 GHz 的频率，占空比为 49∶51。MPLL 在动态电压频率缩放（DVFS）期间阻塞 APLL 进行锁定时，也会生成 CPU 时钟。

（6）EPLL：主要给音频模块提供时钟，如图 7-6 所示。

（7）VPLL：主要给视频系统提供 54 MHz 的时钟，给 G3D（3D 图形加速器）提供 440 MHz 的时钟，如图 7-6 所示。

（8）USB PHY：使用 XusbXTI 输入时钟（24 MHz）产生 30 MHz 和 48 MHz 时钟。

（9）HDMI PHY：使用 XusbXTI 输入时钟（24 MHz）产生 54 MHz 时钟。

在图 7-4～图 7-8 所示的时钟单元中，前级多路选择器决定后级模块的时钟源。

（10）CMU_CPU：有 4 个 MUX，配置寄存器 CLK_SRC_CPU，其默认复位值为 0x0000_0000，都选择 0 通道，则 PLL 的 MUX_{APLL} 和 $MUX_{MPLL\_CTRL\_USER\_C}$ 两个 MUX 均切换时钟源至 FIN_{PLL}。

（11）CMU_DMC：有 8 个 MUX，配置寄存器 CLK_SRC_DMC，其默认复位值为 0x0001_0000，其中位[16]为 1，使得 MUX_{PWI} 通道切换时钟源至 XusbXTI；其他位为 0，PLL 的 MUX_{MPLL} 通道切换时钟源至 FIN_{PLL}。

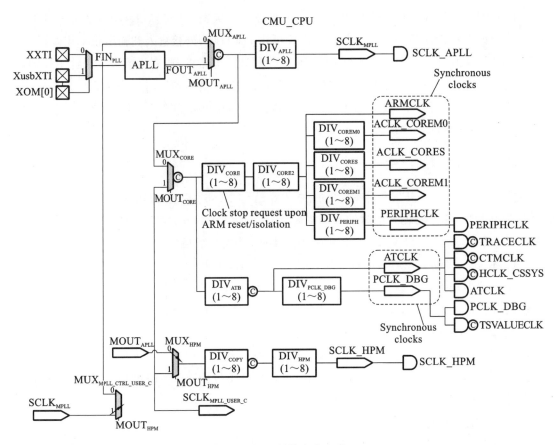

图 7-4　CPU 时钟产生电路

（12）CMU_TOP：有 13 个 MUX，配置寄存器 CLK_SRC_TOP0 和 CLK_SRC_TOP1，其默认复位值为 0x0000_0000，都选择 0 通道，可根据图 7-6 分析并配置多路选择器的输出频率源。

（13）CMU_LEFTBUS& CMU_RIGHTBUS：各有 2 个 MUX，配置寄存器 CLK_SRC_LEFTBUS 和 CLK_SRC_ RIGHTBUS，其默认复位值为 0x0000_0000 和 0x0000_0011，可根据图 7-7 和图 7-8 分析并配置多路选择器的输出频率源。

Exynos4412 处理器模块单元时钟较多，以如图 7-4 所示的 CPU 时钟产生电路（CMU_CPU）为例说明 APLL 时钟产生的过程。

想要获得 SCLK_APLL 时钟，就需要设置 APLL、MUXapll、DIVapll 和 clock gating。通俗地讲，就是选择一条通向该时钟的路，将途中的大门一一打开。

首先，它的时钟来源可以是 XXTI 引脚上接的晶振，也可以是 XusbXTI 引脚上接的晶振，通过有抖动多路选择器 MUX 来选择，这个 MUX 的输出被称为 FIN_{PLL}。然后，通过设置 APLL 的寄存器（根据公式选择参数值，或选择芯片手册上的推荐值），可以把 FIN_{PLL} 提高为某个频率输出，假设输出为 1.4 GHz，如图 7-4 所示，它被命名为 $FOUT_{APLL}$；再者，经过无抖动多路选择器 MUX_{APLL} 选择 1 通道 $FOUT_{APLL}$ 频率输出；最后，通过多个分频器 DIV_{APLL} 单元电路并设置对应的寄存器将频率降下来，得到 SCLK_APLL 时钟频率。CPU 可以工作于 1.4 GHz，但是其他模块不能在这么高的频率下工作，所以要把频率降下来，其他模块工作频率的产生与此类似，不再赘述。

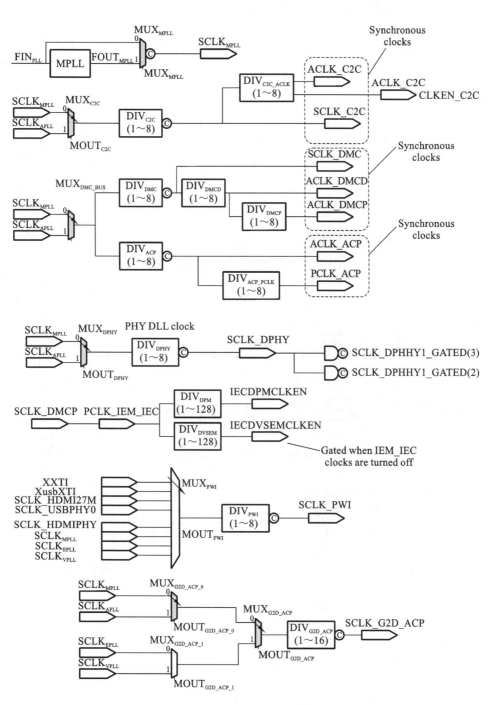

图 7-5 DMC 时钟产生电路

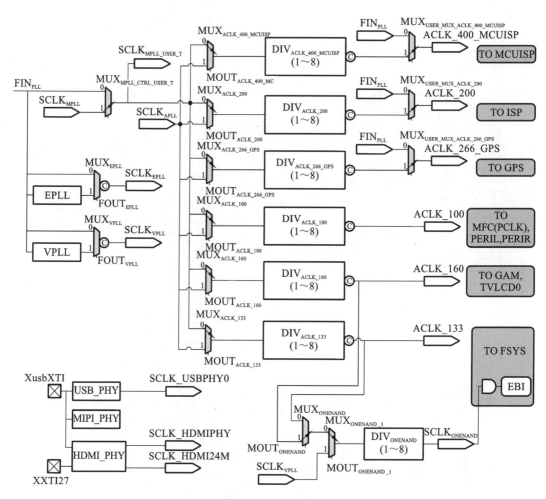

图 7-6　TOP 时钟产生电路

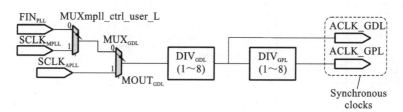

图 7-7　LEFTBUS 时钟产生电路

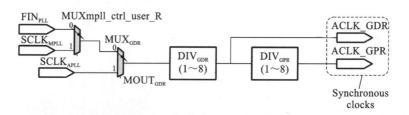

图 7-8　RIGHTBUS 时钟产生电路

7.2 Exynos4412 经典 P、M、S 值

Exynos4412 在片内集成了 4 个 PLL，即 APLL、MPLL、EPLL 和 VPLL，可对输入的 $FIN_{PLL}=24$ MHz 晶振频率进行倍频，且均可以在 22～1400 MHz 自由设置。手册推荐的频率范围如下。

APLL 与 MPLL：200～1400 MHz；

EPLL：90～416 MHz；

VPLL：100～440 MHz。

Exynos4412 使用了三个倍频因子 MDIV、PDIV 和 SDIV 来设置倍频，通过寄存器 APLLCON、MPLLCON、EPLLCON 和 VPLLCON 设置倍频因子，其输入输出频率间关系为

$$FOUT=MDIV\times FIN_{PLL}/(PDIV\times 2^{SDIV}) \tag{7-1}$$

或 $$FOUT=M\times FIN_{PLL}/(P\times 2^{S})$$

其中，MDIV 简写为 M，PDIV 简写为 P，SDIV 简写为 S。

Exynos4412 的数据手册中提供了配置锁相环的配比因子 P、M、S 值，如表 7-2～表 7-4 所示，表中所列出的推荐值用于查询输出频率和输入频率的关系。

表 7-2 APLL 和 MPLL 的 PMS 配置表

FIN_{PLL}/MHz	P	M	S	$FOUT_{APLL/MPLL}$/MHz
24	3	100	2	200
24	4	200	2	300
24	3	100	1	400
24	3	125	1	500
24	4	200	1	600
24	3	175	1	700
24	3	100	0	800
24	4	150	0	900
24	3	125	0	1000
24	6	275	0	1100
24	4	200	0	1200
24	6	325	0	1300
24	3	175	0	1400

表 7-3 EPLL 的 PMS 配置表

FIN_{PLL}/MHz	P	M	S	K	$FOUT_{EPLL}$/MHz
24	2	60	3	0	90
24	2	60	2	0	180

续表

FIN$_{PLL}$/MHz	P	M	S	K	FOUT$_{EPLL}$/MHz
24	3	90	2	19661	108.6
24	3	100	2	0	200
24	3	100	1	0	400
24	2	68	1	0	408
24	3	104	1	0	416

表 7-4　VPLL 的 PMS 配置表

FIN$_{PLL}$/MHz	P	M	S	K	FOUT$_{VPLL}$/MHz
24	3	100	3	0	100
24	3	160	3	0	160
24	3	133	2	0	266
24	3	175	2	0	350
24	3	110	1	0	440

表中 K 值说明"正值/负值",正值表示应该写入 EPLLCON 寄存器或 VPLLCON 寄存器;负值表示可以用它计算 PLL 的输出频率。

比如,通过表 7-2,可以配置输入时钟为 24 MHz、APLL 输出时钟为 200 MHz,可以选择 MDIV 为 100、PDIV 为 3、SDIV 为 2。

MPLL、EPLLHE VPLL 锁相环时钟发生器的内部也和 APLL 类似。

7.3　Exynos4412 时钟配置

7.3.1　Exynos4412 CMU 寄存器地址

Exynos4412 的时钟配置,需要配置相关的寄存器,这些寄存器大致分为五类:PLL 的锁定时间控制的寄存器;MUX 的选择、使能、状态的寄存器;对分频器进行设置的寄存器;使能某个时钟的寄存器;CLKOUT 设置的寄存器。图 7-9 所示是时钟控制寄存器及对应的地址,以 APLL 锁相环为例说明。

7.3.2　锁定时间寄存器 APLL_LOCK

本节描述如何使用系统的特殊功能寄存器(SFR)控制这些模块,PLL 频率从小变到指定频率需要一段时间,当 PLL 频率变化的时候,比如由复位后的初始 400 MHz 升到 1000 MHz,这时,首先把 CPU 的频率锁定,因此时 CPU 的频率是变化的,频率变化,CPU 的状态就无法确定,所以,此时用 PLL_LOCKTIME 将 CPU 频率锁定一段时间,直到频率输出稳定为止。通过 PLL_LOCKTIME 寄存器[15:0]位调整时间,数值一般用其默认值即可,锁定时间计数寄存器如表 7-5 所示。

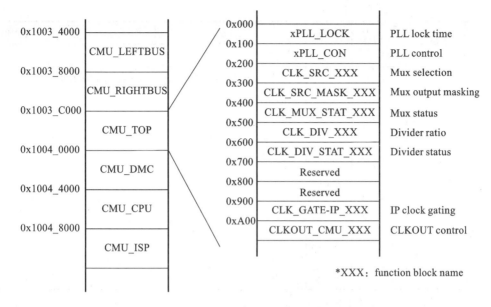

图 7-9　Exynos4412 时钟控制寄存器映射地址

表 7-5　锁定时间寄存器 APLL_LOCK(地址:0x1004_0000＋0x4000)

名　　称	位	类型	描　　述	复位值
RSVD	[31:16]	—	Reserved	0x0
PLL_LOCKTIME	[15:0]	R/W	为获得稳定的时钟输出,PLL_LOCKTIME 设置为(270 周期×PDIV),作为 PLL 的最大锁定时间。 1 周期＝1/FREF＝1/(FIN$_{PLL}$/PDIV)。 当输入时钟 FIN 为 24 MHz、PDIV 为 2 时,PLL_LOCKTIME 为 540 周期,PLL 的最大锁定时间为 22.5 μs	0xFFF

◆ 7.3.3　APLL 控制寄存器 APLL_CON0

APLL 控制寄存器主要用于标识 PLL 的锁定状态、设置 PLL 的使能控制以及 P、M、S 值,如表 7-6 所示。

表 7-6　APLL 控制寄存器 APLL_CON0(地址:0x1004_0000＋0x4100)

名　　称	位	类型	描　　述	初始值
ENABLE	[31]	RW	PLL 使能控制: 0＝禁止; 1＝使能	0x0
RSVD	[30]	—	预留	0x0
LOCKED	[29]	R	只读位,用于显示 PLL 锁定状态: 0＝未锁定; 1＝已锁定(表示 PLL 的输出已稳定)	0x0

续表

名　称	位	类型	描　述	初始值
RSVD	[28]	—	预留	0x0
FSEL	[27]	RWX	监视器频率选择引脚,用于选择输出那种频率供测试用。 $0 = F_{VCO\_OUT} = F_{REF}$; $1 = F_{VCO\_OUT} = F_{VCO}$	0x0
RSVD	[26]	—	预留	0x0
MDIV	[25:16]	RWX	M 值	0xC8
RSVD	[15:14]	—	预留	0x0
PDIV	[13:8]	RWX	P 值	0x6
RSVD	[7:3]	—	预留	0x0
SDIV	[2:0]	RWX	S 值	0x1

根据表 7-6 给定的 M、P、S 值以及式(7-1),可以算出 APLL 的输出时钟为 400 MHz。MDIV、PDIV、SDIV 的值不能乱取,需要满足一些限制条件,下面根据手册给出一些推荐值。

FOUT 输出频率范围为 21.9 MHz≤FOUT≤1400 MHz,则 APLL 和 MPLL 中的 MDIV、PDIV 和 SDIV 的取值范围为:

- PDIV:1≤PDIV≤63;
- MDIV:64≤MDIV≤1023;
- SDIV:0≤SDIV≤5。

◆ 7.3.4 MUX 选择功能寄存器 CLK_SRC_CPU

MUX 选择功能寄存器各位的描述如表 7-7 所示。

表 7-7   MUX 选择功能寄存器 CLK_SRC_CPU(地址:0x1004_0000+0x4200)

名　称	位	类型	描　述	初始值
RSVD	[31:25]	—	预留	0x0
MUX_MPLL_USER_SEL_C	[24]	RW	MUX_{MPLL} 的多路选择输出控制位: $0 = FIN_{PLL}$; $1 = FOUT_{MPLL}$	0x0
RSVD	[23:21]	—	预留	0x0
MUX_HPM_SEL	[20]	RW	MUX_{HPM} 的多路选择输出控制位: $0 = MOUT_{APLL}$; $1 = SCLK_{MPLL}$	0x0
RSVD	[19:17]	—	预留	0x0
MUX_CORE_SEL	[16]	RW	MUX_{CORE} 的多路选择输出控制位: $0 = MOUT_{APLL}$; $1 = SCLK_{MPLL}$	0x0

续表

名　称	位	类型	描　述	初始值
RSVD	[15:1]	—	预留	0x0
MUX_APLL_SEL	[0]	RW	MUX_{APLL}的多路选择输出控制位： $0=FIN_{PLL}$； $1=MOUT_{APLL}$	0x0

根据图 7-4、图 7-5 及表 7-7,可知:

(1)BIT[0]控制第 1 个 MUX(即 MUX_{APLL}),用于选择是 FIN_{PLL} 还是 APLL 的输出时钟,这个输出称为 $MOUT_{APLL}$。

(2)BIT[16]控制第 2 个 MUX(即 MUX_{CORE}),用于选择 $MOUT_{APLL}$ 或 $SCLK_{MPLL}$。其中,$SCLK_{MPLL}$ 由 MUX_{MPLL} 控制。

(3)BIT[24]控制第 3 个 MUX(即 MUX_{MPLL}),用于选择 FIN_{PLL} 或 $FOUT_{MPLL}$,这个输出称为 $SCLK_{MPLL}$。其中,$FOUT_{MPLL}$ 来自 MPLL 的输出。

(4)BIT[20]控制第 4 个 MUX(即 MUX_{HPM}),用于选择 $MOUT_{APLL}$ 或 $SCLK_{MPLL}$。

◆ 　7.3.5　时钟分频器控制寄存器 CLK_DIV_CPU0

时钟分频控制寄存器各位的描述如表 7-8 和表 7-9 所示。

表 7-8　时钟分频控制寄存器 CLK_DIV_CPU0(地址:0x1004_0000+0x4500)

名　称	位	类型	描　述	初始值
RSVD	[31]	—	预留	0x0
CORE2_RATIO	[30:28]	RW	DIV_{CORE2}的时钟分频比 $ARMCLK=DOUT_{core}/(CORE2\_RATIO+1)$	0x0
RSVD	[27]	—	预留	0x0
APLL_RATIO	[26:24]	RW	DIV_{APLL}的时钟分频比 $SCLK_{APLL}=MOUT_{APLL}/(APLL\_RATIO+1)$	0x0
RSVD	[23]	—	预留	0x0
PCLK_DBG_RATIO	[22:20]	RW	DIV_{PCLK_DBG}的时钟分频比 $PCLK\_DBG=ATCLK/(PCLK\_DBG\_RATIO+1)$	0x0
RSVD	[19]	—	预留	0x0
ATB_RATIO	[18:16]	RW	DIV_{ATB}的时钟分频比 $ATCLK=MOUT_{CORE}/(ATB\_RATIO+1)$	0x0
RSVD	[15]	—	预留	0x0
PERIPH_RATIO	[14:12]	RW	DIV_{PERIPH}的时钟分频比 $PERIPHCLK=DOUT_{CORE}/(PERIPH\_RATIO+1)$	0x0
RSVD	[11]	—	预留	0x0

续表

名　　称	位	类型	描　　述	初始值
COREM1_RATIO	[10:8]	RW	DIV_{COREM1} 的时钟分频比 ACLK_COREM1=ARMCLK/(COREM1_RATIO+1)	0x0
RSVD	[7]	—	预留	0x0
COREM0_RATIO	[6:4]	RW	DIV_{COREM0} 的时钟分频比 ACLK_COREM0=ARMCLK/(COREM0_RATIO+1)	0x0
RSVD	[3]	—	预留	0x0
CORE_RATIO	[2:0]	RWX	DIV_{CORE} 的时钟分频比 DIVCORE_OUT=MOUT_{CORE}/(CORE_RATIO+1)	0x0

表 7-9　时钟分频控制寄存器 CLK_DIV_CPU1(地址:0x1004_0000+0x4504)

名　　称	位	类型	描　　述	初始值
RSVD	[31:11]	—	预留	0x0
CORES_RATIO	[10:8]	RW	DIV_{CORES} 的时钟分频比 ACLK_CORES=ARMCLK/(CORES_RATIO+1)	0x0
RSVD	[7]	—	预留	0x0
HPM_RATIO	[6:4]	RW	DIV_{HPM} 的时钟分频比 SCLK_HPM=DOUT_{COPY}/(HPM_RATIO+1)	0x0
RSVD	[3]	—	预留	0x0
COPY_RATIO	[2:0]	RWX	DIV_{COPY} 的时钟分频比 DOUT_{COPY}=MOUT_{HPM}/(COPY_RATIO+1)	0x0

根据锁相环输出公式,便可计算其他模块的输出频率,比如根据图 7-4 和表 7-8 可计算 CPU 模块 ARMCLK 的频率,其使用到 APLL 锁相环,则

$$ARMCLK = MUX_{CORE} 的输出/DIV_{CORE}/DIV_{CORE2}$$
$$= MOUT_{CORE}/(CORE\_RATIO+1)/(CORE2\_RATIO+1) \quad (7-2)$$
$$= FOUT_{APLL}/(CORE\_RATIO+1)/(CORE2\_RATIO+1)$$

$MOUT_{CORE}$ 表示 MUX_{CORE} 的输出,当 MUX_{APLL} 选择 1 通道、MUX_{CORE} 选择 0 通道时,它等同于 $MDIV \times FIN_{PLL}/(PDIV \times 2^{SDIV})$,即 APLL 的输出 $FOUT_{APLL}$。

7.4　Exynos4412 时钟源配置实例

以下是使用汇编语言进行的时钟初始化部分,对系统时钟进行配置,设置 Exynos4412

处理器 CPU 的时钟频率,有以下几个步骤:

第一步:封装时钟管理单元相关的寄存器。

```
/******************CMU_CPU 时钟单元寄存器封装******************/
#define CLK_SRC_CPU (* (volatile unsigned int *)0x10044200)
#define CLK_DIV_CPU0 (* (volatile unsigned int *)0x10044500)
#define CLK_DIV_CPU1 (* (volatile unsigned int *)0x10044504)
/******************CMU_DMC 时钟单元寄存器封装******************/
#define CLK_SRC_DMC (* (volatile unsigned int *)0x10040200)
#define CLK_DIV_DMC0 (* (volatile unsigned int *)0x10040500)
#define CLK_DIV_DMC1 (* (volatile unsigned int *)0x10040504)
/******************CMU_TOP 时钟单元寄存器封装******************/
#define CLK_SRC_TOP0 (* (volatile unsigned int *)0x1003C210)
#define CLK_SRC_TOP1 (* (volatile unsigned int *)0x1003C214)
#define CLK_DIV_TOP (* (volatile unsigned int *)0x1003C510)
/******************CMU_LEFTBUS 时钟单元寄存器封装******************/
#define CLK_SRC_LEFTBUS (* (volatile unsigned int *)0x10034200)
#define CLK_DIV_LEFTBUS (* (volatile unsigned int *)0x10034500)
/******************CMU_RIGHTBUS 时钟单元寄存器封装******************/
#define CLK_SRC_RIGHTBUS (* (volatile unsigned int *)0x10038200)
#define CLK_DIV_RIGHTBUS (* (volatile unsigned int *)0x10038500)
/******************4 个 PLL 锁定时间寄存器封装******************/
#define APLL_LOCK (* (volatile unsigned int *)0x10044000)
#define MPLL_LOCK (* (volatile unsigned int *)0x10044008)
#define EPLL_LOCK (* (volatile unsigned int *)0x1003C010)
#define VPLL_LOCK (* (volatile unsigned int *)0x1003C020)
/******************APLL 寄存器封装******************/
#define APLL_CON1 (* (volatile unsigned int *)0x10044104)
#define APLL_CON0 (* (volatile unsigned int *)0x10044100)
/******************MPLL 寄存器封装******************/
#define MPLL_CON0 (* (volatile unsigned int *)0x10040108)
#define MPLL_CON1 (* (volatile unsigned int *)0x1004010C)
/******************EPLL 寄存器封装******************/
#define EPLL_CON2 (* (volatile unsigned int *)0x1003C118)
#define EPLL_CON1 (* (volatile unsigned int *)0x1003C114)
#define EPLL_CON0 (* (volatile unsigned int *)0x1003C110)
/******************VPLL 寄存器封装******************/
#define VPLL_CON0 (* (volatile unsigned int *)0x1003C120)
#define VPLL_CON1 (* (volatile unsigned int *)0x1003C124)
#define VPLL_CON2 (* (volatile unsigned int *)0x1003C128)
```

第二步:时钟初始化,通常写在初始化函数中。

```
/**********************************************************
* 函数名: system_clock_init
```

```
*功 能：初始化 Exynos4412 的系统时钟
*最终结果：APLL=1.4 GHz
* * * * * * * * * * * * * * * * * * * * * * * * * * * * * * * * * * * * * * * * * * * * * * * * * * * * /
void system_clock_init(void)
{
/* * * * * * * * * * * * * * * * 1.在设置 APLL 之前，先设置时钟源为晶振* * * * * * * * * * * * * * * * * * * * * * /
    CLK_SRC_CPU= 0x0;
/* * * * * * * * * * * * * * * 2.设置 APLL 的锁定时间* * * * * * * * * * * * * * * * * * * * * * * * * * * * * * * /
/*锁定时间:APLL_CON0 中 PDIV=3,所以 APLL_LOCK=270×3,输出 1.4 GHz*/
    APLL_LOCK= 270 * 3;
/* * * * * * * * * * * * * * * 3.设置分频参数,用于设置 CMU_CPU 时钟管理单元 DIV 的分频比*/
/*
CORE2_RATIO= 0;
APLL_RATIO= 2;
PCLK_DBG_RATIO= 1;
ATB_RATIO= 6;
PERIPH_RATIO= 7;
COREM1_RATIO= 7;
COREM0_RATIO= 3;
CORE_RATIO= 0;
*/
    CLK_DIV_CPU0 = ((0<<28) | (2<<24) | (1<<20) | (6<<16) | (7<<12) | (7<<8) |(3<<4) | 0);
/*
* CORES_RATIO= 5;
* HPM_RATIO= 0;
* COPY_RATIO= 6;
*/
    CLK_DIV_CPU1= ((5 <<8) |(0 <<4) | (6));
/* * * * * * * * * * * * * * * 4.设置输出频率控制参数 P、M、S,并使能 PLL * * * * * * * * * * * * * * * * * * * /
/*APLL_CON1 设为默认值 */
    APLL_CON1= 0x00803800;
/*
*M= 0xAF,P= 3,S= 0,则 APLL 输出= 0xAF×24 MHz / (3×2 ^ 0)= 1.4 GHz
*位 [31]为使能位,使能 APLL
*/
    APLL_CON0= (1<<31 | 0xAF<<16 | 3<<8 | 0x0);
/* * * * * * * * * * * * * * * 5.设置 MUX,使用 APLL 和 MPLL 的输出* * * * * * * * * * * * * * * * * * * * * * /
    CLK_SRC_CPU= 0x01000001;
}
```

　　系统未初始化设置之前,时钟输出使用默认值,CPU 运行频率 ARMCLK 工作在 400 MHz,使用上面的代码可以对系统的时钟进行初始化,默认输入的时钟频率为 24 MHz, CPU 运行在 1.4 GHz。

思考与练习

1.时钟源是怎么产生的?

2.时钟的初始化需要配置哪些寄存器?

3.锁相环 APLL、MPLL、EPLL 和 VPLL 的区别,分别在何种环境下使用?

4.通过编程对比 CPU 运行在 400 MHz 和 1.2 GHz 频率时,观察 LED 的闪烁情况,判断设置的时钟是否起作用。

第8章

ARM异常处理及中断系统

绝大多数的处理器都支持特定的异常处理。中断也是异常的一种。了解处理器的异常处理相关知识,是学习处理器的重要环节。

本章主要内容:

1. ARM 异常中断处理概述;

2. ARM 体系异常种类;

3. ARM 异常的优先级;

4. ARM 处理器模式和异常;

5. ARM 异常响应和处理程序返回;

6. ARM 的 SWI 异常中断处理程序设计;

7. Exynos4412 的中断系统。

8.1 ARM 中断异常处理的概述

8.1.1 中断的概念

为方便理解中断的概念,可以从生活中引入一个例子。比如:你正在家中看书,突然快递员按响你家门铃,于是你停下正在看的书,去门口开门,和快递员简单交谈后,签收快递,回来继续看你的书。这就是生活中的中断现象,就是正常的工作过程被外部的事件打断了。

在处理器中,中断是一个过程,即 CPU 在正常执行程序的过程中,遇到外部/内部的紧急事件需要处理,暂时中断(中止)当前程序的执行,而转去为事件服务,待服务完毕,再返回到暂停处(断点)继续执行原来的程序。为事件服务的程序称为中断服务程序或中断处理程序。严格地说,上面的描述是针对硬件事件引起的中断而言的。但是广泛意义上来讲,用软件方法也可以引起中断,即事先在程序中安排特殊的指令,CPU 执行到该类指令时,转去执行相应的一段预先安排好的程序,再返回来执行原来的程序,这可称为软件中断。所以,把软件中断考虑进去,可给中断再下一个定义:中断是一个过程,是 CPU 在执行当前程序的过程中因硬件或软件的原因插入了另一段运行程序的过程。因硬件原因引起的中断过程的出现是不可预测的,即随机的,而软件中断是事先安排的。

8.1.2 中断源及中断优先级的概念

仔细研究一下生活中的中断,对于理解中断的概念也很有好处。什么可以引起中断,生活中很多事件可以引起中断。

有人按门铃了,电话铃响了,你的闹钟响了,你烧的水开了,诸如此类的事件。我们把可以引起中断的信号源称为中断源。

设想一下,我们正在看书,电话铃响了,同时还有人按了门铃,你该先做什么呢? 如果你正在等一个重要的电话,一般不会去理会门铃;反之,如果你正在等的是一位非常重要的客人,则可能不会去理会电话了。如果不是这两者(既不等电话,也不等人上门),你可能会按你通常的习惯去处理。总之,这里存在一个优先级的问题,在处理器中也是如此,也有优先级的问题,即同时有多个中断源递交中断申请时,中断控制器对中断源的响应优先级别。需要注意的是,优先级的问题不仅发生在两个中断同时产生的情况,也发生在一个中断已产生,又有一个中断产生的情况。比如,你正接电话,有人按门铃的情况,或你正开门与人交谈,又有电话响了的情况。这时也需要根据中断源的优先级来决定下一动作。

ARM 处理器中有 7 种类型的异常,按优先级从高到低地排列如下:复位异常(reset)、数据异常(data abort)、快速中断异常(FIQ)、外部中断异常(IRQ)、预取异常(prefetch abort)、软件中断异常(software interrupt,SWI)和未定义指令异常(undefined interrupt)。

注意:在 ARM 处理器中,ARM 体系结构中的异常与单片机的中断有相似之处,但异常(exception)与中断(interrupt)的概念并不完全等同,例如外部中断或试图执行未定义指令都会引起异常。异常主要是从处理器被动接受异常的角度出发,而中断带有向处理器主动申请的意味。本书对"异常"和"中断"不做严格区分,两者都是指请求处理器打断正常的执行程序,进入特定程序循环的一种机制。

8.2 ARM 体系异常种类

在 ARM 体系结构中,存在 7 种异常类型,如表 8-1 所示。当异常发生时,处理器会把 PC 设置为一个特定的存储器地址。这一地址放在被称为向量表(vector table)的特定地址范围内。向量表的入口是一些跳转指令,跳转到专门处理某个异常或中断的子程序。

表 8-1　ARM 的 7 种异常类型

异 常 类 型	处理器模式	执行低地址	执行高地址
复位异常(Reset)	管理模式	0x00000000	0xFFFF0000
未定义指令异常 (undefined interrupt)	未定义指令中止模式	0x00000004	0xFFFF0004
软件中断异常(SWI)	管理模式	0x00000008	0xFFFF0008
预取异常(prefetch abort)	数据访问中止模式	0x0000000C	0xFFFF000C
数据异常(data abort)	数据访问中止模式	0x00000010	0xFFFF0010
外部中断异常(IRQ)	外部中断请求模式	0x00000018	0xFFFF0018
快速中断异常(FIQ)	快速中断请求模式	0x0000001C	0xFFFF001C

一般情况下,存储器映射地址 0x00000000 是为向量表(一组 32 位字)保留的。当然,也有部分处理器的向量表选择定位在存储空间的高地址(从偏移量 0xFFFF0000 开始)。一些嵌入式操作系统,如 Linux 和 Windows CE 就利用了这一特性。

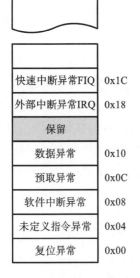

图 8-1　异常处理向量表

异常处理向量表如图 8-1 所示。

ARM 处理器对异常中断的响应过程:

(1)将寄存器 LR(R14)设置成返回地址。

(2)保存处理器当前状态、中断屏蔽位以及各条件标志位。这是通过将当前程序状态寄存器 CPSR 的内容保存到将要执行的异常中断对应的 SPSR 寄存器中来实现的。各异常中断有自己的物理 SPSR 寄存器。

(3)设置当前程序状态寄存器 CPSR 中相应的位,包括设置 CPSR 中的[4:0]位,使处理器进入相应的执行模式;设置 CPSR 中的[7]位,禁止 IRQ 中断,当进入 FIQ 模式时,禁止 FIQ 中断。

(4)将程序计数器值(PC)设置成该异常中断的中断向量地址,从而跳转到相应异常中断处理程序处执行。

其中,异常发生时,分组寄存器 R14 和 SPSR 用于保存处理器状态,具体操作伪指令如下:

```
R14_<exception_mode>=return link
SPSR_<exception_mode>=CPSR
CPSR[4:0]=exception mode number
CPSR[5]=0    /*进入 ARM 状态*/
```

```
if <exception_mode>==reset or FIQ then
    CPSR[6]=1 /*屏蔽快速中断异常 FIQ*/
    CPSR[7]=1 /*屏蔽外部中断异常 IRQ*/
    PC=exception vector address
```

当异常处理完成之后,需要恢复保留的当前处理器状态,因此,将 SPSR 内容恢复到
CPSR,链接寄存器 R14 的内容恢复到程序计数器 PC,然后继续执行当前程序。

◆ **8.2.1 复位异常**

当处理器的复位引脚有效时,系统产生复位异常,ARM 微处理器立刻停止执行当前指
令。复位后,微处理器在禁止中断的管理模式下,程序跳转到复位异常中断处理程序处执
行。复位异常中断通常用于系统上电和系统复位两种情况。

当复位异常时,系统(处理器自动执行的,以下几个异常相同)执行下列伪操作。

```
R14_svc=UNPREDICTABLE value
SPSR_svc=UNPREDICTABLE value
CPSR[4:0]=0b10011 /*进入管理模式*/
CPSR[5]=0      /*处理器进入 ARM 状态*/
CPSR[6]=1      /*禁止快速中断*/
CPSR[7]=1      /*禁止外设中断*/
if high vectors configured then
    PC=0xffff0000
else
    PC=0x00000000
```

复位异常中断处理程序将进行一些初始化工作,内容与具体系统相关。下面是复位异
常中断处理程序的主要功能。

(1)设置异常中断向量表。

(2)初始化数据栈和寄存器。

(3)初始化存储系统,如系统中的 MMU 等。

(4)初始化关键 I/O 设备。

(5)使能中断。

(6)处理器切换到合适的模式。

(7)初始化 C 变量,跳转到应用程序执行。

◆ **8.2.2 未定义指令异常**

当 ARM 处理器或协处理器遇到不能处理的指令时,产生未定义指令异常。当 ARM 处
理器执行协处理器指令时,它必须等待一个外部协处理器应答后,才能真正执行这条指令。
若协处理器没有响应,则发生未定义指令异常。若试图执行未定义的指令,也会出现未定义
指令异常。未定义指令异常可用于在没有物理协处理器的系统上,对协处理器进行软件仿
真,或通过软件仿真实现指令集扩展。例如,在一个不包含浮点运算的系统中,CPU 遇到浮
点运算指令时,将发生未定义指令异常中断,在该未定义指令异常中断的处理程序中可以通
过其他指令序列仿真浮点运算指令。

仿真功能可以通过下面步骤实现。

(1)将仿真程序入口地址链接到向量表中未定义指令异常中断入口处(0x00000004 或 0xffff0004),并保存原来的中断处理程序。

(2)读取该未定义指令的 bits[27:24],判断其是否是一条协处理器指令。如果 bits[27:24]值为 0b1110 或 0b110x,该指令是一条协处理器指令;否则,由软件仿真实现协处理器功能,可以通过 bits[11:8]来判断要仿真的协处理器功能(类似于 SWI 异常实现机制)。

(3)如果不仿真该未定义指令,程序跳转到原来的未定义指令异常中断的中断处理程序行。

当未定义指令异常发生时,系统执行下列伪操作。

```
r14_und=address of next instruction after the undefined instruction
SPSR_und=CPSR
CPSR[4:0]=0b11011   /*进入未定义指令模式*/
CPSR[5]=0           /*处理器进入 ARM 状态*/
                    /*CPSR[6]保持不变*/
CPSR[7]=1           /*禁止外设中断*/
if  high vectors configured then
    PC=0xffff0004
else
    PC=0x00000004
```

◆ 8.2.3 软件中断异常

软件中断由执行 SWI 指令产生,可使用该异常机制实现系统功能调用,用于用户模式下的程序调用特权操作指令,以请求特定的管理(操作系统)函数。

软件中断异常发生时,处理器进入管理模式,执行一些特权模式下的操作系统功能。软件中断异常发生时,处理器执行下列伪操作。

```
r14_svc=address of next instruction after the SWI instruction
SPSR_und=CPSR
CPSR[4:0]=0b10011   /*进入管理模式*/
CPSR[5]=0           /*处理器进入 ARM 状态*/
                    /*CPSR[6]保持不变*/
CPSR[7]=1           /*禁止外设中断*/
if  high vectors configured then
    PC=0xffff0008
else
    PC=0x00000008
```

◆ 8.2.4 预取异常

预取异常是由系统存储器报告的。当处理器试图去取一条被标记为预取无效的指令时,发生预取异常。

如果系统中不包含 MMU,指令预取异常中断处理程序只是简单地报告错误并退出;若包含 MMU,引起异常的指令的物理地址被存储到内存中。

预取异常发生时,处理器执行下列伪操作。

```
r14_svc=address of the aborted instruction + 4
SPSR_und=CPSR
CPSR[4:0]=0b10111        /*进入特权模式*/
CPSR[5]=0                /*处理器进入 ARM 状态*/
                         /*CPSR[6]保持不变*/
CPSR[7]=1                /*禁止外设中断*/
if  high vectors configured then
     PC=0xffff000C
else
     PC=0x0000000C
```

◆ 8.2.5 数据异常

数据异常是由存储器发出数据中止信号的,它由存储器访问指令 Load/Store 产生。当数据访问指令的目标地址不存在或者该地址不允许当前指令访问时,处理器产生数据访问中止异常。

当数据异常发生时,处理器执行下列伪操作。

```
r14_abt=address of the aborted instruction + 8
SPSR_abt=CPSR
CPSR[4:0]=0b10111
CPSR[5]=0              /*CPSR[6]保持不变*/
CPSR[7]=1              /*禁止外设中断*/
if  high vectors configured then
     PC=0xffff0010
else
     PC=0x00000010
```

当数据访问中止异常发生时,寄存器的值将根据以下规则进行修改。

(1)返回地址寄存器 R14 的值只与发生数据异常的指令地址有关,与 PC 值无关。

(2)如果指令中没有指定基址寄存器回写,则基址寄存器的值不变。

(3)如果指令中指定了基址寄存器回写,则寄存器的值和具体芯片的 Abort Models 有关,由芯片的生产商指定。

(4)如果指令只加载一个通用寄存器的值,则通用寄存器的值不变。

(5)如果批量加载指令,则寄存器中的值不可预知。

(6)如果指令加载协处理器寄存器的值,则被加载寄存器的值不可预知。

◆ 8.2.6 外部中断异常

当处理器的外部中断请求引脚有效,而且 CPSR 寄存器的 I 控制位被清除时,处理器产生外部中断(IRQ)异常。系统中各外部设备通常通过该异常中断请求处理器服务。IRQ 异常的优先级比 FIQ 异常的优先级低,当处理器进入 FIQ 处理时,会屏蔽掉 IRQ 异常。

当外部中断异常发生时,处理器执行下列伪操作。

```
r14_irq=address of next instruction to be executed+4
SPSR_irq=CPSR
CPSR[4:0]=0b10010            /*进入特权模式*/
CPSR[5]=0                    /*处理器进入 ARM 状态*/
                            /*CPSR[6]保持不变*/
CPSR[7]=1                    /*禁止外设中断*/
if   high vectors configured then
    PC=0xffff0018
else
    PC=0x00000018
```

◆ **8.2.7　快速中断异常**

当处理器的快速中断请求引脚有效且 CPSR 寄存器的 F 控制位被清除时,处理器产生快速中断(FIQ)异常。FIQ 支持数据传送和通道处理,并有足够的私有寄存器。

当快速中断异常发生时,处理器执行下列伪操作。

```
r14_fiq=address of next instruction to be executed+4
SPSR_fiq=CPSR
CPSR[4:0]=0b10001            /*进入 FIQ 模式*/
CPSR[5]=0
CPSR[6]=1
CPSR[7]=1
if   high vectors configured then
    PC=0xffff001C
else
    PC=0x0000001C
```

8.3　ARM 异常的优先级

异常可以同时发生,此时处理器按表 8-2 设置的优先级顺序处理异常。例如,处理器上电时发生复位异常,复位异常的优先级最高,当产生复位时,它将优先于其他异常得到处理。同样,当一个数据异常发生时,它将优先于除复位异常外的其他异常而得到处理。

表 8-2　异常优先级

优　先　级		异　常
最高	1	复位异常
	2	数据异常
	3	快速中断异常
	4	外部中断异常
	5	预取异常
	6	软件中断异常
最低	7	未定义指令异常

优先级最低的两种异常是软件中断异常和未定义指令异常。因为正在执行的指令不可能既是一条软件中断指令,又是一条未定义指令,所以软件中断异常和未定义指令异常享有相同的优先级。

8.4 ARM 处理器模式和异常

每一种异常都会导致内核进入一种特定的模式。ARM 处理器异常及其对应模式如表 8-3 所示。此外,也可以通过编程改变 CPSR,进入任何一种 ARM 处理器模式。

需要注意的是,用户模式和系统模式是仅有的不可通过异常进入的两种模式,也就是说,要进入这两种模式,必须通过编程改变 CPSR。

表 8-3   ARM 处理器异常及其对应模式

异　　常	模　　式	用　　途
快速中断异常	FIQ	进行快速中断请求处理
外部中断请求	IRQ	进行外部中断请求处理
软件中断异常	SVC	进行操作系统的高级处理
复位异常	SVC	进行操作系统的高级处理
预取指令中止异常	Abort	虚存和存储器保护
数据中止异常	Abort	虚存和存储器保护
未定义指令异常	Undefined	软件模拟硬件协处理器

8.5 ARM 异常响应和处理程序返回

◆ 8.5.1 ARM 异常响应流程

在一个正常的程序流程执行过程中,由内部或外部源产生的一个事件使正常的程序产生暂时的停止,称为异常。异常是由内部或外部源产生并引起处理器处理的一个事件,例如一个外部的中断请求。其中,中断响应过程中首先保护断点;然后寻找中断入口,根据不同的中断源所产生的中断,查找不同的入口地址;再执行中断处理程序;最后中断返回。

与之对应,在处理异常之前,当前处理器的状态必须保留,当异常处理完成之后,恢复保留当前的处理器状态,继续执行当前程序。故而当一个异常出现以后,ARM 微处理器会执行以下几步操作:

(1)将下一条指令的地址存入相应链接寄存器 LR,以便程序在处理异常返回时能从正确的位置重新开始执行。若异常是从 ARM 状态进入的,LR 寄存器中保存的便是下一条指令的地址;若异常是从 Thumb 状态进入的,则 LR 寄存器中保存的是当前 PC 的偏移量(当异常向量地址加载入 PC 时,处理器自动切换到 ARM 状态)。

(2)将 CPSR 状态传送到相应的 SPSR 中。

(3)根据异常类型,强制设置 CPSR 的运行模式位。

(4)强制 PC 从相关的异常向量地址取下一条指令执行,跳转到相应的异常处理程序。

还可以设置中断禁止位,以禁止中断发生。

然后执行异常处理,在异常处理完毕之后,ARM 微处理器会执行以下几步操作从异常返回:

(1)将链接寄存器 LR 的值减去相应的偏移量后送到 PC 中。

(2)将 SPSR 内容送回 CPSR 中。

(3)若在进入异常处理时设置了中断禁止位,要在此清除。

1. 判断处理器状态

当异常发生时,处理器自动切换到 ARM 状态,所以在异常处理函数中要判断异常发生前处理器是 ARM 状态还是 Thumb 状态。这可以通过检测 SPSR 的 T 位来判断。

通常情况下,只有在 SWI 处理函数中才需要知道异常发生前处理器的状态。所以在 Thumb 状态下,调用 SWI 软件中断异常必须注意以下两点。

(1)发生异常的指令地址为 LR−2,而不是 LR−4。

(2)Thumb 状态下的指令是 16 位的,在判断中断向量的正负号时使用半字加载指令 LDRH。

2. 向量表

正如前面介绍向量表时提到的,每一个异常发生时总是从异常向量表开始跳转。最简单的一种情况是向量表里面的每一条指令直接跳向对应的异常处理函数。其中快速中断处理函数 FIQ_Handler()可以直接从地址 0x1C 处开始,省下一条跳转指令,如图 8-2 所示。

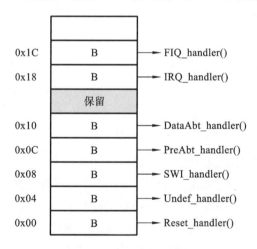

图 8-2　异常处理向量表

跳转指令 B 的跳转范围为±32 MB,但很多情况下不能保证所有的异常处理函数都定位在向量的 32 MB 范围内,可能需要更大的跳转范围,而且由于向量表空间的限制,跳转只能由一条指令完成。具体实现方法有下面两种。

1)MOV　PC,♯imme_value

这种办法将目标地址直接赋值给 PC。但这种方法受格式限制不能处理任意立即数。这个立即数由一个 8 位数值循环右移偶数位得到。

2)LDR　PC,[PC+offset]

把目标地址先存储在某个合适的地址空间,再把这个存储器单元的 32 位数据传送给

PC 来实现跳转。这种方法对目标地址值没有要求,但是存储目标地址的存储器单元必须在当前指令的±4 KB空间范围内。

注意:在计算指令中引用 offset 数值时,要考虑处理器流水线中指令预取对 PC 值的影响。

◆ 8.5.2 从异常处理程序中返回

当一个 ARM 异常处理返回时,一共有 3 件事情需要处理:通用寄存器的恢复、状态寄存器的恢复及 PC 指针的恢复。通用寄存器的恢复采用一般的堆栈操作指令即可,下面重点介绍状态寄存器的恢复及 PC 指针的恢复。

1. 恢复被中断程序的处理器状态

PC 和 CPSR 的恢复可以通过一条指令来实现,其中 LR 为调整后的值,下面是 3 个例子。

(1)MOVS   PC,LR

(2)SUBS   PC,LR,♯4

(3)SUBS   PC,LR,♯8

LDMFD   SP!,{PC}^

这几条指令是普通的数据处理指令,三者选其一。特殊之处在于它们把程序计数器寄存器 PC 作为目标寄存器,并且带了特殊的后缀"S"或"^"。其中"S"或"^"的作用就是使指令在执行时,同时完成从 SPSR 到 CPSR 的复制,达到恢复状态寄存器的目的。

2. 异常的返回地址

异常返回时,另一个非常重要的问题就是返回地址的确定。前面提到过,处理器进入异常时会有一个保存 LR 的动作,但是该保持值并不一定是正确中断的返回地址,具体情况取决于何种异常。以一个简单的指令执行流水线状态图来对此加以说明,如图 8-3 所示。

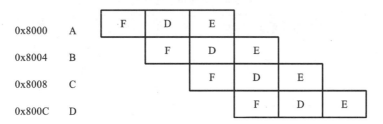

图 8-3   3 级流水线示例

在 ARM 架构中,PC 值指向当前执行指令地址加 8。也就是说,当执行指令 A(地址 0x8000)时,PC 值为 0x8000+8=0x8008,即等于指令 C 的地址。假设指令 A 是 BL 指令,则当执行时,会把 PC 值(0x8008)保存到 LR 寄存器。但是,执行完之后,处理器会对 LR 进行一次自动调整,使 LR=LR-0x4。所以,最终保存在 LR 里的是如图 8-3 所示的 B 指令地址。当从 BL 指令返回时,LR 寄存器里面正好是正确的返回地址。

同样的调整机制在所有的 LR 寄存器自动保存操作中都存在。当进入中断响应时,处理器对保存的 LR 也进行一次自动调整,并且跳转动作也是 LR=LR-0x04。

假设在指令 B 处(地址 0x8004)发生了异常,进入异常响应后,处理器将保存当前 PC 值到相应模式的 LR 寄存器中,再将 PC 指向对应的异常向量表地址处,从异常模式返回时,将 LR 保存的地址返回给 PC 即可。但是实际上返回地址对于不同异常中断是不同的,所以 LR 不一定都是正确的返回地址,也就是说保存的 PC 值会影响返回时的地址。下面详细介绍各种异常中断处理程序的返回方法。

(1)复位异常:中断不需要返回,整个应用系统从复位异常中断处理程序开始执行。

(2)软件中断异常和未定义指令异常:如果指令 B 为 SWI 指令或者为一条未定义的指令,异常由指令本身产生。当执行指令 B 时,会产生相应的异常,此时 PC 指向的是 D 指令(地址 0x800C),LR 保存 PC 值,经过处理后调整 LR 值为 C 指令(0x8008)的地址。从 SWI 中断返回后下一条执行指令就是 C,正好是 LR 寄存器保存的地址,所以直接把 LR 地址(0x8008)恢复给 PC 即可。

(3)IRQ 或 FIQ 异常。如果发生的是 IRQ 或 FIQ 异常,处理器会在执行完当前指令 B 后,再去查询并响应中断。注意,当执行完 B 指令后,流水线的 PC 已经更新指向 0x8010 处,LR 保存 PC 值,然后经处理器调整为 0x800C(D 指令地址),程序返回后,应该执行 C 指令处,所以返回前需要把 LR−4 的值送 PC。

(4)预取指令中止异常。该异常发生在 CPU 流水线取指阶段,如果目标指令地址是非法地址进入该异常,当处理器执行被标记为无效的 B 指令时,将产生指令预取中止异常,此时 PC 指向 D 指令地址(0x800C),LR 调整为 0x8008(C 指令地址)。发生指令预取中止异常时,程序应该返回到 B 指令重新读取该指令,所以想返回到 B 指令,返回地址应该是 LR−4。

(5)数据中止异常。当指令 B 为数据访问指令,此异常发生时,数据访问指令已被执行,此时 PC 已经更新并指向了 0x8010(E 指令地址)处,经过调整后 LR 保存的值为 0x800C(D 指令地址)。产生数据访问中止异常时,程序返回到产生该数据访问中止异常的指令处,即 B 指令地址(0x8004),因此返回地址应该是 LR−8。

为方便起见,表 8-4 中总结了各类异常和返回地址的关系。

表 8-4 异常和返回地址

异　　常	返 回 地 址	用　　途
复位	—	复位没有定义 LR
SWI	LR	执行 SWI 指令的下一条指令
未定义指令	LR	指向未定义指令的下一条指令
FIQ	LR−4	指向发生异常时正在执行的指令
IRQ	LR−4	指向发生异常时正在执行的指令
预取指令中止	LR−4	指向导致预取指令异常的那条指令
数据中止	LR−8	指向导致数据中止异常的指令

8.6 ARM 的 SWI 异常中断处理程序设计

本节主要介绍编写 SWI 处理程序时需要注意的几个问题,包括判断 SWI 中断号、使用 C 语言编写 SWI 异常处理函数、使用 C 语言编写 SWI 异常处理函数、在特权模式下使用 SWI 异常中断处理和从应用程序中调用 SWI。

8.6.1　判断 SWI 中断号

当发生 SWI 异常，进入异常处理程序时，异常处理程序必须提取 SWI 中断号，从而得到用户请求的特定 SWI 功能。

在 SWI 指令的编码格式中，后 24 位称为指令的 Comment field。该域保存的 24 位数即为 SWI 指令的中断号，如图 8-4 所示。

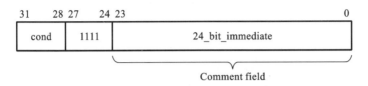

图 8-4　SWI 指令编码格式

第一级 SWI 处理函数通过 LR 寄存器内容得到 SWI 指令地址，并从存储器中得到 SWI 指令编码。通常，这些工作通过汇编语言、内嵌汇编来完成。下面的例子显示了提取中断向量号的标准过程。

```
.SWI_Handler:
STMFD sp!,{r0-r12,lr}        ;保存寄存器
LDR r0,[lr,#-4]              ;计算 SWI 指令地址
BIC r0,r0,#0xff000000        ;提取指令编码的后 24 位
                            ;提取出的中断号放入 r0 寄存器,函数返回
LDMFD sp!, {r0-r12,pc}^      ;恢复寄存器
```

在这个例子中，使用 LR−4 得到 SWI 指令的地址，再通过“BIC r0,r0,♯0xff000000”指令提取 SWI 指令中断号。

8.6.2　使用 C 语言编写 SWI 异常处理函数

虽然第一级 SWI 处理函数（完成中断向量号的提取）必须用汇编语言完成，但第二级中断处理函数（根据提取的中断向量号，跳转到具体处理函数）可以使用 C 语言来完成。

因为第一级中断处理函数已经将中断号提取到寄存器 r0 中，所以根据 ATPCS 函数调用规则，可以直接使用 BL 指令跳转到 C 语言函数，而且中断向量号作为第一个参数被传递到 C 函数。例如，汇编语言中使用“BL　C_SWI_Handler”指令将程序跳转到 C 语言的第二级处理函数。第二级 C 语言函数示例如下。

```
void C_SWI_handler (unsigned number)
{
    switch (number)
     {
     case 0 : /* SWI number 0 code */
     break;
     case 1 : /* SWI number 1 code */
     break;
     ...
```

```
    default : /* Unknown SWI - report error */
    }
}
```

另外,如果需要传递的参数多于 1 个,就可以使用堆栈,将堆栈指针作为函数的参数传递给 C 类型的二级中断处理程序,就可以实现在两级中断之间传递多个参数。

例如:

```
MOV r1, sp              ;将传递的第二个参数(堆栈指针)放到 r1 中
BL C_SWI_Handler        ;调用 C 函数
```

相应的 C 函数的入口变为

```
void C_SWI_handler(unsigned number, unsigned * reg)
```

同时,C 函数也可以通过堆栈返回操作的结果。

8.6.3 从应用程序中调用 SWI

可从汇编语言或 C/C++中调用 SWI。

从汇编语言程序中调用 SWI,只要遵循 ATPCS 标准即可。调用前,设定所有必需的值并发出相关的 SWI。例如:

```
MOV r0, # 65            ;将软件中断的子功能号放到 r0 中
SWI 0x0
```

注意:SWI 指令和其他所有 ARM 指令一样,可以被条件执行。

8.7 Exynos4412 的中断系统

8.7.1 Exynos4412 的中断机制分析

1. 向量中断概述

Exynos4412 共支持 160 个中断控制源,其中包括 16 个软件生成中断(software generated interrupt,SGI),16 个私有外部中断(private peripheral interrupt,PPI)和 128 个公共外部中断(shared peripheral interrupt,SPI)。其中,SGI 表示软件生成中断,即 CPU 和中断控制器(GIC)通过一个专用寄存器进行交互,让 GIC 给众多 CPU 发送一个中断(和 ARM 汇编语言中的 SWI 不是一回事),这个过程并没有真正的外设来触发中断,通常用于内部处理器之间的通信。SGI 中断具有边沿触发的属性,在多核 Soc 中,一个 CPU 可以通过触发 SGI 的方式和其他 CPU 交互。交互的形式即中断处理模型有两种:1-N,N-N。前者表示只有一个 CPU 响应这个 SGI,此时需要提供机制来确定到底哪个 CPU 接收并响应这个 SGI;后者表示所有的 CPU 都将接收到 SGI,当一个 CPU 收到这个 SGI 后,这个 SGI 在这个 CPU 的 pending 状态就被清除了,但是在其他 CPU 的 pending 状态还会继续维持。Exynos4412 支持最多 16 个 SGI。

PPI 表示该中断只会送给某一个 CPU 来处理,这是一个外设中断,有边沿触发和平台触发两种触发方式。Exynos4412 GIC v2 版本最多支持 16 个 PPI 中断。

SPI 和 PPI 一样,都是外设中断,不同的是这个中断可以被 GIC 调度给任何 CPU 来处

理。Exynos4412 支持最多 128 个 SPI 中断。

所有的中断源都可以使用唯一的 ID 号来确认。GIC 为不同类型的中断指定不同范围的 ID 值,GIC 将 ID0～ID1019 分为以下几组:

(1)16 个 SGI 中断号(ID0～ID15),一般被用作核间中断(inter-processor interrupt,IPI);

(2)16 个 PPI 中断号被分配为 ID16～ID31;

(3)SPI 的中断号被分配为 ID32～ID1019。Exynos4412 仅用了前 128 个(ID32～ID159)。

表 8-5 列出了 128 个 SPI 中断的分组情况。

表 8-5　128 个 SPI 中断的分组情况

SPI 序号	中断 ID	中断组号	说　明	SPI 序号	中断 ID	中断组号	说　明
127～109	159～141	无	每个中断 ID 对应一个 SPI	11	43	IntG11	组内 8 种中断源
108	140	IntG17	组内 8 种中断源	10	42	IntG10	组内 8 种中断源
107	139	IntG16	组内 8 种中断源	9	41	IntG9	组内 8 种中断源
106～49	138～81	无	每个中断 ID 对应一个 SPI	8	40	IntG8	组内 8 种中断源
48	80	IntG18	组内 8 种中断源	7	39	IntG7	组内 8 种中断源
47～43	79～75	无	每个中断 ID 对应一个 SPI	6	38	IntG6	组内 4 种中断源
42	74	IntG19	组内 8 种中断源	5	37	IntG5	组内 8 种中断源
41～16	73～48	无	每个中断 ID 对应一个 SPI	4	36	IntG4	组内 8 种中断源
15	47	IntG15	组内 8 种中断源	3	35	IntG3	组内 7 种中断源
14	46	IntG14	组内 8 种中断源	2	34	IntG2	组内 7 种中断源
13	45	IntG13	组内 8 种中断源	1	33	IntG1	组内 4 种中断源
12	44	IntG12	组内 8 种中断源	0	32	IntG0	组内 4 种中断源

除此之外,在系统中支持的 GIC 与每个处理器之间的接口状态主要有四种,每个中断可以被认为处于以下四个状态之一。

(1)未激活(inactive):中断处于尚未或者未挂起状态。

(2)挂起(pending):中断已经由硬件或者软件产生,正等待目标 CPU 响应。

(3)激活(active):CPU 已经应答来自 GIC 的中断,该中断正在被 CPU 处理但尚未完成。

(4)激活并挂起(active & pending):CPU 正在处理该中断,此时 GIC 又收到来自该中断源的更高优先级的中断。

需要注意的是,可能存在 GIC 通知一个处理器这个中断不再需要的情况。在这种情况下,处理器应答该中断时,GIC 返回一个特殊的中断号,我们称之为伪中断。可能发生这种情况的原因有:在处理器应答该中断之前,软件改变了该中断的优先级,或者软件禁用该中断,或者改变了目标处理器。1-N 中断也是产生伪中断的一种情况。

2. 中断控制器

Exynos4412 采用的是 Cortex-A9 CPU 内核。我们知道,ARM 核能处理的异常有 7 种,但仅仅区分异常的种类显然不能够满足需求。拿手机来说,触摸屏幕和按下音量键可能都是 IRQ 异常,但是 ARM 并不能将它们区分开,而事实情况是针对这两种中断,我们的处理方式显然不同,为此就需要在 Soc 中集成中断控制器(generic interrupt controller,GIC),其核心功能就是进行中断的调度和管理,中断控制器简化图如图 8-5 所示。

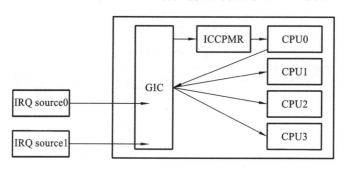

图 8-5　中断控制器简化图

一个 GIC 包括两个主要功能模块,分别是位于左侧的分配器(distributor)和位于右侧的 CPU 接口(CPU interface)。

1)分配器

分在系统中所有的中断源都被分配器控制。分配器由相应的寄存器控制每个中断优先级、状态、安全,路由信息的属性并启用状态,以及确定哪些中断通过所连接的 CPU 接口转发到核心。总的来说,分配器用来收集所有的中断信息,主要包括 PPI 和 SPI 两种类型的中断及相关信息。具体来说,分配器提供以下编程接口:

- 使能挂起中断是否传递到 CPU 接口,是中断的总开关;
- 使能或者禁止使能每个中断;
- 设定任意中断的优先级;
- 为每个中断配置目标处理器列表;
- 配置每个外设中断触发形式(电平或边沿触发);
- 配置每个中断安全与否(在 GIC 植入了安全扩展条件下),查看任意中断的状态;
- 发送 SGI 到每一个目标处理器;
- 提供软件方式设置或清除任意外设中断的挂起状态。

2)CPU 接口

CPU 接口是每个处理器处理中断的私有通道,接收来自分配器配置好的最高优先级的中断或可继承的 nfiq_cn、nirq_cn 异常中断。CPU 接口根据中断优先级屏蔽和中断抢占策略决定将最高优先级的挂起中断请求发给处理器,主要用来完成中断优先级屏蔽(priority masking)和抢占处理(preemption handling)。每个 CPU 接口提供如下编程接口:

- 使能通知处理器中断请求;
- 应答中断;
- 指示中断处理完成;

- 设置处理器的中断优先级屏蔽；
- 定义处理器中断抢占策略；
- 为处理器决定最高优先级的挂起中断。

3. GIC 中断处理流程

分配器负责维护 CPU 接口上四种类型的中断(未激活中断、挂起中断、激活中断、激活并且挂起中断)。当一个处理器获取到一个中断异常时,分配器读取中断应答寄存器(interrupt acknowledge register,ICCIAR)来应答中断。这个读取数返回一个中断 ID,该 ID 被用于选择正确的中断处理程序。当 GIC 识别这个读取数后,将终端的状态从挂起切换到激活或激活并挂起状态。如果当前没有中断挂起,一个为假中断的预定义 ID 被返回。

GIC 中断处理的流程：

当 GIC 识别出一个中断请求,GIC 决定该中断是否被使能,若没有被使能,则对 GIC 没有影响。

对于每个被使能的挂起中断,由分配器决定目标处理器分配给一个或者多个处理器。

对于每个处理器,分配器依据每个中断优先级信息决定最高优先级的挂起中断,并将该中断传递给目标 CPU 接口。

CPU 接口将收到的中断优先级与处理器中执行的中断优先级进行比较。

当处理器收到异常中断请求后,由读取器 CPU 接口中的 ICCIAR 寄存器来应答该中断。

当处理器完成中断处理后,通过写 ICCEOIR 通知 GIC 处理已经完成。GIC 将为相应的 CPU 接口改变该中断的状态：从激活变为未激活,或者从激活并且挂起变为挂起状态。

流程图如图 8-6 所示。

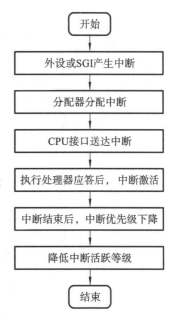

图 8-6　中断处理流程图

◆ 8.7.2　Exynos4412 中断控制相关寄存器

Exynos4412 中断控制相关寄存器主要由 CPU 接口配置寄存器、中断配置寄存器、中断状态查询寄存器以及软件中断产生寄存器组成。

1. CPU 接口配置寄存器

1)CPU 接口控制寄存器 ICCICR_CPUn(n＝0～3)

该寄存器是用来对 CPU0～CPU3 通道使能的寄存器,各通道地址分别为 0x10480000、0x10484000、0x10488000、0x1048000。功能如表 8-6 所示。

表 8-6　CPU 接口控制寄存器 ICCICR_CPUn(n＝0～3)

名　　称	位　　域	类　　型	功 能 描 述	复　位　值
RSVD	[31:1]	—	保留	0x0
中断使能	[0]	RW	0＝禁止； 1＝使能	0x0

2)CPU 中断优先级过滤寄存器 ICCPMR_CPUn(n＝0～3)

该寄存器用来设置 CPU0～CPU3 的中断屏蔽级别。只有优先级别高于此寄存器设置的屏蔽级别的中断，才可以发送到 CPU。注意：优先级值越小，级别越高。各通道地址分别为 0x10480004、0x10484004、0x10488004、0x1048B004。具体功能如表 8-7 所示。

表 8-7　CPU 中断优先级过滤寄存器 ICCPMR_CPUn(n＝0～3)

名　　称	位　　域	类　　型	功 能 描 述	复 位 值
RSVD	[31:8]	—	保留	0x0
Priority	[7:0]	RW	CPU 中断屏蔽级别 数值范围：0～255	0x0

3)CPU 接口应答寄存器 ICCIAR_CPUn(n＝0～3)

该寄存器的低 10 位用来标识需要 CPU 处理的 ID 号。中断处理函数通过读取中断响应寄存器 ICCIAR 来获得中断 ID 号，然后处理相关中断，也作为 ARM 核心对 GIC 发来的中断信号做出应答。各通道地址分别为 0x1048000C、0x1048400C、0x1048800C、0x1048B00C。具体功能如表 8-8 所示。

表 8-8　CPU 接口应答寄存器 ICCIAR_CPUn(n＝0～3)

名　　称	位　　域	类　　型	功 能 描 述	复 位 值
RSVD	[31:13]	—	保留	0x0
CPUID	[12:10]	R	对于 SGI，该位域标示应答中断的处理器，返回值标示应答中断的 CPU 接口	0x0
ACKINTID	[9:0]	R	标示中断 ID	0x3FF

4)处理器目标寄存器 ICDIPTR_CPU

该寄存器主要用来配置将中断发送给哪个 CPU 处理。具体功能如表 8-9 所示。

表 8-9　处理器目标寄存器 ICDIPTR_CPU

名　　称	位　　域	类　　型	功 能 描 述	复 位 值
优先级	[31:24]	RW	用于目标处理器标示或设置。对应关系如下： 0bxxxxxxx1-CPU 接口 0；	0x0
优先级	[23:16]	RW	0bxxxxxx1x-CPU 接口 1	0x0

5)分配器控制寄存器 ICDDCR

该寄存器主要用来控制 GIC 中断控制器的使能，具体功能如表 8-10 所示。

表 8-10　分配器控制寄存器 ICDDCR

名　　称	位　　域	类　　型	功 能 描 述	复 位 值
RSVD	[31:1]	—	保留	—
中断使能	[0]	RW	GIC 中断控制器使能： 0＝禁止；1＝使能	0x0

2. 中断配置寄存器

1）中断使能寄存器 ICDISER_CPUn（n＝0～3）

该寄存器用来对 CPU0～CPU3 通道相关的中断使能。功能如表 8-11 所示。

表 8-11　中断使能寄存器 ICDISER_CPUn（n＝0～3）

名　　　称	位　域	类　　型	功 能 描 述	复 位 值
中断使能	[31:0]	RW	针对 SPI 和 PPI： 读操作时，0＝标示相应的中断被禁止；1＝标示相应的中断被使能。 写操作时，0＝无效；1＝使能相应中断	0x0

2）中断清除寄存器 ICDICER_CPUn（n＝0～3）

功能如表 8-12 所示。

表 8-12　中断清除寄存器 ICDICER_CPUn（n＝0～3）

名　　　称	位　域	类　　型	功 能 描 述	复 位 值
中断使能	[31:0]	RW	针对 SPI 和 PPI： 读操作时，0＝标示相应的中断被禁止；1＝标示相应的中断被使能。 写操作时，0＝无效；1＝清除相应中断	0x0

3）中断挂起状态清除寄存器 ICDICPR_CPUn（n＝0～3）

该寄存器里每位对应一个中断，当中断发生，相应标志位自动置 1，标识中断发生，当中断处理完成后需要软件将中断对应标志位清 0。具体功能如表 8-13 所示。

表 8-13　中断挂起状态清除寄存器 ICDICPR_CPUn（n＝0～3）

名　　　称	位　域	类　　型	功 能 描 述	复 位 值
中断清除	[31:0]	RW	读操作： 0＝标示相应的中断没有在任何处理器上挂起。 1＝对于 SGI 和 PPI，标示相应的中断在当前处理器被挂起；对于 SPI，标示相应中断至少在一个处理器上被挂起。 写操作： 对于 SGI，无效。 对于 SPI 和 PPI，0＝无效；1＝从之前的未激活状态变成挂起状态，或者从激活状态变成激活并挂起状态	0x0

4）中断结束寄存器 ICCEOIR_CPUn（n＝0～3）

该寄存器是中断处理结束寄存器，当中断处理程序执行结束后，需要将处理的中断 ID 号写入中断结束寄存器，作为 ARM 核心给 GIC 控制器的中断处理传递结束信号。具体功能如表 8-14 所示。

表 8-14　中断结束寄存器 ICCEOIR_CPUn(n＝0～3)

名　　称	位　　域	类　　型	功 能 描 述	复 位 值
RSVD	[31:13]	—	保留	—
CPUID	[12:10]	W	SGI 中断完成后,该位域被写入与相应应答寄存器一致的 CPUID	—
EOIINTID	[9:0]	W	该位域被写入与相应应答寄存器一致的中断 ID	0x0

3. 中断状态查询寄存器

1)PPI 状态寄存器 PPI_STATUS_CPU

功能如表 8-15 所示。

表 8-15　PPI 状态寄存器 PPI_STATUS_CPU

名　　称	位　　域	类　　型	功 能 描 述	复 位 值
RSVD	[31:13]	—	保留	—
PPI 状态	[15:0]	R	Bit[x]＝0,PPI_CPUn[x]为低; Bit[x]＝1,PPI_CPUn[x]为高。 其中,n＝0～3,为处理器 ID	0x0

2)SPI 状态寄存器 SPI_STATUSn(n＝0～3)

功能如表 8-16 所示。

表 8-16　SPI 状态寄存器 SPI_STATUSn

名　　称	位　　域	类　　型	功 能 描 述	复 位 值
SPI 状态	[31:0]	R	Bit[x]＝0,SPI[x]为低; Bit[x]＝1,SPI[x]为高	0x0

4. 软件中断产生寄存器 ICDSGIR

软件中断产生寄存器 ICDSGIR 功能如表 8-17 所示。

表 8-17　软件中断产生寄存器 ICDSGIR

名　　称	位　　域	类　　型	功 能 描 述	复 位 值
RSVD	[31:13]	—	保留	—
TargetListFilter	[25:24]	W	00＝发送中断到 CPUTargetList 指定的 CPU 接口; 01＝发送中断到除请求中断的 CPU 以外的其余 CPU 接口; 10＝发送中断到请求中断的 CPU 接口; 11＝保留	—

续表

名　称	位　域	类　型	功 能 描 述	复 位 值
CPUTargetList	[23:16]	W	当 TargetListFilter＝00 时,该位域确定分配器发送中断到达的 CPU 接口。CPUTargetList[7:0] 中 的 每 一 位 对 应 一 个 CPU 接口。如 CPUTargetList[0] 对应于 CPU 接口 0。设置该位为 1,则将中断发送至相应的 CPU 接口	—
SATT	[15]	W	0＝当 SCI 被配置成安全模式时,发送由 SGIINTID 域指定 SGI 到指定的 CPU 接口; 1＝当 SCI 被配置成非安全模式时,发送由 SGIINTID 域指定 SGI 到指定的 CPU 接口	—
SGIINTID	[3:0]	W	指定软件中断的 ID 值(0～15)。如 0b0011 指定软件中断的 ID 为 3	—

　　中断在到达中断控制器之前,是先和引脚连接的,使用的引脚复用功能是外部中断,这就要求我们在初始化中断控制器之前先初始化这些和引脚以及外部中断相关的寄存器。初始化中断控制器的主要内容如下。

　　(1)全局使能中断控制器;

　　(2)使能对应中断源;

　　(3)选择 CPU 核处理该中断;

　　(4)配置该中断优先级;

　　(5)打开选择的 CPU 核与中断控制器的接口。

　　综上所述,涉及的寄存器配置如图 8-7 所示。

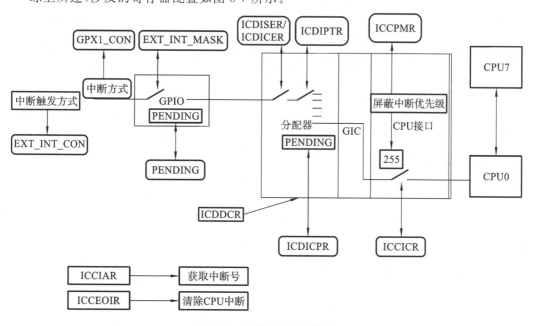

图 8-7　中断相关寄存器图

◆ 8.7.3 Exynos4412 中断处理程序实例

通过前面的章节,我们了解了 Exynos4412 中断工作机制和相关寄存器的配置方法。下面介绍一个中断实例,该实例设置了两个按键以及 LED1 和 LED2 两个灯。利用中断实现:KEY1 按键控制 LED1 亮灭,KEY2 按键控制 LED2 亮灭。

1. 电路原理

电路原理图如图 8-8 所示。其中,K1、K2 分别连接 Exynos4412 的 GPX1_0 和 GPX1_1 引脚,LED1 和 LED2 分别连接 Exynos4412 的 GPM4_7 和 GPM4_8 引脚。对于 LED1 来说,读取 GPX1_1 状态,高电平时(K2 断开,常态),LED1 灯灭;低电平时(K2 闭合,按下),LED1 灯亮。LED2 类似。

2. 编程流程

编程流程如图 8-9 所示。

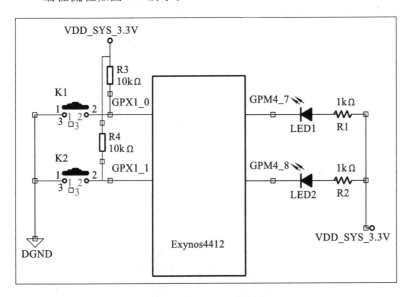

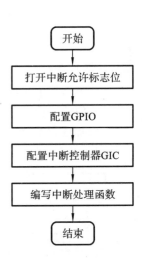

图 8-8　外部中断实例电路图　　　　　图 8-9　编程流程图

3. 程序编写

(1)嵌入汇编语句,清除 CPSR 的 I 位,允许 IRQ。

```
_asm__ volatile(
"mrs r0, cpsr\n"
"bic r0, r0, #0x80\n"
'msr cpsr, r0\n'
::: 'r0');
```

(2)配置 GPIO。

```
GPM4CON &=~(( 0xf<<24) | ( 0xf<<28) );
GPM4CON |=~(( 0x1<<24) | ( 0x1<<28) );
GPX1PUD &=~( 0xf<<0);   //禁止上下拉,将 GPX1_0、GPX1_1 引脚配置成
WAKEUP_INT1[0]//(EXT_INT41[0])、WAKEUP_INT1[1]( EXT_INT41[1])
GPX1CON |=(0xff<<0); //设置中断触发方式 ,将两个中断配置为下降沿触发
```

EXT_INT41CON |= ((0x2<<0) | (0x2<<4)); //EXT_INT41_FLTCON0 使能和配置滤波消抖 (默认打开,
可以不设置)

EXT_INT41_FLTCON0 |= ((0x1<<0)| (0x1<<6) |(0x1<<7) |(0x1<<8) |(0x1<<14) |(0x1<<15));
//开中断,写 0 使能

EXT_INT41_MASK &=~ (0x3<<0);

//EXT_INT41_PEND 中断状态位,当中断发生时,自动置 1,中断完成后要手动清零

（3）配置中断控制器 GIC。

ICDISER |= ((0x1<<24) | (0x1<<25)); //设置 ICDISER, CPU0 使能 SPI[24]、SPI[25]

ICCICR_CPU0 |=0x1; //使能 CPU0 中断,以便中断能从 CPU 接口转达到相应处理器

ICCPMR_CPU0 |=0xff; //使能 CPU0 中断屏蔽优先级为 255(最低,所有中断都能响应)

ICDDCR=1; //使能 GIC 中断控制器

/* SPI[24]、SPI[25] 配置给 CPU0 处理器,由 ICDIPTR14 寄存器配置 SPI[27:24],选择 CPU0 为目标处
理器 */

ICDIPTR14 |= ((0x01<<0) |(0x01<<8));

（4）中断处理函数。

```
If (( ICCIAR_CPU0&0x3ff==56)&(((ICCIAR_CPU&(0X7<<10))>>10)==0x1))
{
GPM4DATA &=~0x40;
Delay( );
}
If (( ICCIAR_CPU0&0x3ff==57)&(((ICCIAR_CPU&(0X7<<10))>>10)==0x1))
{
GPM4DATA &=~0x80;
Delay( );
}
/* 清除中断源 (置 1),分别从以下三级进行清零 */
EXT_INT41_PEND |=0x3 ; //外设一级 EXT_INT41_PEND
ICDICPR1_CPU0 |= ((0x1<<24)|(0x1<<25)); //GIC 一级 ICDICPR1(SPI[31:0])
ICCEOIR_CPU0 |= ((0x3f<<0)|(0x1<<10)); //GIC 一级 ICCEOIR_CPU0
```

4. 实验过程及结果描述

将程序编译后产生.bin 可执行文件,然后执行,观察结果。

思考与练习

1. ARM 有几种异常? 每种异常对应的处理器工作模式是什么?

2. 当执行 SWI 时,会发生什么?

3. 利用 SWI 指令,实现从用户模式到系统模式的系统调用过程。

4. 简述 Exynos4412 中断机制。

5. 在硬件开发平台上选择一个可以产生中断的按键,编写程序实现中断处理。

第9章

串行通信接口

串行通信接口广泛地应用于各种控制设备,是计算机、控制主板与其他设备传送信息的一种标准接口。本章主要介绍它的工作原理和编程方法。

本章主要内容:

1.串行通信原理;

2.RS232 串行接口;

3.串行通信控制寄存器;

4.串口应用示例。

9.1　串行通信原理

◆ 9.1.1　串行通信与并行通信的概念

在微型计算机中,通信(数据交换)有两种方式:串行通信和并行通信。

1. 串行通信

串行通信是指计算机与 I/O 设备之间数据传输的各位是按顺序依次一位接一位进行传送。通常数据在一根数据线或一对差分线上传输。

1)串行通信模式

串行通信模式有单工通信、半双工通信和全双工通信 3 种基本的通信模式。

• 单工通信:数据仅能从设备 A 到设备 B 进行单一方向的传输。

• 半双工通信:数据可以从设备 A 到设备 B 进行传输,也可以从设备 B 到设备 A 进行传输,但不能在同一时刻进行双向传输。

• 全双工通信:数据可以在同一时刻从设备 A 传输到设备 B,或从设备 B 传输到设备 A,即可以同时双向传输。

2)串行通信方式

串行通信在信息格式的约定上可以分为同步通信和异步通信两种方式。

2. 并行通信

并行通信是指计算机与 I/O 设备之间通过多条传输线交换数据,数据各位同时进行传送的过程。

如果 n 位并行接口传送 n 位数据需时间 T,则串行传送所需的时间最少为 nT。总的来说,串行通信的传输速度慢,但使用的传输设备成本低,可利用现有的通信手段和通信设备,适合于计算机的远程通信;并行通信的传输速度快,但使用的传输设备成本高,适合于近距离的数据传输。需要注意的是,对于一些差分串行通信总线,如 RS-485、RS-422、USB 等,它们的传输距离远,且抗干扰能力强,速度也比较快。

◆ 9.1.2　异步通信方式的特点及数据格式

1. 异步通信的特点

异步通信,也称为异步串行通信,是指数据传送以字符为单位,字符与字符间的传送是完全异步的,位与位之间的传送基本上是同步的。异步串行通信的特点可以概括如下。

(1)以字符为单位传送信息。

(2)相邻两字符间的间隔是任意长。

(3)因为一个字符中的比特位长度有限,所以需要的接收时钟和发送时钟只要相近就可以。

(4)异步方式特点就是字符间异步,字符内部各位同步。

2. 异步通信的数据格式

异步通信的数据格式如图 9-1 所示,每个字符(每帧信息)由 4 部分组成:

(1)1 位起始位,规定为低电平 0。

(2)5～8 位数据位,即要传送的有效信息。

(3)1 位奇偶校验位。

(4)1～2 位停止位,规定为高电平 1。

图 9-1　异步通信的数据格式

3. 检验位和波特率

需要注意以下几个概念:

• 校验位

在一个有 8 位的字节(byte)中,其中必有奇数个或偶数个"1"状态位。对于偶校验就是要使字符加上校验位有偶数个"1";奇校验就是要使字符加上校验位有奇数个"1"。例如数据"00010011",共有奇数个"1",所以当接收器要接收偶数个"1"时(即偶校验时),则校验位就置为"1";反之,接收器要接收奇数个"1"时(即奇校验时),则校验位就置为"0"。

• 波特率

异步通信中,传送数据位的速率称为波特率,单位用位/秒(bit/s)来表示,称之为波特。例如,数据传送的速率为 120 字符/秒,每帧包括 10 个数据位,则传送波特率为

$$10 \times 120 = 1200 \ \text{bit/s}$$

每一位的传送时间是波特的倒数,如 $1/1200 = 0.833$ ms。异步通信的波特率的数值通常为 150、300、600、1200、2400、4800、9600、14400、28800 等,数值成倍数变化。

在异步通信方式中,发送的数据中含有起始位和停止位这两个与实际需要传送的数据毫无相关的位。当传送 1 个 8 位的字符时,其校验位、起始位均为 1 位,停止位为 1、2 或 1.5 位,则相当于要传送 11～12 个位信号,传送效率只有约 80%。

◆ **9.1.3　同步通信方式的特点及数据格式**

采用同步通信方式可以提高通信效率。它以数据块(一组字符)为单位,字符与字符之间、字符内部的位与位之间都同步。同步串行通信的特点可以概括为以下三点。

(1)以数据块为单位传送信息。

(2)在一个数据块(信息帧)内,字符与字符间无间隔。

(3)因为一次传输的数据块中包含的数据较多,所以接收时钟与发送时钟严格同步,通常要有同步时钟。

与异步通信方式不同的是,同步通信方式不仅在字符的本身之间是同步的,而且在字符与字符之间的时序仍然是同步的,即同步方式是将许多的字符聚集成一字符块后,在每块信息(常常称之为信息帧)之前要加上 1～2 个同步字符,字符块之后再加入适当的错误检测数据才传送出去。在同步通信时必须连续传输,不允许有间隙,当传输线上没有字符传输时,要发送专用的"空闲"字符或同步字符。

同步方式中会产生一种冗余字符,以防止错误传送。将欲传送的数据位当作一被除数,

而发送器本身产生一固定的除数,将前者除以后者所得的余数即为该冗余字符。当数据位和冗余字符位一起被传送到接收器时,接收器产生和发送器相同的除数,如此即可检查出数据在传送过程中是否发生了错误。统计数据表明,采用冗余字符方法的错误防止率可达99%以上。

此外,同步串行通信的数据格式如图 9-2 所示,每个数据块(信息帧)由 3 部分组成:

(1)2 个同步字符作为一个数据块(信息帧)的起始标志。

(2)n 个连续传送的数据。

(3)2 个字节循环冗余校验码(CRC)。

图 9-2　同步串行数据格式

9.2　RS-232C 串行接口简介

◆ 9.2.1　RS-232C 串口规范

RS-232C 标准(协议)的全称是 EIA-RS-232C 标准,是美国电子工业协会 EIA 制定的一种串行通信接口标准。其中 EIA 代表美国电子工业协会(Electronic Industry Association),RS 代表推荐标准(recommended standard),232 是标识号,C 代表 RS232 最新一次修改版本(1969),在这之前,有 RS-232B、RS-232A。它规定连接电缆和机械、电气特性、信号功能及传送过程。常用物理标准还有 EIA&♯0;RS-232-C、EIA&♯0;RS-422-A、EIA&♯0;RS-423A 和 EIA&♯0;RS-485。这里只介绍 EIA&♯0;RS-232-C(简称 232,RS-232)。例如,目前 PC 上的 COM1、COM2 接口,就是 RS-232C 接口。

1.9 针串口引脚定义

PC 中的典型串口是 RS-232C 及其兼容接口,串口引脚有 9 针和 25 针两类,如图 9-3 所示。

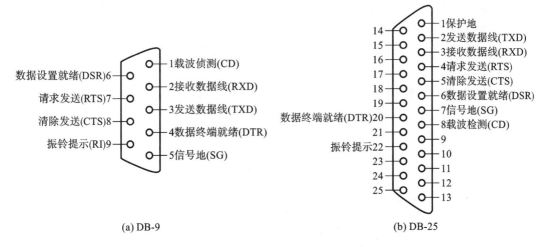

图 9-3　串口 RS-232C 的 2 种串口引脚图

一般个人计算机中使用的都是 9 针串口,25 针串口具有 20 mA 电流环接口功能,用 9、11、18、25 针来实现。这里只介绍 9 针 RS-232C 串口引脚定义,如表 9-1 所示。

表 9-1 9 针 RS-232C 串口引脚定义

引　　脚	简　　写	功　能　说　明
1	CD	载波侦测
2	RXD	接收数据线
3	TXD	发送数据线
4	DTR	数据终端就绪
5	SG	信号地
6	DSR	数据设置就绪
7	RTS	请求发送
8	CTS	清除发送
9	RI	振铃提示

2. RS-232C 电气特性

EIA-RS-232C 对电气特性、逻辑电平和各种信号线功能都做了明确规定。

(1)TXD 和 RXD 引脚上电平定义如下。

逻辑 1=-3~-15 V;

逻辑 0=3~15 V。

(2)RTS、CTS、DSR、DTR 和 DCD 等控制线上电平定义如下。

信号有效=＋3~+15 V;

信号无效=-3~-15 V。

以上规定说明了 RS-232C 标准对应逻辑电平的定义。注意:对于介于-3~+3 V 之间的电压处于模糊区电位,此部分电压将使得计算机无法正确判断输出信号的意义,可能得到 0,也可能得到 1,因此得到的结果是不可信的,在通信时体系会出现大量误码,造成通信失败。因此,实际工作时,应保证传输的电平在+3~+15V 或-3~-15 V 之间。

3. RS-232C 的通信距离和速度

RS-232C 规定最大的负载电容为 2500pF,这个电容限制了传输距离和传输速率,由于 RS-232C 的发送器和接收器之间具有公共信号地(GND),属于非平衡电压型传输电路,不使用差分信号传输,因此不具备抗共模干扰的能力,共模噪声会耦合到信号中,在不使用调制解调器(MODEM)时,RS-232C 能够进行可靠数据传输的最大通信距离为 15 m,对于 RS-232C 远程,必须通过调制解调器进行远程通信连接,或改为 RS-485 等差分传输方式。

现在个人计算机提供的串行端口终端的传输速度一般可以达到 115200 bit/s,甚至更高,标准串口能够提供的传输速度主要有以下波特率:1200 bit/s、2400 bit/s、4800 bit/s、9600 bit/s、19200 bit/s、38400 bit/s、57600 bit/s、115200 bit/s 等。在仪器仪表或工业控制场合,9600 bit/s 是最常见的传输速度,在传输距离较近时,使用最高传输速度也是可以的。传输距离和传输速度呈反比例关系,适当降低传输速度可以延长 RS-232C 的传输距离,提高通信的稳定性。

4. RS-232C 电平转换芯片及电路

RS-232C 规定的逻辑电平与一般微处理器、单片机的逻辑电平是不同的,例如,RS-

232C 的逻辑"1"是以 $-3\sim-15$ V 表示的,而单片机的逻辑"1"是以 5V 表示的,Exynos4412 的逻辑"1"是以 3.3V 表示的,这时就必须把单片机的电平(TTL、CMOS 电平)转变为计算机的 RS-232C 电平,或者把计算机的 RS-232C 电平转换成单片机的 TTL 或 CMOS 电平,通信时必须对两种电平进行转换。实现电平转换的芯片可以是分离器件,也可以是专用的 RS-232C 电平转换芯片。下面介绍一种在嵌入式系统中应用比较广泛的 MAX3232 芯片。

MAX3232 芯片如图 9-4 所示,主要特点有:

(1)符合所有的 RS-232C 标准。

(2)供电电压单一,$+5$ V 或 $+3.3$ V。

(3)片内电荷泵具有升压。电压极行反转能力,能够产生$+10$ V 和-10 V 电压。

(4)低功耗,典型供电电流为 3 mA。

(5)内部集成了 2 个 RS-232C 驱动器。

(6)内部集成了 2 个 RS-232C 接收器。

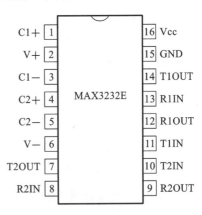

图 9-4　MAX3232 芯片

◆ 9.2.2　RS-232C 接线方式

计算机利用 RS-232C 接口进行串口通信,有简单连接和完全连接两种连接方式。简单连接又称三线连接,它们的连接只需使用 3 根线即可,即 RXD、TXD 和 GND。三线连接方式如图 9-5(a)所示。如果应用中还需要使用 RS-232C 的控制信号,则采用完全连接方式,如图 9-5(b)所示。此外,需要注意的是,在波特率不高于 9600 bit/s 的情况下进行串口通信时,通信线路的长度通常要求小于 15 m,否则可能出现数据丢失现象。

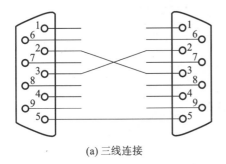

(a) 三线连接

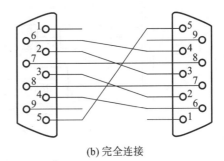

(b) 完全连接

图 9-5　两种连接形式

9.3　Exynos4412 异步串行通信

◆ 9.3.1　Exynos4412 的 UART

1. UART 简述

UART(universal asynchronous receiver and transmitter,通用异步收发器)主要由数据线接口、控制逻辑、配置寄存器、波特率发生器、发送部分和接收部分组成,通信方式是异步串行通信方式,采用 RS-232C 9 芯接插件(DB-9)连接,用于传输串行数据。发送数据时,

CPU 将并行数据写入 UART，UART 按照一定的格式在一根电线上串行发出；接收数据时，UART 检测另一根电线的信号，将串行数据收集在缓冲区中，CPU 即可读取 UART，获得这些数据。

2. Exynos4412 的 UART 特点

Exynos4412 的 UART 共支持 5 个独立的异步串行输入/输出口（UART0～UART4），其中，UART0～UART3 为通用通道，UART4 为专用通道，用来与全球定位系统（GPS）通信。每个端口皆可支持中断模式及 DMA 模式，UART 可产生一个中断或者发出一个 DMA 请求，来传送 CPU 与 UART 之间的数据，其中，UART 所支持的波特率最高可达 3 Mbit/s。每个 UART 通道包含两个 16 位的分别用于接收和发送信号的 FIFO（先入先出）通道。其中，通道 0 有 256 字节的发送 FIFO 通道和 256 字节的接收 FIFO 通道，通道 1 和通道 4 有 64 字节的发送 FIFO 通道和 64 字节的接收 FIFO 通道，而通道 2 和通道 3 只有 16 字节的发送 FIFO 通道和 16 字节的接收 FIFO 通道。

3. UART 概括图

UART 概括图如图 9-6 所示。

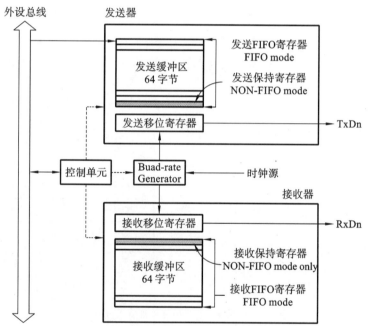

在FIFO模式下，缓冲寄存器的64位全部用来作为FIFO寄存器
在非FIFO模式下，缓冲寄存器的1位适合用来作为有效的寄存器

图 9-6　UART 概括图

下面简要介绍 UART 的数据发送和数据接收部分，关于中断产生、波特率产生、轮流检测模式、红外模式和自动流控制的详细介绍，请参照相关教材和数据手册。

1）数据发送

发送数据帧是可编程的。一个数据帧包含 1 个起始位、5～8 个数据位、1 个可选的奇偶校验位和 1～2 个停止位，数据帧格式可以通过 ULCONn 寄存器来设置。发送数据时，CPU 先将数据写入发送 FIFO 中，然后 UART 会自动将 FIFO 中的数据复制到发送移位器（transmit shifter）中，发送移位器将数据一位一位地发送到 TxDn 数据线上（根据设定的格式,插入开始位、校验位和停止位)。

发送器也可以产生一个终止信号,它是由一个全部为 0 的数据帧组成。在当前发送数据被完全传输后,该模块发送一个终止信号。在终止信号发送后,它可以继续通过发送 FIFO 寄存器(FIFO)或发送保持寄存器(NON-FIFO)发送数据。

2)数据接收

与发送类似,接收数据帧也是可编程的。接收数据帧由 1 个起始位、5~8 个数据位、1 个可选的奇偶校验位和 1~2 个行控制寄存器 ULCONn 里的停止位组成。接收数据时,接收移位寄存器(receive shifter)将 RxDn 数据线上的数据一位一位地接收进来,然后复制到 FIFO 中,CPU 即可从中读取数据。此外,接收器还可以检测溢出错、奇偶校验错、帧错误和传输中断,每一个错误均可以设置一个错误标志。

- 溢出错(overrun error)是指已接收到的数据在读取之前被新接收的数据覆盖。
- 奇偶校验错是指接收器检测到的校验和与设置的不符。
- 帧错误是指没有接收到有效的停止位。
- 传输中断表示接收数据 RxDn 保持逻辑 0 超过一帧的传输时间。

在 FIFO 模式下,如果 RxFIFO 非空,而在 3 个字的传输时间内没有接收到数据,则产生超时。

◆ 9.3.2 UART 寄存器配置

为了让初学者快速掌握串口通信,下面针对例程中用到的寄存器给予讲解。对于 Exynos 中提供的更为复杂的控制寄存器将不再展开,感兴趣的读者可作为扩展内容自行学习。

1. UART 行控制寄存器 ULCONn(n=0~4)

ULCONn 寄存器的位功能如表 9-2 所示。各通道地址分别为 0x13800000、0x13810000、0x13820000、0x13830000、0x13840000。

表 9-2 ULCONn 寄存器的位功能

ULCONn	位	描　　述	初　始　状　态
RSVD	[31:7]	Reserved	0
InfraRed mode	[6]	是否使用红外模式: 0=正常模式; 1=红外模式	0
Parity mode	[5:3]	校验方式: 0XX=无奇偶校验; 100=奇校验; 101=偶校验; 110=校验位强制为 1; 111=校验位强制为 0	000
Number of stop bit	[2]	停止位数量: 0=1 个停止位; 1=2 个停止位	0

续表

ULCONn	位	描　　述	初始状态
Word length	[1:0]	数据位个数： 00＝5bit；01＝6bit； 10＝7bit；11＝8bit	00

2. UART 行控制寄存器 UCONn（n＝0～4）

UCONn 寄存器的位功能如表 9-3 所示。各通道地址分别为 0x13800004、0x13810004、0x13820004、0x13830004、0x13840004。

表 9-3　UCONn 寄存器的位功能

UCONn	位	描　　述	初　始　值
RSVD	[31:23]	Reserved	0
TX DMA burst size	[22:20]	000＝1 字节；001＝4 字节； 010＝8 字节；011＝16 字节； 其余保留	0
RSVD	[19]	Reserved	0
RX DMA burst size	[18:16]	000＝1 字节；001＝4 字节； 010＝8 字节；011＝16 字节； 其余保留	0
RX timeout interrupt interval	[15:12]	在 8×(N+1)时间内接收不到数据，则发生中断	0x3
RX timeout with empty RX FIFO	[11]	0＝禁止； 1＝使能	0
RX timeout DMA suspend enable	[10]	0＝禁止； 1＝使能	0
TX interrupt type	[9]	0＝TX 中断脉冲触发； 1＝TX 中断电平触发	0
RX interrupt type	[8]	0＝RX 中断脉冲触发； 1＝RX 中断电平触发	0
RX time out enable	[7]	0＝禁止； 1＝使能	0
RX error status interrupt enable	[6]	0＝禁止； 1＝使能	0
Loopback mode	[5]	0＝正常模式； 1＝发送直接传给接收方式(Loopback)	0
Reserved	[4]	0＝正常模式发送； 1＝发送间断信号	0

续表

UCONn	位	描 述	初 始 值
Transmit mode	[3:2]	发送模式选择： 00＝不允许发送； 01＝中断或查询模式； 10＝DMA 请求； 11＝保留	00
Receive mode	[1:0]	接收模式选择： 00＝不允许接收； 01＝中断或查询模式； 10＝DMA 请求； 11＝保留	00

3. UART FIFO 控制寄存器 UFCONn(n＝0～4)

UFCONn 寄存器用于设置是否使用 FIFO，设置各 FIFO 的触发阈值，即发送 FIFO 中有多少个数据时产生中断、接收 FIFO 中有多少个数据时产生中断。还可以通过设置 UFCONn 寄存器来复位各个 FIFO。UFCONn 寄存器各通道地址分别为 0x13800008、0x13810008、0x13820008、0x13830008、0x13840008。UFCONn 的位功能如表 9-4 所示。

不使用 FIFO 时，可以认为 FIFO 的深度为 1，使用 FIFO 时 Exynos4412 的 FIFO 深度最高可达到 256。

表 9-4 UFCONn 的位功能

UFCONn	位	描 述	初 始 值
Reserved	[31:11]	保留	0
TX FIFO trigger level	[10:8]	决定发送 FIFO 的触发位置： [Channel 0]： 000＝0 字节；001＝32 字节；010＝64 字节； 011＝96 字节；100＝128 字节；101＝160 字节； 110＝192 字节；111＝224 字节。 [Channel 1]： 000＝0 字节；001＝8 字节；010＝16 字节； 011＝24 字节；100＝32 字节；101＝40 字节； 110＝48 字节；111＝56 字节。 [Channel 2]： 000＝0 字节；001＝2 字节；010＝4 字节； 011＝6 字节；100＝8 字节；101＝10 字节； 110＝12 字节；111＝14 字节	000
Reserved	[7]	保留	0

续表

UFCONn	位	描 述	初 始 值
RX FIFO trigger level	[6:4]	决定接收 FIFO 的触发位置： [Channel 0]： 000＝32 字节；001＝64 字节；010＝96 字节； 011＝128 字节；100＝160 字节；101＝192 字节； 110＝224 字节；111＝256 字节。 [Channel 1]： 000＝8 字节；001＝16 字节；010＝24 字节； 011＝32 字节；100＝40 字节；101＝48 字节； 110＝56 字节；111＝64 字节。 [Channel 2]： 000＝2 字节；001＝4 字节；010＝6 字节； 011＝8 字节；100＝10 字节；101＝12 字节； 110＝14 字节；111＝16 字节	000
Reserved	[3]	保留	0
TX FIFO reset	[2]	决定 TX FIFO 复位后是否清零： 0＝不清零；1＝清零	0
RX FIFO reset	[1]	决定 RX FIFO 复位后是否清零： 0＝不清零；1＝清零	0
FIFO enable	[0]	使能 FIFO 功能： 0＝不使能；1＝使能	0

4. UART MODEM 控制寄存器 UMCONn（n＝0～4）

这类寄存器用于流量控制，这里不介绍。UMCONn 寄存器各通道地址分别为 0x1380000C、0x1381000C、0x1382000C、0x1383000C、0x1384000C。UMCONn 的位功能如表 9-5 所示。

表 9-5　UMCONn 的位功能

UMCONn	位	描 述	初 始 值
Reserved	[31:8]	保留	0
RTS trigger level	[7:5]	如果自动流控制位使能，则以下位将决定失效 nRTS 信号： [Channel 0]： 000＝255 字节；001＝224 字节；010＝192 字节； 011＝160 字节；100＝128 字节；101＝96 字节； 110＝64 字节；111＝32 字节。 [Channel 1]： 000＝63 字节；001＝56 字节；010＝48 字节； 011＝40 字节；100＝32 字节；101＝24 字节； 110＝16 字节；111＝8 字节。 [Channel 2]： 000＝15 字节；001＝14 字节；010＝12 字节； 011＝10 字节；100＝8 字节；101＝6 字节； 110＝4 字节；111＝2 字节	000

UMCONn	位	描 述	初 始 值
Auto flow control(AFC)	[4]	0＝不允许使用 AFC 模式； 1＝允许使用 AFC 模式	0
Modem interrupt enable	[3]	0＝禁止； 1＝使能	0
Reserved	[2:1]	保留,必须全为 0	00
Request to send	[0]	0＝不激活 nRTS； 1＝激活 nRTS	0

5. 发送寄存器 UTXHn 和接收寄存器 URXHn(n＝0~4)

两种寄存器的位功能分别如表 9-6 和表 9-7 所示。

这两种寄存器存放着发送数据和接收数据,将数据写入发送寄存器时,UART 就会把它保存到缓冲区中,并自动发送。当收到数据的时候,UART 会把数据保存到接收寄存器,直接读取就可以获得数据。一般模式下,UTXHn 各通道地址分别为 0x13800020、0x13810020、0x13820020、0x13830020、0x13840020。URXHn 各通道地址分别为 0x13800024、0x13810024、0x13820024、0x13830024、0x13840024。

此外,在关闭 FIFO 的情况下只有一个字节 8 位数据。需要注意的是,在发生溢出错误时,接收的数据必须被读出来,否则会引发下次溢出错误。

表 9-6　UTXHn 的位功能

UTXHn	位	描 述	初 始 值
Reserved	[31:8]	Reserved	—
UTXHn	[7:0]	串口发送寄存器	—

表 9-7　URXHn 的位功能

URXHn	位	描 述	初 始 值
Reserved	[31:8]	Reserved	—
UTXHn	[7:0]	串口接收寄存器	—

6. 波特率分频寄存器 UBRDIVn 和 UFRACVALn(n＝0~4)

UBRDIVn 寄存器和 UFRACVALn 寄存器用于串口波特率的设置。Exynos4412 引入了 UFRACVALn 寄存器,使得波特率的设置比早期处理器更加精确。其中,UBRDIVn 各通道地址分别为 0x13800028、0x13810028、0x13820028、0x13830028、0x13840028。

根据给定的波特率(baud)、所选择时钟源频率(UART clock),可以通过以下公式计算 UBRDIVn 寄存器(n 为 0~4,对应 5 个 UART 通道)的值。

$$\text{UBRDIVn}＝(\text{int})(\text{UART clock}/(\text{baud}\times16))-1$$

上式计算出来的 UBRDIVn 寄存器值不一定是整数,UBRDIVn 寄存器取其整数部分,小部分由 UFRACVALn 寄存器设置,UFRACVALn 寄存器的引入使产生波特率更加精确。

例如,当 UART clock 为 100 MHz 时,要求波特率为 115200 bit/s,则:

$$100000000/(115200 \times 16) - 1 = 54.25 - 1 = 53.25$$

$$UBRDIVn = 整数部分 = 53$$

$$UFRACVALn = 16 \times 小数部分 = 16 \times 0.25$$

$$UFRACVALn = 4$$

7. 串口状态寄存器 UTRSTATn(n=0~4)

UTRSTATn 寄存器用来表明数据是否已经发送完毕、是否已经接收到数据。下文中提及的缓冲区,其实就是图 9-6 中的 FIFO,不使用 FIFO 功能时可以认为其深度为 1。UTRSTATn 的位功能如表 9-8 所示。各通道地址分别为 0x13800010、0x13810010、0x13820010、0x13830010、0x13840010。

表 9-8   UTRSTATn 的位功能

UTRSTATn	位	描　述	初　始　值
Reserved	[31:24]	保留	0
RX FIFO count in RX time out state	[23:16]	接收超时发生时,RX FIFO 的数据个数	0
TX DMA FSM state	[15:12]	DMA 发送状态机状态	0
RX DMA FSM state	[11:8]	DMA 接收状态机状态	0
Reserved	[7:4]	保留	0
RX time out status/Clear	[3]	读操作时表示接收超时状态寄存器: 0=没有发送接收超时;1=发送接收超时。 写操作时表示写 1 清除状态位	0
Transmitter empty	[2]	发送缓冲和发送移位寄存器是否都为空: 0=否; 1=是	1
Transmit buffer empty	[1]	关闭 FIFO 的情况下,发送缓冲是否为空: 0=不为空; 1=空	1
Receive buffer data ready	[0]	关闭 FIFO 的情况下,接收缓冲是否为空: 0=空; 1=不为空	0

9.4 Exynos4412 UART 编程实例

程序功能:从 UART0 接收数据,再分别从 UART0 和 UART1 发送出去。其功能可以把键盘敲击的字符通过个人计算机的串口发送给 ARM 系统上的 UART0,ARM 系统上的 UART0 接收到字符后,再通过 UART0 和 UART1 送给个人计算机,这样就完成了串口间的收发数据。要实现以上数据的收发功能,需要编写的核心代码如下。

1. 定义 UART 相关的寄存器

下面以 UART0 为例，需要定义的寄存器如下：

```
#define rULCON0(*(volatile unsigned*)0x13800000)            //UART0 行控制寄存器
#define rUCON0(*(volatile unsigned*)0x13800004)             //UART0 控制寄存器
#define rUFCON0(*(volatile unsigned*)0x13800008)            //UART0 FIFO 控制寄存器
#define rUMCON0(*(volatile unsigned*)0x1380000c)            //UART0 Modem 控制寄存器
#define rUTRSTAT0(*(volatile unsigned*)0x13800010)          //UART0 TX/RX 状态寄存器
#define rUERSTAT0(*(volatile unsigned*)0x13800014)          //UART0 RX 错误状态寄存器
#define rUFSTAT0(*(volatile unsigned*)0x13800018)           //UART0 FIFO 状态寄存器
#define rUMSTAT0(*(volatile unsigned*)0x1380001c)           //UART0 Modem 状态寄存器
#define rUBRDIV0(*(volatile unsigned*)0x13800028)           //UART0 波特率系数寄存器
#ifdef __BIG_ENDIAN                                         //大端模式
#define rUTXH0(*(volatile unsigned char*)0x13800023)        //UART0 发送缓冲寄存器
#define rURXH0(*(volatile unsigned char*)0x13800027)        //UART0 接收缓冲寄存器
#define WrUTXH0(ch)(*(volatile unsigned char*)0x13800023)=(unsigned char)(ch)
#define RdURXH0()(*(volatile unsigned char*)0x13800027)
#define UTXH0(0x13800020+3)                                 //DMA 使用的字节访问地址,可不配
#define URXH0(0x13800024+3)
#else                                                       //小端模式
#define rUTXH0(*(volatile unsigned char*)0x13800020)        //UART0 发送缓冲寄存器
#define rURXH0(*(volatile unsigned char*)0x13800024)        //UART0 接收缓冲寄存器
#define WrUTXH0(ch)(*(volatile unsigned char*)0x13800020)=(unsigned char)(ch)
#define RdURXH0()(*(volatile unsigned char*)0x13800024)
#define UTXH0(0x13800020)                                   //DMA 使用的字节访问地址,可不配
#define URXH0(0x13800024)
#endif
```

2. 初始化

定义参数 pclk 为时钟源的时钟频率，baud 为数据传输的波特率，函数 Uart_Init() 的初始化实现如下：

```
void Uart_Init(int pclk,int baud)
    {
    if (pclk==0)
    pclk= PCLK;
    rUFCON0=0x0;            //UART0 FIFO 控制寄存器,FIFO 禁止
    rUFCON1=0x0;            //UART1 FIFO 控制寄存器,FIFO 禁止
    rUFCON2=0x0;            //UART2 FIFO 控制寄存器,FIFO 禁止
    rUMCON0=0x0;            //UART0 MODEM 控制寄存器,AFC 禁止
    rUMCONI=0x0;            //UART1 MODEM 控制寄存器,AFC 禁止
    //UART0
    rULCON0= 0x3 ;          //行控制寄存器, 正常模式下,无奇偶校验位,1个停止位,8个数据位
    rUCON0= 0x245 ;         //控制寄存器
    rUBRDIV0= ((int)(pclk/16/baud+0.5)-1) ;        //波特率因子寄存器
```

```
    //UART1
    rULCON1=0x3;
    rUCON1=0x245;
    rUBRDIV1=((int)(pclk/16/baud)-1);
    //UART2没有使用可不配置
    rULCON2=0x3;
    rUCON2=0x245;
    rUBRDIV2=((int)(pclk/16/baud)-1);
    for(i=0; i<100; i++);
    }
```

3. 发送数据

定义 whichUart 为全局变量,指示当前选择的 UART 通道。使用串口发送一个字节的
代码如下:

```
void Uart_SendByte(char data)
{
    if(whichUart==0)
    {
      if(data=='\n')
      {
        while(!(rUTRSTAT0&0x2));
        Delay(10);                //延时,与终端速度有关
        WrUTXH0('\r');
      }
      while(!(rUTRSTAT0&0x2));     //等待,直到发送状态就绪
      Delay(10);
      WrUTXH0(data);
    }
    else if(whichUart==1)
    {
      if(data=='\n')
      {
        while(!(rUTRSTAT1&0x2));
        Delay(10);                //延时,与终端速度有关
        rUTXH1='\r';
      }
      while(!(rUTRSTAT1&0x2));     //等待,直到发送状态就绪
      Delay(10);
      rUTXH1=data;
    }
    else if(whichUart==2)
    {
      if (data=='\n')
```

```
        {
        while(!(rUTRSTAT2&0x2));
        Delay(10);                    //延时,与终端速度有关
        rUTXH2='\r';
        }
        while(!(rUTRSTAT2&0x2));     //等待,直到发送状态就绪
        Delay(10);
        rUTXH2=data;
    }
}
```

4. 接收数据

如果没有接收到字符则返回 0。使用串口接收一个字符的代码如下:

```
char Uart_GetKey(void)
{
        if(whichUart==0)
        {
          if(rUTRSTAT0&0x1)            //UART0 接收到数据
              return RdURXH0();
          else
            return 0;
        }
        else if(whichUart==1)
        {
          if(rUTRSTAT1&0x1)            //UART1 接收到数据
              return RdURXH1();
          else
            return 0;
        }
    else if(whichUart==2)
    {
        if(rUTRSTAT2&0x1)              //UART2 接收到数据
          return RdURXH2();
        else
          return 0;
    }
    else
        return 0;
}
```

5. 主函数

实现的功能是从 UART0 处接收字符,然后将接收到的字符分别经由 UART0 和 UART1 送出去,其中 Uart_Select(n)用于选择使用的传输通道(UARTn)。代码如下:

```
#include<string.h>
#include"..\INC\config.h"
void Main(void)
{
       char data;
       Target_Init();
       while(1)
       {
       data=Uart GetKey();                      //接收字符
       if(data!=0x0)
         {
              Uart_Select(0);.                   //从 UART0 发送出去
              Uart_Printf("key=%c\n",data);
              Uart_Select (1);                   //从 UART1 发送出去
              Uart_Printf("key=%c \n",data);
              Uart_Select(0);                    //从 UART0 接收
         }
       }
}
```

 思考与练习

1. 简述串行通信与并行通信的概念。

2. 简述同步通信与异步通信的概念及二者之间的区别。

3. 简述 RS-232C 串口通信接口标准。

4. 请编写完整汇编程序实现对 UART0 的初始化工作,具体要求如下:

(1)FIFO 禁止、AFC 禁止;

(2)正常模式,偶校验,有 2 个停止位、8 个数据位;

(3)波特率大小为 4800 bit/s,假设 PCLK=40 MHz;

(4)分频初值要给出计算过程。

第10章

PWM
定时器

定时器的作用主要包括产生各种时间间隔、记录外部事件的数量等,是计算机中最常用、最基本的部件之一。

本章主要内容:

1. PWM 定时器;

2. 看门狗定时器。

10.1 Exynos4412 PWM 定时器

10.1.1 PWM 定时器概述

Exynos4412 有 5 个 32 位定时器,这些定时器可发送中断信号给 ARM 子系统。另外,定时器 0、1、2 和 3 具有脉宽调制(PWM)功能,可驱动其拓展的 I/O 端口。PWM 对定时器 0 有可选的 dead-zone 功能,以支持大电流设备。要注意的是,定时器 4 是内置不接外部引脚的,一般用于定时器功能。

定时器 0 和 1 共用一个 8 位预分频器,定时器 2、3 和 4 共用另一个 8 位预分频器。每个定时器都有一个时钟分频器,时钟分频器有 5 种分频输出(1/2、1/4、1/8、1/16 和外部时钟 TCLK)。另外,定时器可选择时钟源,定时器 0、1、2、3、4 都可以选择外部的时钟源,如 PWM_TCLK。

当时钟被使能后,定时器计数缓冲寄存器(TCNTBn)把计数器初始值下载到递减计数器中。定时器比较缓冲寄存器(TCMPBn)把其初始值下载到比较寄存器中,并将该值与递减计数器值进行比较。当递减计数器值和比较寄存器值相同时,输出电平翻转。递减计数器减至 0 后,输出电平再次翻转,完成一个输出周期。这种基于 TCNTBn 和 TCMPBn 的双缓冲特性使定时器在频率和占空比变化时能产生稳定的输出。

每个定时器有它自己的由定时器时钟驱动的 16 位递减计数器。当递减计数器值为 0 时,产生定时器中断请求通知 CPU 定时器操作已经完成。当定时器计数器值为 0 时,如果设置了自动重装载功能,相应的 TCNTBn 值将自动被加载到递减计数器以继续下一次操作。然而,如果定时器停止了,例如在定时器运行模式期间清除 TCONn 的定时器使能位,TCNTBn 值将不会被重新加载到递减计数器中。

TCMPBn 值是用于脉宽调制(PWM)的。当递减计数器值与定时器控制逻辑中的比较寄存器值相匹配时,定时器控制逻辑改变输出电平。因此,比较寄存器决定 PWM 输出的开启时间(或关闭时间)。

10.1.2 PWM 定时器特点

PWM 定时器的结构框图如图 10-1 所示。PWM 定时器具有以下几个特性:
(1)5 个 16 位定时器;
(2)2 个 8 位预分频器和 2 个 4 位分频器;
(3)可编程选择 PWM 独立通道;
(4)4 个独立的可编程的控制及支持校验的 PWM 通道;
静态配置时,PWM 停止;
动态配置时,PWM 启动。
(5)支持自动重装载模式及触发脉冲模式;
(6)1 个外部启动引脚;
(7)2 个 PWM 输出可带死区功能(Dead zone)发生器;
(8)可作为中断发生器。

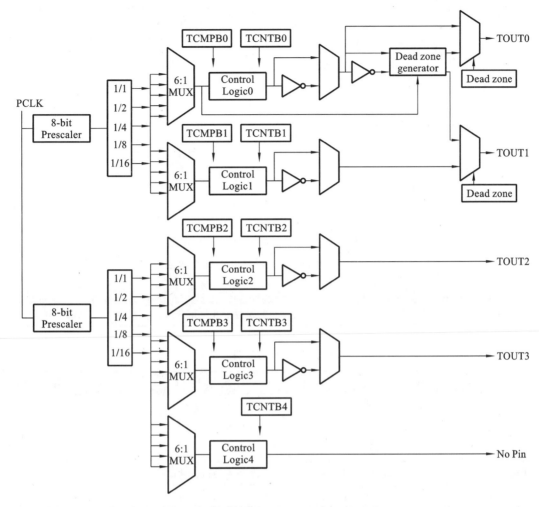

图 10-1 Exynos4412 PWM 定时器方框图

图中的死区功能(Dead zone)用于电源设备的 PWM 控制。这个功能允许在一个设备关闭和另一个设备开启之间插入一个时间间隔。这个时间间隔可以防止两个设备同时被启动。TOUT0 是定时器 0 的 PWM 输出,nTOUT0 是 TOUT0 的反转信号。如果死区功能被使能,TOUT0 和 nTOUT0 的输出波形就变成了 TOUT0_DZ 和 nTOUT0_DZ(见图10-2)。

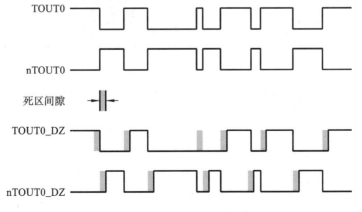

图 10-2 使能死区功能时的波形

此外,nTOUT0_DZ 在 TOUT1 脚上产生。在死区间隔内,TOUT0_DZ 和 nTOUT0_DZ 就不会同时翻转了。注意:在使能 Dead Zone 时,TOUT1 就是图 10-2 中 nTOUT0 的 PWM 定时器操作。

◆ **10.1.3 PWM 定时器的寄存器**

1. 定时器配置寄存器 0(TCFG0)

该寄存器主要用于配置 PWM 定时器时钟的第一级分频值。其中,定时器输入时钟频率＝PCLK/{预分频值＋1}/{分频值}

{预分频值}＝0～255

{分频值}＝2,4,8,16

定时器配置寄存器 0 的描述和配置详细说明如表 10-1 和表 10-2 所示。

表 10-1 定时器配置寄存器 0(TCFG0)描述

寄 存 器	地 址	类 型	描 述	复 位 值
TCFG0	0x139D0000	R/W	配置两个 8 位预分频器	0x00000000

表 10-2 TCFG0 寄存器的含义

TCFG0	位	描 述	初 始 状 态
保留	[31:24]	保留	0x00
死区长度	[23:16]	该 8 位决定了死区段。死区段持续为 1 的时间等于定时器 0 持续为 1 的时间	0x00
Prescaler 1	[15:8]	该 8 位决定了定时器 2、3 和 4 的预分频值	0x01
Prescaler 0	[7:0]	该 8 位决定了定时器 0 和 1 的预分频值	0x01

2. 定时器配置寄存器 1(TCFG1)

该寄存器主要用于配置 PWM 定时器时钟的第二级分频值,定时器配置寄存器 1 的描述和配置详细说明如表 10-3 和表 10-4 所示。

表 10-3 定时器配置寄存器 1(TCFG1)描述

寄 存 器	地 址	类 型	描 述	复 位 值
TCFG1	0x139D0004	R/W	5 路多路选择器和 DMA 模式选择寄存器	0x00000000

表 10-4 TCFG1 寄存器的含义

TCFG1	位	描 述	初 始 状 态
保留	[31:24]	保留	00000000
DMA 模式	[23:20]	选择 DMA 请求通道。0000＝未选择(所有中断);0001＝定时器 0;0010＝定时器 1;0011＝定时器 2;0100＝定时器 3;0101＝定时器 4;0110＝保留	0000

续表

TCFG1	位	描　述	初 始 状 态
MUX 4	[19:16]	选择 PWM 定时器 4 的 MUX 输入。 0000＝1/1;0001＝1/2;0010＝1/4;0011＝1/8;0100＝1/16	0000
MUX 3	[15:12]	选择 PWM 定时器 3 的 MUX 输入。 0000＝1/1;0001＝1/2;0010＝1/4;0011＝1/8;0100＝1/16	0000
MUX 2	[11:8]	选择 PWM 定时器 2 的 MUX 输入。 0000＝1/1;0001＝1/2;0010＝1/4;0011＝1/8;0100＝1/16	0000
MUX 1	[7:4]	选择 PWM 定时器 1 的 MUX 输入。 0000＝1/1;0001＝1/2;0010＝1/4;0011＝1/8;0100＝1/16	0000
MUX 0	[3:0]	选择 PWM 定时器 0 的 MUX 输入。 0000＝1/1;0001＝1/2;0010＝1/4;0011＝1/8;0100＝1/16	0000

3. 定时器控制寄存器(TCON)

定时器控制寄存器主要用于自动重载、定时器自动更新、定时器启停、输出翻转控制等。定时器控制寄存器的详细说明如表 10-5 和表 10-6 所示。

表 10-5　定时器控制寄存器(TCON)描述

寄 存 器	地 址	类 型	描　述	复 位 值
TCON	0x139D0008	R/W	定时器控制寄存器	0x00000000

表 10-6　TCON 寄存器(0x51000008)的含义

TCON	位	描　述	初 始 状 态
定时器 4 自动重载开/关	[22]	决定定时器 4 的自动重载开启或关闭。 0＝单稳态;1＝间隙模式(自动重载)	0
定时器 4 手动更新(注释)	[21]	决定定时器 4 的手动更新。 0＝无操作;1＝更新 TCNTB4	0
定时器 4 启动/停止	[20]	决定定时器 4 的启动或停止。 0＝停止;1＝启动	0
定时器 3 自动重载开/关	[19]	决定定时器 3 的自动重载开启或关闭。 0＝单稳态;1＝间隙模式(自动重载)	0
定时器 3 输出反相器开/关	[18]	决定定时器 3 的输出反相器开启或关闭。 0＝关闭反相器;1＝TOUT3 反相器开	0
定时器 3 手动更新(注释)	[17]	决定定时器 3 的手动更新。 0＝无操作;1＝更新 TCNTB3 和 TCMPB3	0

续表

TCON	位	描　　述	初始状态
定时器 3 启动/停止	[16]	决定定时器 3 的启动或停止。 0＝停止；1＝启动	0
定时器 2 自动重载开/关	[15]	决定定时器 2 的自动重载开启或关闭。 0＝单稳态；1＝间隙模式（自动重载）	0
定时器 2 输出反相器开/关	[14]	决定定时器 2 的输出反相器开启或关闭。 0＝关闭反相器；1＝TOUT2 反相器开	0
定时器 2 手动更新（注释）	[13]	决定定时器 2 的手动更新。 0＝无操作；1＝更新 TCNTB2 和 TCMPB2	0
定时器 2 启动/停止	[12]	决定定时器 2 的启动或停止。 0＝停止；1＝启动	0
定时器 1 自动重载开/关	[11]	决定定时器 1 的自动重载开启或关闭。 0＝单稳态；1＝间隙模式（自动重载）	0
定时器 1 输出反相器开/关	[10]	决定定时器 1 的输出反相器开启或关闭。 0＝关闭反相器；1＝TOUT1 反相器开	0
定时器 1 手动更新（注释）	[9]	决定定时器 1 的手动更新。 0＝无操作；1＝更新 TCNTB1 和 TCMPB1	0
定时器 1 启动/停止	[8]	决定定时器 1 的启动或停止。 0＝停止；1＝启动	0
保留	[7:5]	保留	0
死区使能	[4]	决定死区功能使能。 0＝禁止；1＝使能	0
定时器 0 自动重载开/关	[3]	决定定时器 0 的自动重载开启或关闭。 0＝单稳态；1＝间隙模式（自动重载）	0
定时器 0 输出反相器开/关	[2]	决定定时器 0 输出反相器的开启或关闭。 0＝关闭反相器；1＝TOUT0 反相器开	0
定时器 0 手动更新（注释）	[1]	决定定时器 0 的手动更新。 0＝无操作；1＝更新 TCNTB0 和 TCMPB0	0
定时器 0 启动/停止	[0]	决定定时器 0 的启动或停止。 0＝停止；1＝启动	0

注：此位必须在下次写操作时清零。

4. 定时器 n 计数缓冲寄存器（TCNTBn）（n＝0～4）

该寄存器用于 PWM 定时器的时间计数。定时器 n 计数缓冲寄存器的详细说明如表 10-7 所示，TCNTB0 的地址为 0x139D000C。

表 10-7 TCNTBn 寄存器的详细说明

TCNTBn	位	描　述	初 始 状 态
Timer n 计数器寄存器	[31:0]	定时器 n(0~4)计数缓冲寄存器	0x00000000

5. 定时器 n 比较缓冲寄存器(TCMPBn)(n=0~4)

该寄存器用于 PWM 波形占空比的设置。定时器 n 比较缓冲寄存器的详细说明如表 10-8 所示,TCMPB0 的地址为 0x139D0010。

表 10-8 TCMPBn 寄存器的详细说明

TCMPBn	位	描　述	初 始 状 态
Timer n 比较缓冲寄存器	[31:0]	定时器 n(0~4)比较缓冲寄存器	0x00000000

此外,Exynos4412 的 PWM 定时器具有双缓冲功能,能在不停止当前定时器运行的情况下,重载定时器下次运行的参数。尽管新的定时器值被设置好了,但是当前操作仍能成功完成。

定时器值可以被写入定时器 n 计数缓冲寄存器(TCNTBn),当前的计数器值可以从定时器计数观察寄存器(TCNTOn)读出。读出的 TCNTBn 值并不是当前的计数值,而是下次将重载的计数值。

TCNTn 的值等于 0 时,自动重载操作把 TCNTBn 值装入 TCNTn,只有当自动重载功能被使能并且 TCNTn 值等于 0 时才会自动重载。如果 TCNTn 等于 0,自动重载控制位为 0,则定时器停止运行。

使用手动更新位(manual update)和反转位(inverter)完成定时器的初始化。当递减计数器的值达到 0 时会发生定时器自动重载操作,所以 TCNTn 的初始值必须由用户提前定义好,在这种情况下就需要手动更新位重载初始值。启动定时器的步骤如下。

(1)向 TCNTBn 和 TCMPBn 写入初始值。

(2)置位相应定时器的手动更新位,不管是否使用反相功能,推荐设置反转位。

(3)置位相应定时器的启动位启动定时器,清除手动更新位。

如果定时器被强制停止,TCNTn 保持原来的值而不是 TCNTBn 的重载值。如果要设置一个新的值,必须执行手动更新操作。

◆ 10.1.4　Exynos4412 PWM 输出实例

PWM 输出实例通过控制 PWM 定时器输出 PWM 信号,驱动蜂鸣器发声。该开发板的蜂鸣器是无源蜂鸣器,所以我们不能用该端口输出高低电平来控制蜂鸣器的播放,必须使用 PWM 定时器来控制。蜂鸣器的连接图如图 10-3 所示,蜂鸣器 BZ1 受三极管控制,三极管的控制端连接在 GPD0_0 引脚上。

程序实现如下:

```
#include "exynos_412.h"
/* PWM0 初始化函数 */
void init_pwm0(void)
{
  PWM.TCFG0=PWM.TCFG0 &(~ (0xff<<0)) | 249 ;        //设置 PWM0 时钟一级分频为 250
```

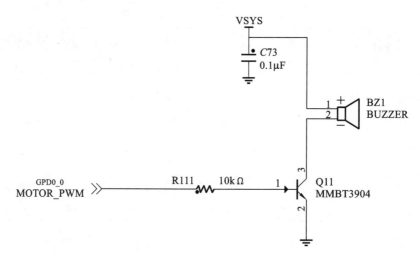

图 10-3　PWM BEEP 电路图

```
PWM.TCFG1= PWM.TCFG1&(~ (0xf<<0)) | 4;        //设置 PWM0 时钟二级分频为 16
   // TCNT_CLK= PCLK(100M) /(249+1) /(16)=25kHz
PWM.TCNTB0=100;                               //设置 PWM0 周期
PWM.TCMPB0=50;                                //设置占空比为 50%
PWM.TCON= PWM.TCON | (0x1<<1) ;               //PWM0 手动更新 TCNTB0 和 TCMPB0
PWM.TCON= PWM.TCON &(~ (0xf<<0)) | (0x9<<0) ; //启动自动重装载、禁止手动更新、启动 PWM0
}
   /*主函数*/
int main(void)
{
GPD0.CON=GPD0.CON &(~ (0xf<<0))| (0x2<<0); //设置 GPD0_0 功能为 PWM0 输出
GPD0.PUD=0x0;                               //GPD0 组禁止上拉和下拉
Init_pwm0 ( );
while (1);
return 0;
}
```

10.2 Exynos4412 看门狗定时器

　　由于芯片的工作常常受到外界电磁场的干扰,造成程序的跑飞,而陷入死循环,程序的正常运行被打断,由芯片控制的系统无法继续工作,整个系统陷入停滞状态,发生不可预料的后果。出于对芯片的运行状态进行实时监测的考虑,便产生了一种专门监测芯片程序运行状态的芯片,称为看门狗(watch dog timer)。

◆ 10.2.1 Exynos4412 看门狗定时器概述

　　看门狗定时器和 PWM 的定时功能目的不一样。它的特点是,需要不停地接收信号(一些外置看门狗芯片)或重新设置计数器(如 Exynos4412 的看门狗控制器),保持计数值不为 0。一旦一段时间接收不到信号,或计数值为 0,看门狗将发出复位信号复位系统或产生中断。

看门狗的作用是当微处理器受到干扰进入错误状态后,使系统在一定时间间隔内复位。因此看门狗是保证系统长期、可靠和稳定运行的有效措施。目前大部分嵌入式芯片内部都集成了看门狗定时器来提高系统运行的可靠性。

Exynos4412 处理器的看门狗是当系统被故障干扰时(如系统错误或者发生噪声干扰),用于处理器的复位操作,也可以作为一个通用的 16 位定时器来请求中断操作。看门狗定时器功能框图如图 10-4 所示,主要特性有如下两个。

(1)可作为通用中断方式的 16 位定时器。

(2)当计数器值减到 0(发生溢出)时,产生 128 个 PCLK 周期的复位信号。

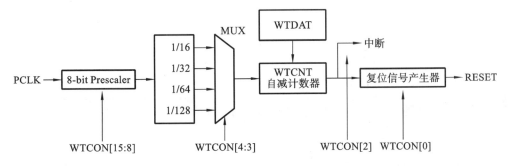

图 10-4　看门狗定时器功能框图

看门狗模块包括一个预比例因子放大器、一个 8 位预分频器、一个四选一的分频器、一个 16 位倒数计数器。看门狗的时钟信号源来自 PCLK,为了得到宽范围的看门狗信号,PCLK 先被预分频,再经过分频器分频。预分频比例因子和分频器的分频值,都可以由看门狗定时器控制寄存器(WTCON)决定,预分频比例因子的范围是 0~255,分频器的分频比可以是 16、32、64 或 128。看门狗定时器时钟周期的计算式如下:

$$Watchdog\_t = 1/(PCLK/(Prescaler\ value + 1)/Division\_factor)$$

式中,Prescaler value 为预分频比例放大器的值,Division_factor 是四分频的分频比,可以是 16、32、64 或 128。

一旦看门狗定时器被允许,看门狗定时器数据寄存器(WTDAT)的值就不能被自动地装载到看门狗定时器(WTCNT)中。因此,看门狗启动前要将一个初始值写入看门狗计数器(WTCNT)中。当 Exynos4412 用嵌入式 ICE 调试时,看门狗定时器的复位功能就不被启动,看门狗定时器能根据 CPU 内核信号判断出当前 CPU 是否处于调试状态。如果看门狗定时器确定当前模式是调试模式,尽管看门狗产生溢出信号,但仍然不会产生复位信号。

◆　10.2.2　看门狗定时器寄存器

1. 看门狗控制寄存器(WTCON)

WTCON 寄存器的内容包括用户是否启动看门狗定时器、4 个分频比的选择、是否允许中断产生、是否允许复位操作等,该寄存器的地址为 0x10060000。

如果用户想把看门狗定时器当作一般定时器使用,应该中断使能,禁止看门狗定时器复位。WTCON 描述如表 10-9 所示。

表 10-9 WTCON 描述

WTCON	位	描 述	复 位 值
保留	[31:16]	保留	0
预分频值	[15:8]	有效数值范围为 0～255	0x80
保留	[7:6]	保留	00
看门狗定时器	[5]	看门狗时钟使能位。 0＝禁止； 1＝使能	1
时钟选择	[4:3]	时钟分频值： 00＝16； 01＝32； 10＝64； 11＝128	00
中断产生器	[2]	使能/屏蔽中断功能。 0＝禁止； 1＝使能	0
保留	[1]	保留	0
复位使能/屏蔽	[0]	1＝禁止看门狗产生复位信号； 0＝允许上述功能	1

2. 看门狗数据寄存器（WTDAT）

WTDAT 用于指定超时时间，在看门狗把复位功能禁止并打开中断使能后，此时看门狗定时器就是一个普通的定时器，使用方法和普通定时器一样。当使用复位功能后，由于当 WTCNT 值减到 0 时，系统就会复位，因此 WTDAT 值不能装载到看门狗计数寄存器（WTCNT）中。WTDAT 复位后初始值为 0x8000，这种情况下，WTDAT 值可以自动装载该寄存器的值到 WTCNT 中。WTDAT 描述如表 10-10 所示，该寄存器的地址为 0x10060004。

表 10-10 WTDAT 描述

WTDAT	位	描 述	复 位 值
保留	[31:16]	保留	0
计数重载值	[15:0]	看门狗重载数据寄存器	0x8000

3. 看门狗计数寄存器（WTCNT）

WTCNT 寄存器存放着倒数计数器的当前计数值。看门狗定时器在工作模式下，每经过一个时钟周期，该寄存器的数值自动减 1。在初始化看门狗操作后，看门狗数据寄存器（WTDAT）的值不能被自动装载到该寄存器中，所以看门狗被允许之前应该初始化该寄存器的值。WTCNT 描述如表 10-11 所示，该寄存器的地址为 0x10060008。

表 10-11　WTCNT 描述

WTCNT	位	描　　　述	复　位　值
保留	[31:16]	保留	0
计数值	[15:0]	看门狗当前计数寄存器	0x8000

◆ 10.2.3　Exynos4412 看门狗定时器实例

1. 看门狗软件程序设计流程

因为看门狗是对系统的复位或中断的操作,所以不需要外围的硬件电路。要实现看门狗的功能,只需要对看门狗的寄存器组进行操作,即对看门狗的控制寄存器(WTCON)、数据寄存器(WTDAT)、计数寄存器(WTCNT)进行操作。

实现看门狗功能的一般流程如下:

(1)设置看门狗中断操作,包括全局中断和看门狗中断使能及看门狗中断向量的定义,如果只是进行复位操作,这一步可以不用设置。

(2)对看门狗控制寄存器(WTCON)的设置,包括设置预分频比例因子、分频器的分频值、中断使能和复位使能等。

(3)设置看门狗数据寄存器(WTDAT)和看门狗计数寄存器(WTCNT)。

(4)启动看门狗定时器。

2. Exynos4412 看门狗实例

例 10-1　　模拟看门狗超时溢出复位和定时喂狗正常运行两种情况,验证开发板的运行状态。

分析两种情况的主要区别:不定时喂狗时,看门狗定时器超时溢出;定时喂狗时,看门狗定时器正常运行。

根据以上流程,示例代码如下:

```
#include "exynos_4412.h"
/*看门狗初始化函数 */
voidwdt_init(void )
{
    WDT.WTCON=WDT.WTCON &(~ (0xff<<8)) | (249<<8);
                                //设置 WDT 时钟一级分频为 249+1
    WDT.WTCON=WDT.WTCON &(~ (0x3<<3)) | (3<<38);
                                //设置 WDT 时钟二级分频为 128
                                //100MHz/250/128=3.125kHz
    WDT.WTDAT=30000;
    WDT.WTCNT=30000;            //看门狗溢出前时长为 9.425 s
    WDT.WTCON=WDT.WTCON |0x1<<0;    //设置看门狗复位功能有效
    WDT.WTCON=WDT.WTCON |0x1<<5;    //启动看门狗定时器
}
/*主函数 */
int  main(void)
{
```

```
//LED2 初始化,LED2 闪烁作为程序正常运行的标志
GPX2PUD=GPX2PUD &(~(0x3<<14));              //设置 GPX2_7 引脚禁止上下拉
GPX2CON=GPX2CON &(~(0xf<<28))|(0x1<<28);    //设置 GPX2_7 功能为输出
wdt_init();
while(1)
{
    GPX2DAT=GPX2DAT | (0x1<<7);             //设置 GPX2_7 引脚输出高电平(LED2 亮)
    delay_ms(1000);                        //延时
    GPX2DAT=GPX2DAT &(~(0x1<<7));          //设置 GPX2_7 引脚输出低电平(LED2 灭)
    delay_ms(1000);                        //延时
    WDT.WTDAT=30000;                       //看门狗定时器喂狗操作
}
return 0;
}
```

如果 while(1)语句中的喂狗指令 WDT.WTDAT=30000 被注释,当程序开始,LED2
点亮并闪烁 9.425 s 后,WDT 产生复位信号使 CPU 复位,LED2 随之熄灭。反之,在喂狗指
令没有注释的情况下,WDT 不会产生复位信号,LED2 将循环闪烁。

例 10-2 UP-CUP4412 型实验平台上共有 5 个 LED 显示灯,连接图如图 10-5 所
示。其中有三个 LED 是可控制的,分别接在 Exynos4412 处理器的 GPM1_4、EINT11
(GPX1_3)、EINT18(GPX2_2)引脚上。3 个 LED 指示灯共阳极 3.3 V 电压,阴极分别经过
不同的三极管接地,因此相应 GPIO 高电平点亮,低电平熄灭。

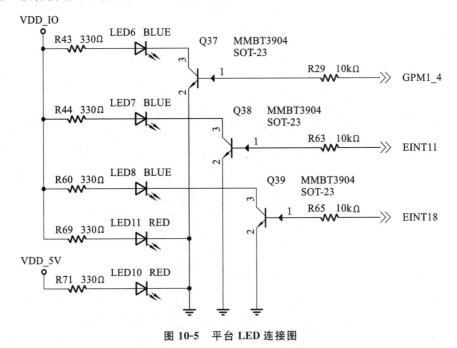

图 10-5　平台 LED 连接图

start.s 关键代码如下:

```
_start:
/*设置开机键按下后的运行程序*/
    ldr r0,=0x1002330c
```

```
    ldr r1, [r0]
    orr r1, r1, #0x300
    str r1,[r0]
/*关闭看门狗*/
    ldr r0,=0x10060000
    mov r1,  #0
    str r1, [r0]
/*设置 GPM1CON 的 bit[16:19],配置 GPM1CON[4]引脚为输出功能*/
    ldr r1,=0x11000280
    ldr r0,=0x00010000
    str r0, [r1]
led_blink:
/*设置 GPXM1DAT 的 bit[0:6],使 GPXM1DAT[4]引脚输出高电平,LED 亮*/
    ldr r1,=0x11000284
    mov r0, #0x10
    str r0, [r1]
    bl delay            // 延时
/*设置 GPXM1DAT 的 bit[0:6],使 GPXM1DAT[4]引脚输出低电平,LED 灭*/
    ldr r1,=0x11000284
    mov r0, #0x00
    str r0, [r1]
    bl delay         // 延时
    b led_blink
halt:
    b halt
delay:
    mov r2, #0x10000000
delay_loop:
    sub r2, r2, #1
    cmp r2, #0x0
    bne delay_loop
    mov pc, lr
```

上电后,持续按下平台开机按键 K1 1～2 s,可以看到 1 个 LED 闪烁,说明手动关闭看门狗成功。

思考与练习

1. PWM 输出的波形特点是什么?
2. 在控制系统中为何要加入看门狗功能?
3. 编程实现输出占空比为 2∶1,波形周期为 9 ms 的 PWM 波形。

第11章

A/D
转换器

A/D 转换又称模/数转换（ADC），顾名思义，就是把模拟信号数字化。实现该功能的电子器件称为 A/D 转换器，A/D 转换器可将输入的模拟电压转换为与其成比例输出的数字信号。本章介绍了 A/D 转换方法及其原理，以及 Exynos4412 A/D 转换器的寄存器及其应用，如何编程实现 A/D 转换的过程。

本章主要内容：

1. A/D 转换方法及原理；

2. Exynos4412 A/D 转换器；

3. A/D 编程应用实例。

A/D 转换器完成电模拟信号到数字信号的转换。A/D 转换接口电路是应用系统输入通道的一个重要环节,可完成一个或多个模拟信号到数字信号的转换。模拟信号到数字信号的转换一般不是最终的目的,转换得到的数字量通常要经过微控制器的进一步处理。

A/D 转换一般分为采样、保持、量化和编码四个步骤。如图 11-1 所示,模拟电子开关在采样脉冲 CLK 的控制下重复接通、断开。开关 S 接通时,$u_1(t)$ 对电容 C 充电,为采样过程;开关 S 断开时,电容 C 上的电压保持不变,为保持过程。在保持过程中,采样得到的模拟电压经数字化编码电路转换成一组 n 位的二进制数输出,即得到已经转换后的数字信号。

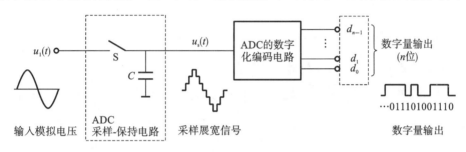

图 11-1 A/D 转换过程

实现 A/D 转换的方法有很多,常用的有计数法、双积分法、逐次逼近法、并行/串行比较法、压频变换法等。

◆ **11.1.1 计数式 A/D 转换器原理**

计数式 A/D 转换器结构如图 11-2 所示,V_i 是待转换的模拟输入电压,V_o 是 D/A 转换器的输出电压,C 是控制计数端,当 C=1(高电平)时,计数器开始计数;C=0(低电平)时,计数器停止计数。D7~D0 是数字量输出,数字输出量同时驱动一个 D/A 转换器。

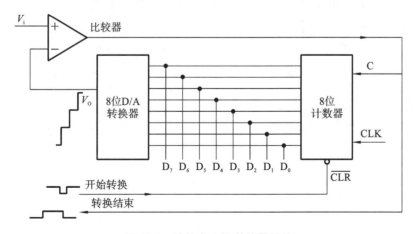

图 11-2 计数式 A/D 转换器结构

计数式 A/D 转换器的转换过程如下:

(1)首先 $\overline{\text{CLR}}$(开始转换信号)有效(由高电平变成低电平),使计数器复位,计数器输出数字信号为 00000000，这个 00000000 的输出送至 8 位 D/A 转换器，8 位 D/A 转换器也输出 0V 模拟信号。

（2）当 $\overline{\text{CLR}}$ 恢复为高电平时，计数器准备计数。此时，比较器输入端上待转换的模拟输入电压 V_i 大于 V_O(0V)，比较器输出高电平，使计数控制信号 C 为 1。这样，计数器开始计数。

（3）从此计数器的输出不断增加，D/A 转换器输入端得到的数字量也不断增加，致使输出电压 V_O 不断上升。当 $V_O < V_i$ 时，比较器的输出总是保持高电平，计数器不断地计数。

（4）当 V_O 上升到某值时，出现 $V_O > V_i$ 的情况，此时，比较器的输出为低电平，使计数控制信号 C 为 0，计数器停止计数。这时候数字输出量 D7～D0 就是与模拟电压等效的数字量。计数控制信号由高变低的负跳变也是 A/D 转换的结束信号，表示已完成一次 A/D 转换。

计数式 A/D 转换器结构简单，但转换速度慢。

11.1.2 双积分式 A/D 转换器原理

双积分式 A/D 转换器对输入模拟电压和参考电压进行两次积分，将电压变换成与其成正比的时间间隔，利用时钟脉冲和计数器测出其时间间隔，完成 A/D 转换。双积分式 A/D 转换器主要包括积分器、比较器、计数器和标准电压源等部件，其电路结构图如图 11-3(a) 所示：

双积分式 A/D 转换器的转换过程如下：

（1）对输入待测的模拟电压 V_i 进行固定时间的积分；

（2）将模拟电压 V_i 转换到标准电压 V_R 进行固定斜率的反向积分（定值积分），如图 11-3(b)所示。反向积分进行到一定时间，便返回起始值。从图 11-3(b)中可看出，对标准电压 V_R 进行反向积分的时间 T_2 正比于输入模拟电压，输入模拟电压越大，反向积分回到起始值的时间 T 越长，有 $V_i = (T_2/T_1) \times V_R$。

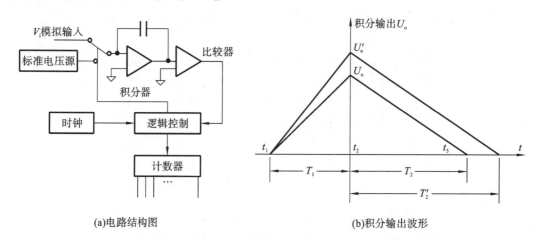

(a)电路结构图   (b)积分输出波形

图 11-3 双积分式 A/D 转换器

（3）用标准时钟脉冲测定反向积分时间（如计数器），就可以得到对应于输入模拟电压的数字量，实现 A/D 转换。

双积分式 A/D 转换器具有很强的抗工频干扰能力，转换精度高，但转换速度较慢。

◆ 11.1.3 逐次逼近式 A/D 转换器原理

逐次逼近式 A/D 转换器电路结构如图 11-4 所示,其工作过程可与天平称重物类比,图 11-4 中的电压比较器相当于天平,被测电压 U_x 相当于重物,基准电压 U_r 相当于电压砝码。该方法具有各种规格的按 8421 编码的二进制电压砝码 U_r,根据 U_x 和 U_r 的大小关系,比较器有不同的输出以打开或关闭逐次逼近寄存器的各数位。转换器输出从大到小的基准电压砝码,与被测电压 U_x 比较,并逐渐减小其差值,使之逼近平衡。当 $U_x = U_r$ 时,比较器输出 0,相当于天平平衡,最后以数字显示的平衡值即为被测电压值。

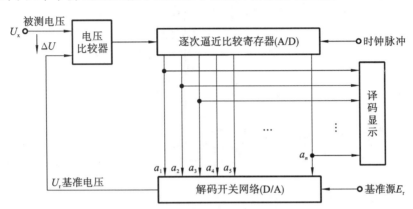

图 11-4　逐次逼近式 A/D 转换器电路结构

◆ 11.1.4 并行/串行比较式 A/D 转换器原理

3 位并行比较式 A/D 转换器原理电路图,如图 11-5 所示,它由电压比较器、寄存器和代码转换器 3 部分组成。

首先在电压比较器中进行量化电平的划分,用电阻链将参考电压 V_{REF} 分成 7 个比较电平: $\frac{1}{15}V_{REF}$、$\frac{3}{15}V_{REF}$、$\frac{5}{15}V_{REF}$、$\frac{7}{15}V_{REF}$、$\frac{9}{15}V_{REF}$、$\frac{11}{15}V_{REF}$、$\frac{13}{15}V_{REF}$。然后,把这 7 个比较电平分别接至 7 个比较器 $C_1 \sim C_7$ 的输入端作为比较基准。将输入的模拟电压同时加到每个比较器的另一输入端上,与这 7 个比较基准进行比较。

并行 A/D 转换器具有如下特点。

(1)由于转换是并行的,其转换时间只受比较器、触发器和编码电路延迟时间限制,因此转换速度最快。

(2)随着分辨率的提高,元件数目要按几何级数增加。一个 n 位转换器,所用的比较器个数为 $2^n - 1$ 个,如 8 位的并行 A/D 转换器就需要 $2^8 - 1 = 255$ 个比较器。由于位数愈多,电路愈复杂,因此制成分辨率较高的集成并行 A/D 转换器是比较困难的。

(3)使用这种含有寄存器的并行 A/D 转换电路时,可以不用附加取样-保持电路,因为比较器和寄存器这两部分也兼有取样-保持功能。这也是该电路的一个优点。

图 11-5 中的 8 个电阻将参考电压 V_{REF} 分成 8 个等级,其中 7 个等级电压分别作为 7 个比较器 $C_1 \sim C_7$ 的参考电压。输入电压为 V_i,它的大小决定各比较器的输出状态,当 $0 \leqslant V_i < \frac{1}{15}V_{REF}$ 时,$C_1 \sim C_7$ 的输出状态都为 0;当 $\frac{3}{15}V_{REF} \leqslant V_i \leqslant \frac{5}{15}V_{REF}$ 时,比较器 C_6 和 C_7 的输出

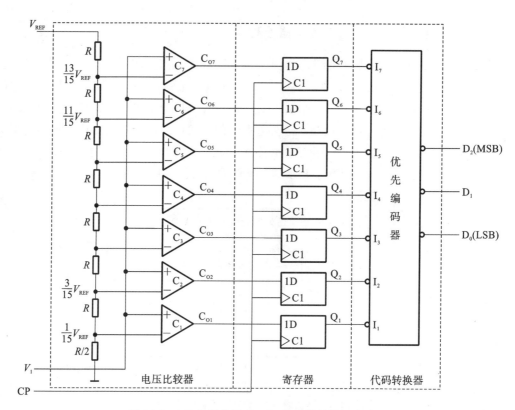

图 11-5 3 位并行比较式 A/D 转换器的原理电路图

$C_{O6}=C_{O7}=1$，其余各比较器的状态均为 0。根据各比较器的参考电压值，可以确定输入模拟电压值与各比较器输出状态的关系。比较器的输出状态由 D 触发器存储，经优先编码器编码，得到数字量输出。优先编码器优先级别最高是 I7，最低的是 I1。

设输入电压 V_i 变化范围是 $0\sim V_{REF}$，输出 3 位数字量为 D_2、D_1、D_0，3 位并行比较式A/D 转换器的输入、输出关系如表 11-1 所示。

表 11-1 3 位并行比较式 A/D 转换器的输入与输出关系

模 拟 输 入	比较器输出状态							数 字 输 出	
	C_{O1}	C_{O2}	C_{O3}	C_{O4}	C_{O5}	C_{O6}	C_{O7}	D_2	D_1
$0\leqslant V_i<\dfrac{1}{15}V_{REF}$	0	0	0	0	0	0	0	0	0
$\dfrac{1}{15}V_{REF}\leqslant V_i<\dfrac{3}{15}V_{REF}$	0	0	0	0	0	0	1	0	0
$\dfrac{3}{15}V_{REF}\leqslant V_i<\dfrac{5}{15}V_{REF}$	0	0	0	0	0	1	1	0	1
$\dfrac{5}{15}V_{REF}\leqslant V_i<\dfrac{7}{15}V_{REF}$	0	0	0	0	1	1	1	0	1
$\dfrac{7}{15}V_{REF}\leqslant V_i<\dfrac{9}{15}V_{REF}$	0	0	0	1	1	1	1	1	0
$\dfrac{9}{15}V_{REF}\leqslant V_i<\dfrac{11}{15}V_{REF}$	0	0	1	1	1	1	1	1	0

模 拟 输 入	比较器输出状态							数 字 输 出	
	C_{O1}	C_{O2}	C_{O3}	C_{O4}	C_{O5}	C_{O6}	C_{O7}	D_2	D_1
$\frac{11}{15}V_{REF} \leqslant V_i < \frac{13}{15}V_{REF}$	0	1	1	1	1	1	1	1	1
$\frac{13}{15}V_{REF} \leqslant V_i < V_{REF}$	1	1	1	1	1	1	1	1	1

11.1.5 压频变换式 A/D 转换器原理

压频变换式 A/D 转换器(voltage-frequency converter)是通过间接转换方式实现模数转换的。其原理是首先将输入的模拟信号转换成频率,然后用计数器将频率转换成数字量。从理论上讲,这种 A/D 转换器的分辨率几乎可以无限增加,只要采样时间能够满足输出频率分辨率要求的累积脉冲个数的宽度。其优点是分辨率高、功耗低、价格低,但是需要外部计数电路共同完成 A/D 转换。

11.2 A/D 转换器的主要指标

11.2.1 分辨率(resolution)

分辨率用来反映 A/D 转换器对输入电压微小变化的响应能力,通常用数字输出最低位(LSB)所对应的模拟输入的电平值表示。n 位 A/D 转换能反应 $1/2^n$ 满量程的模拟输入电平。分辨率直接与转换器的位数有关,一般也可简单地用数字量的位数来表示分辨率,即 n 位二进制数,最低位所具有的权值就是它的分辨率。

值得注意的是,分辨率与精度是两个不同的概念,不要把两者混淆。即使分辨率很高,也可能由于温度漂移、线性度等原因而使其精度不够高。

11.2.2 精度(accuracy)

精度有绝对精度(absolute accuracy)和相对精度(relative accuracy)两种表示方法。

1. 绝对精度

在一个转换器中,对应于一个数字量的实际模拟输入电压和理想的模拟输入电压之差并非一个常数。通常把它们之间的差的最大值定义为"绝对误差",以数字量的最小有效位(LSB)的分数值来表示绝对精度,如 ±1LSB。绝对误差包括量化精度和其他所有精度。

2. 相对精度

相对精度是指整个转换范围内,任一数字量所对应的模拟输入量的实际值与理论值之差,用模拟电压满量程的百分比表示。

例如,对于满量程为 10V,10 位 A/D 芯片,若其绝对精度为 ±1/2LSB,则其最小有效位的量化单位为 9.77 mV,其绝对精度为 4.88 mV,其相对精度为 0.048%。

◆ 11.2.3 转换时间(conversion time)

转换时间取决于 APB 总线的时钟(PCLK)。假设 PCLK=66 MHz,预分频值为 65,下面给出了 12 位 A/D 转换时间的计算方法:

$$A/D 转换频率 = PCLK/(预分频值+1) = 66 \text{ MHz}/(65+1) = 1 \text{ MHz}$$
$$A/D 转换时间 = 1/1 \text{ MHz}/5Cycle = 1/200 \text{ kHz} = 5 \text{ } \mu s$$

◆ 11.2.4 量程

量程是指所能转换的模拟输入电压范围,分单极性和双极性两种类型。

例如,单极性的量程为 0~+5 V,0~+10 V,0~+20 V;双极性的量程为 −5~+5 V,−10~+10 V。

◆ 11.2.5 量化误差(quantizing error)

量化误差是指由于 A/D 的有限分辨率而引起的误差,即有限分辨率 A/D 的阶梯状转移特性曲线与无限分辨率 A/D(理想 A/D)的转移特性曲线(直线)之间的最大偏差。它通常是一个或半个最小数字量的模拟变化量,表示为 1LSB 或 1/2LSB。

11.3 Exynos4412 A/D 转换器

◆ 11.3.1 Exynos4412 A/D 转换器概述

Exynos4412 具有 4 路 10 位或 12 位的 A/D 转换器。采用 5 MHz 转换时钟时,最大转换速率为 1 MSPS(million samples per second)。该 A/D 转换器芯片内部具有采样-保持功能,支持低功耗模式。其主要特征如下:

- 分辨率:10 位或 12 位;
- 微分误差最大值:2.0 LSB;
- 积分非线性误差最大值:4.0 LSB;
- 最大转换速率:1 MSPS;
- 支持低功耗模式;
- 供电电压:1.8 V;
- 模拟量输入信号范围:0~1.8 V。

◆ 11.3.2 Exynos4412 A/D 转换器的工作原理

Exynos4412 A/D 转换器的控制功能框图如图 11-6 所示。由图 11-6 可知,Exynos4412 的 ADC 功能较为简单,主要涉及 A/D 转换模式选择、A/D 转换模式配置、待机模式、转换时间等控制环节,下面对每个环节的配置方法进行说明。

1. A/D 转换模式选择

Exynos4412 有两个 ADC 模块,分别是通用 ADC 和 MTCADC ISP,可以通过寄存器 ADC CFG 的位 16 进行配置。该位为 0 时,Exynos4412 将被配置成通用 ADC;该位为 1 时,

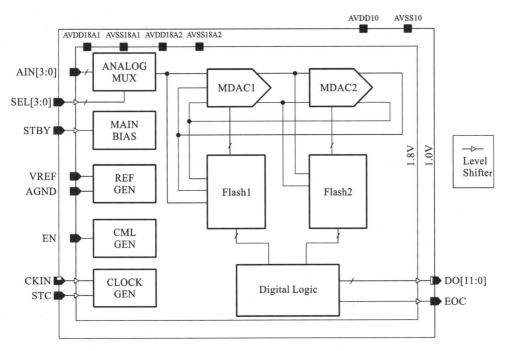

图 11-6　Exynos4412 A/D 转换器的控制功能框图

Exynos4412 将被配置成 MTCADC ISP。

2. A/D 转换模式配置

设置 ADC 控制寄存器 ADCCON 可进行初始化设置。ADC 数据寄存器 ADCDAT 将转换完毕的数据读出,可以采用中断模式或者查询模式获取转换后的数值。

3. 待机模式

把 ADCCON 寄存器中的 STANDBY 位设置为 1,可以使 ADC 进入待机模式。此时, A/D 转换被暂时中止,ADCDATX 用于暂存中间数据。

4. 转换时间

转换时间取决于 APB 总线的时钟(PCLK)。假设 PCLK=66 MHz,预分频值为 65,12 位 ADC 转换时间为 1 MHz/5Cycle=200 kHz。

11.3.3　Exynos4412 A/D 相关控制寄存器

Exynos4412 ADC 控制寄存器主要有模式选择寄存器 ADC_CFG、模拟输入选择寄存器 ADCMUX、控制寄存器 ADCCON、数据寄存器 ADCDAT、启动延时寄存器 ADCDLY、中断清除寄存器 CLRINTADC,使用配置也较简单。下面对其中关键寄存器的配置方法进行说明。

1. 控制寄存器 ADCCON

该寄存器用于控制 A/D 转换的各种操作的使能、分辨率选择等,如表 11-2 所示。

表 11-2　控制寄存器 ADCCON

名　　称	位　　域	类　　型	功能描述	复 位 值
分辨率选择	[16]	RW	0=10 位;1=12 位	0

续表

名　　称	位　域	类　　型	功 能 描 述	复 位 值
转换结束标志	[15]	R	0＝正在 A/D 转换；1＝A/D 转换结束	0
预分频使能	[14]	RW	0＝禁止；1＝使能	0
预分频值	[13:6]	RW	设置分频值，范围为 19～255	0xFF
待机模式选择	[2]	RW	0＝正常模式；1＝待机模式	I
读使能转换	[1]	RW	通过读操作使能 A/D 转换开始：0＝禁止；1＝使能	0
转换开始	[0]	RW	使能 A/D 转换位，如果位 1 使能，则该位无效。0＝无效；1＝使能 A/D 转换	0

2. 模拟输入选择寄存器 ADCMUX

该寄存器用于选择 4 路模拟输入量之一，如表 11-3 所示。

表 11-3　模拟输入选择寄存器 ADCMUX

名　　称	位　域	类　　型	功 能 描 述	复 位 值
多路选择	[3:0]	RW	0000＝AIN0；0001＝AIN1；0010＝AIN2；0011＝AIN3	0x0

3. 数据寄存器 ADCDAT

该寄存器用于保存 A/D 转换得到的数字量，如表 11-4 所示。

表 11-4　数据寄存器 ADCDAT

名　　称	位　域	类　　型	功 能 描 述	复 位 值
转换后的数值	[11:0]	R	范围是 0x0～0xFFF	—

4. 启动延时寄存器 ADCDLY

该寄存器（ADCDLY）是一个可读/写寄存器，用于设置 A/D 转换的启动延迟时间。ADCDLY 的位功能描述如表 11-5 所示。

表 11-5　启动延时寄存器（ADCDLY）的位功能

ADCDLY	位	描　　　述	起 始 状 态
DELAY	[15:0]	(1)在正常转换模式、分离 X/Y 位置转换模式和 X/Y 位置自动（顺序）转换模式这三种模式下，X/Y 位置转换延时值。 (2)在等待中断模式下，按下触笔，这个寄存器在几毫秒时间间隔内产生用于进行 X/Y 方向自动转换的中断信号（INT_TC）。 注意：不能使用零位值(0x0000)	00ff

11.4 Exynos4412 A/D 接口编程

◆ 11.4.1 A/D 转换器程序设计步骤

1. 设置 ADCCON 寄存器,设置 ADC 转换时间、分辨率和启动转换方式

(1)设置 ADC 转换时间。

PCLK 给 ADC 控制器提供时钟源,通过分频器获得驱动 ADC 的工作时钟。

ADC 控制器在 5 个工作时钟周期内,能够完成一次 A/D 转换。ADC 的最大工作时钟为 5 MHz,所以最大采样率可以达到 1 Mbit/s。

假设 PCLK 为 100 MHz,Prescaler=99;所有 ADC 工作时钟为 100 MHz/(99+1)=1 MHz;则 ADC 转换时间为 1/(1 MHz/5 cycles)=5 μs。

(2)设置 ADC 分辨率。

选择 10 位或 12 位精度,精度越高,功耗相应也越高。根据需求合理选择 ADC 分辨率。

(3)设置 ADC 启动转换方式。

Exynos4412 的 ADC 控制器启动转换的方式分为一次性手动启动和读启动,两种启动方式不能同时使能。

一次性手动启动:ADCCON[0]位置 1,开始 A/D 转换,转换一次,该位自动清零。

读启动:ADCCON[1]位置 1,使能读启动,对 ADCDAT 寄存器进行读操作,开始下次转换。

2. 设置 ADCMUX 寄存器,选择转换通道

根据硬件连接,转换通道选择 ANI3 通道作为 ADC 模拟量输入端,进行 A/D 转换。

3. 等待转换完成,读取 ADCDAT 寄存器,获得转换结果

ADC 转换需要时间,我们不能启动 A/D 转换后,就立刻去读存放 A/D 转换结果的 ADCDAT 寄存器。判断 A/D 转换是否完成,有两种方法:

(1)通过查询 A/D 转换状态位判断,ADCCON[15]=1 时,A/D 转换完成,能读取结果;ADCCON[15]=0 时,A/D 转换进行中,不能读取结果。

(2)通过 A/D 转换器中断判断,需使能 ADC 中断,当 A/D 转换完成后,触发中断,在中断处理函数中读取 A/D 转换结果。

◆ 11.4.2 编程实例

本例通过查询 A/D 转换状态位来判断 A/D 转换是否完成。通过 A/D 转换器中断来判断的方法可以参考中断控制器的内容,自己书写程序。

1. 定义与 A/D 转换相关的寄存器

定义如下:

```
# include "stdio.h"

# define   ADC PRSCVL                //转换时钟预分频因子

# define   ADC BASE   0x126C0000

# define   ADCCON                     (* ((volatile unsigned long*)(ADC_BASE+0x0)))
```

```
# define    ADCDLY               (* ((volatile unsigned long*) (ADC_BASE+ 0x8)))
# define    ADCDAT               (* ((volatile unsigned long*) (ADC_BASE+ 0xc)))
# define    CLRINTADC            (* ((volatile unsigned long*) (ADC_BASE+ 0x18)))
# define    ADCMUX               (* ((volatile unsigned long*) (ADC_BASE+ 0x1c)))
```

2. 对 A/D 转换器进行初始化

程序中的参数 ch 表示所选择的通道号,程序如下:

```
void AD_Init(unsigned char ch)
{
    rADCDLY=100;                 //ADC 启动或间隔延时
ADCCON&= (~ (0x1<<16)|~ (0x1<<14)|~ (0xff<<6));
ADCCON|= (1<<16)|(1<<14)|(65<<6);
//选择 ADC 分辨率为 12 位;使能预分频功能;设置 A/D 转换器的时钟为 PCLK/(65+1)
ADCCON&=~ ((1<<2)|(1<<1));       //清除位[2],设为普通转换模式;禁止 read start
ADCMUX= 0;                       //选择通道 AIN0
}
```

3. 读取 A/D 的转换值

程序中的参数 ch 表示所选择的通道号,程序如下:

```
int read_AD(unsigned char ch)
{
    ADCCON|= (1<<0);            //设置位[0]为 1,启动 A/D 转换
    while(ADCCON &(1<<0));      //当 A/D 转换真正开始时,位[0]会自动清 0。等待转换开始,
                                 开始后,程序继续往下进行
    while(! (ADCCON&(1<<15)));  //检测位[15],当它为 1 时表示转换结束
    return(ADCDAT &0xfff);      //读取数据 12 位转换后的数据
}
```

4. 测试函数

```
void adc_test(void)
{
    while(1)
  {
        Printf("adc=%d\r\n", read_AD(0));
        Delay(0x1000000);
  }
}
```

思考与练习

1. 简述 A/D 转换的方式及其原理,说明它们各自有何优缺点。

2. Exynos4412 A/D 有哪些主要寄存器? 简述各个寄存器的功能。

3. 举例说明 Exynos4412 A/D 的应用。

第12章

实时时钟
RTC

在一个嵌入式系统中，实时时钟单元可以提供可靠的时钟，包括时、分、秒和年、月、日，即使系统处于关机状态下，它也能够正常工作。本章介绍了 Exynos4412 实时时钟的基本原理及其寄存器的用法，在此基础上通过一个应用实例展示其具体用法。

本章主要内容：

1. RTC 介绍；

2. RTC 控制器寄存器；

3. RTC 应用实例。

12.1　RTC 基本知识

RTC(real-time clock,实时时钟),是一个由晶体控制精度的,向主系统提供由 BCD 码表示的时间和日期的器件。在断电的情况下,RTC 实时时钟也可以通过备用电池供电,一直运行下去。

RTC 通常情况下需要外接 32.768 kHz 晶体,匹配电容、备份电源等元件。不同 RTC 除了 I/O 口的定位不同,还有功能上的区别,比如与 MCU 的接口通常是 I²C 接口,具有距离短、可以与其他器件共用的优点。不同的 RTC,其 RAM 的数量、静态功耗大小、中断的数量不同,特别是精度也有明显区别。RTC 的精度与温度有很大的关系,而温度会影响晶体的频率。

RTC 可以通过使用 STRB/LDRB ARM 操作发送 8 位二-十进制交换码(BCD)数据给 CPU。这些 BCD 数据包括年、月、日、星期、时、分和秒的时间信息。

RTC 单元工作在外部 32.768 kHz 晶振,并且可以执行闹钟(定时报警)功能。RTC 主振荡电路示例如图 12-1 所示。

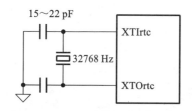

在一个嵌入式系统中,RTC 单元可以提供可靠的时钟,包括时、分、秒和年、月、日。即使系统处于关机状态下,它也能够正常工作(采用备用电池供电能够可靠工作十年),其外围也不需要太多的辅助电路,只需要一个高精度晶振。

图 12-1　RTC 主振荡电路示例

Exynos4412 RTC 定时器具有以下特点:

- 时钟数据采用 BCD 编码或二进制表示;
- 能够自动处理闰年的年、月、日;
- 具有告警功能,当系统处于关机状态时,能产生告警中断;
- 具有独立的电源输入;
- 提供毫秒级的时钟中断,该中断可用于嵌入式操作系统的内核时钟。

12.2　RTC 控制器

Exynos4412 RTC 的功能框图如图 12-2 所示。

12.2.1　闰年发生器

闰年发生器能够基于 BCDDATE、BCDMON 和 BCDYEAR 的数据,从 28、29、30 或 31 中确定哪个是每月的最后日。此模块确定每月的最后日时会考虑闰年因素。8 位计数器只能够表示 2 个 BCD 数字,因此其不能判决"00"年(最后两位数为 0 的年份)是否为闰年。例如,其不能判别 1900 年和 2000 年(请注意 1900 年不是闰年,而 2000 年是闰年)。因此,S3C2440A 中"00"两位数既可以表示 2000 年,也可以表示 1900 年。读/写寄存器为了写 RTC 模块中的 BCD 寄存器,RTCCON 寄存器的位[0]必须设置为高。为了显示年、月、日、

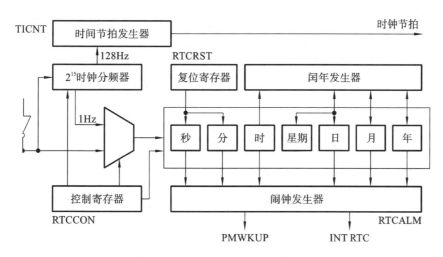

图 12-2　Exynos4412 RTC 功能框图

时、分和秒,CPU 应该分别读取 RTC 模块中的 BCDSEC、BCDMIN、BCDHOUR、BCDDAY、BCDDATE、BCDMON 和 BCDYEAR 寄存器中的数据。由于需要读取多个寄存器,因此时间可能存在 1 s 的偏差。例如,当用户依次读取寄存器 BCDYEAR 到 BCDMIN,其结果假定为 2059(年)、12(月)、31(日)、23(时)和 59(分)。当用户读取 BCDSEC 寄存器并且值的范围是从 1(秒)到 59(秒),这都没有问题,但是如果该值为 0 秒,则年、月、日、时和分要变为 2060(年)、1(月)、1(日)、0(时)和 0(分)。由于存在这种"一秒误差",当 BCDSEC 为 0 时,用户应该重新读取寄存器 BCDYEAR 到 BCDSEC,以保证时间的准确性。

12.2.2　备用电池操作

RTC 逻辑可以由备用电池驱动,如果系统电源关闭则由 RTCVDD 引脚供电给 RTC 模块,此时应该阻塞掉 CPU 和 RTC 逻辑的接口,并且备用电池只驱动振荡电路和 BCD 计数器来最小化功耗。

12.2.3　闹钟功能

闹钟功能是指 RTC 在掉电模式或正常工作模式中的指定时间产生一个闹钟信号。在正常工作模式下,系统只激活闹钟中断(INT_RTC)信号。在掉电模式下,系统除了要激活INT_RTC 外还激活电源管理唤醒(PMWKUP)信号。RTC 闹钟寄存器(RTCALM)决定了闹钟使能/禁止状态和闹钟时间设置的条件。

12.2.4　节拍时间中断

RTC 节拍时间用于中断请求。TICNT 寄存器有一个中断使能位和中断的计数值。当节拍时间中断发生时,计数值达到 0。中断周期如下:

$$周期 = (n+1)/128 \text{ 秒}$$

其中,n 为节拍时间计数值(1～127)。此 RTC 时间节拍可能被用于实时操作系统(RTOS)内核时间节拍。如果时间节拍是由 RTC 时间节拍产生的,RTOS 与时间的功能将同步到实际时间。

12.3 RTC 控制器寄存器

S3C2440 内部集成了 RTC 模块,用起来也十分简单。其内部的寄存器 BCDSEC、BCDMIN、BCDHOUR、BCDDAY、BCDDATE、BCDMON 和 BCDYEAR 分别存储了当前的秒、分、小时、星期、日、月和年,表示时间的数值都是 BCD 码。这些寄存器的内容可读可写,并且只有在寄存器 RTCCON 的第 0 位为 1 时才能进行读写操作。为了防止误操作,当不进行读写时,要把该位清零。读取这些寄存器时,能够获知当前的时间;写入这些寄存器时,能够改变当前的时间。

1. 实时时钟控制寄存器(RTCCON)

RTCCON 由 4 位组成,如控制 BCD 寄存器读/写使能的 RTCEN、CLKSEL、CNTSEL 和测试用的 CLKRST。

RTCEN 位可以控制所有 CPU 与 RTC 之间的接口,因此系统复位后在 RTC 控制程序中必须将 RTCEN 位设置为 1 来使能数据的读/写。同样,在掉电前,RTCEN 位应该清除为 0 来预防误写入 RTC 寄存器。实时时钟寄存器(RTCCON)的位功能描述和定义如表 12-1 和表 12-2 所示。

表 12-1　RTCCON 的位功能描述

寄 存 器	地 址	类 型	描 述	复 位 值
RTCCON	0x57000040(L) 0x57000043(B)	R/W(字节)	RTC 控制寄存器	0x0

注:寄存器必须以字节为单位使用 STRB、LDRB 指令或 char 型指针访问。L 表示小端,B 表示大端,余同。

表 12-2　RTCCON 的位功能定义

RTCCON	位	描 述	初 始 状 态
CLKRST	[3]	RTC 时钟计数复位。 0=不复位;1=复位	0
CNTSEL	[2]	BCD 计数选择。 0=融入 BCD 计数器;1=保留(分享 BCD 计数器)	0
CLKSEL	[1]	BCD 时钟选择。 0=XTAL 1/215 分频时钟;1=保留(XTAL 时钟只用于测试)	0
RTCEN	[0]	RTC 控制使能。 0=禁止;1=使能。 注意:只能执行 BCD 时间计数和读操作	0

2. 节拍时间计数寄存器(TICNT)

节拍时间计数寄存器(TICNT)的位功能描述和定义如表 12-3 和表 12-4 所示。

表 12-3　TICNT 的位功能描述

寄　存　器	地　　址	类　　型	描　　述	复　位　值
TICNT	0x57000040(L) 0x57000047(B)	R/W(字节)	节拍时间寄存器	0x0

表 12-4　TICNT 的位功能定义

TICNT	位	描　　述	初　始　状　态
TICK INT 使能	[7]	节拍时间中断使能。 0＝禁止;1＝使能	0
TICK 时间计数	[6:0]	节拍时间计数值(1～127)。 此计数器值内部递减并且用户不能在工作中读取此计 数器的值	000000

3. RTC 闹钟控制寄存器(RTCALM)

RTC 闹钟控制寄存器(RTCALM)决定了闹钟使能和闹钟时间。请注意 RTCALM 寄存器在掉电模式中同时通过 INT_RTC 和 PMWKUP 产生闹钟信号,但是在正常工作模式中只产生 INT_RTC。RTCALM 的位功能描述和定义如表 12-5 和表 12-6 所示。

表 12-5　RTCALM 的位功能描述

寄　存　器	地　　址	类　　型	描　　述	复　位　值
RTCALM	0x57000050(L) 0x57000053(B)	R/W(字节)	RTC 闹钟控制寄存器	0x0

表 12-6　RTCALM 的位功能定义

RTCALM	位	描　　述	初　始　状　态
保留	[7]	保留	0
ALMEN	[6]	全局闹钟使能。 0＝禁止;1＝使能	0
YEAREN	[5]	年闹钟使能。 0＝禁止;1＝使能	0
MONEN	[4]	月闹钟使能。 0＝禁止;1＝使能	0
DATEEN	[3]	日闹钟使能。 0＝禁止;1＝使能	0
HOUREN	[2]	时闹钟使能。 0＝禁止;1＝使能	0

续表

RTCALM	位	描 述	初 始 状 态
MINEN	[1]	分闹钟使能。 0＝禁止;1＝使能	0
SECEN	[0]	秒闹钟使能。 0＝禁止;1＝使能	0

4. 闹钟秒数据寄存器(ALMSEC)

闹钟秒数据寄存器(ALMSEC)的位功能描述和定义如表 12-7 和表 12-8 所示。

表 12-7　ALMSEC 的位功能描述

寄 存 器	地 址	类 型	描 述	复 位 值
ALMSEC	0x57000054(L) 0x57000057(B)	R/W(字节)	闹钟秒数据寄存器	0x0

表 12-8　ALMSEC 的位功能定义

ALMSEC	位	描 述	初 始 状 态
保留	[7]	保留	0
SECDATA	[6:4]	闹钟秒 BCD 值:0～5	000
	[3:0]	闹钟秒 BCD 值:0～9	0000

5. 闹钟分数据寄存器(ALMMIN)

闹钟分数据寄存器(ALMMIN)的位功能描述和定义如表 12-9 和表 12-10 所示。

表 12-9　ALMMIN 的位功能描述

寄 存 器	地 址	类 型	描 述	复 位 值
ALMMIN	0x57000058(L) 0x5700005B(B)	R/W(字节)	闹钟分数据寄存器	0x0

表 12-10　ALMMIN 的位功能定义

ALMMIN	位	描 述	初 始 状 态
保留	[7]	保留	0
MINDATA	[6:4]	闹钟分 BCD 值:0～5	000
	[3:0]	闹钟分 BCD 值:0～9	0000

6. 闹钟时数据寄存器(ALMHOUR)

闹钟时数据寄存器(ALMHOUR)的位功能描述和定义如表 12-11 和表 12-12 所示。

表 12-11　ALMHOUR 的位功能描述

寄 存 器	地 址	类 型	描 述	复 位 值
ALMHOUR	0x5700005C(L) 0x5700005F(B)	R/W(字节)	闹钟时数据寄存器	0x0

表 12-12　ALMHOUR 的位功能定义

ALMHOUR	位	描 述	初 始 状 态
保留	[7:6]	保留	0
HOURDATA	[5:4]	闹钟时 BCD 值:0~2	00
	[3:0]	闹钟时 BCD 值:0~9	0000

7. 闹钟日数据寄存器(ALMDATE)

闹钟日数据寄存器(ALMDATE)的位功能描述和定义如表 12-13 和表 12-14 所示。

表 12-13　ALMDATE 的位功能描述

寄 存 器	地 址	类 型	描 述	复 位 值
ALMDATE	0x57000060(L) 0x57000063(B)	R/W(字节)	闹钟日数据寄存器	0x01

表 12-14　ALMDATE 的位功能定义

ALMDATE	位	描 述	初 始 状 态
保留	[7:6]	保留	00
DATEDATA	[5:4]	闹钟日 BCD 值:0~3	00
	[3:0]	闹钟日 BCD 值:0~9	0001

8. 闹钟月数据寄存器(ALMMON)

闹钟月数据寄存器(ALMMON)的位功能描述和定义如表 12-15 和表 12-16 所示。

表 12-15　ALMMON 的位功能描述

寄 存 器	地 址	类 型	描 述	复 位 值
ALMMON	0x57000064(L) 0x57000067(B)	R/W(字节)	闹钟月数据寄存器	0x01

表 12-16　ALMMON 的位功能定义

ALMMON	位	描 述	初 始 状 态
保留	[7:5]	保留	00
MONDATA	[4]	闹钟月 BCD 值:0~1	0
	[3:0]	闹钟月 BCD 值:0~9	0001

9. 闹钟年数据寄存器(ALMYEAR)

闹钟年数据寄存器(ALMYEAR)的位功能描述和定义如表 12-17 和表 12-18 所示。

表 12-17   ALMYEAR 的位功能描述

寄 存 器	地 址	类 型	描 述	复 位 值
ALMYEAR	0x57000068(L) 0x5700006B(B)	R/W(字节)	闹钟年数据寄存器	0x0

表 12-18   ALMYEAR 的位功能定义

ALMYEAR	位	描 述	初始状态
YEARDATA	[7:0]	闹钟年 BCD 值:00～99	0x0

10. BCD 秒寄存器(BCDSEC)

BCD 秒寄存器(BCDSEC)的位功能描述和定义如表 12-19 和表 12-20 所示。

表 12-19   BCDSEC 的位功能描述

寄 存 器	地 址	类 型	描 述	复 位 值
BCDSEC	0x57000070(L) 0x57000073(B)	R/W(字节)	BCD 秒寄存器	未定义

表 12-20   BCDSEC 的位功能定义

BCDSEC	位	描 述	初始状态
保留	[7]	保留	—
SECDATA	[6:4]	秒 BCD 值:0～5	—
	[3:0]	秒 BCD 值:0～9	—

11. BCD 分寄存器(BCDMIN)

BCD 分寄存器(BCDMIN)的位功能描述和定义如表 12-21 和表 12-22 所示。

表 12-21   BCDMIN 的位功能描述

寄 存 器	地 址	类 型	描 述	复 位 值
BCDMIN	0x57000074(L) 0x57000077(B)	R/W(字节)	BCD 分寄存器	未定义

表 12-22   BCDMIN 的位功能定义

BCDMIN	位	描 述	初始状态
保留	[7]	保留	—
MINDATA	[6:4]	分 BCD 值:0～5	—
	[3:0]	分 BCD 值:0～9	—

12. BCD 时寄存器（BCDHOUR）

BCD 时寄存器（BCDHOUR）的位功能描述和定义如表 12-23 和表 12-24 所示。

表 12-23　BCDHOUR 的位功能描述

寄　存　器	地　　址	类　　型	描　　述	复　位　值
BCDHOUR	0x57000078(L) 0x5700007B(B)	R/W（字节）	BCD 时寄存器	未定义

表 12-24　BCDHOUR 的位功能定义

BCDHOUR	位	描　　述	初　始　状　态
保留	[7:6]	保留	—
HOURDATA	[5:4]	时 BCD 值：0～2	—
	[3:0]	时 BCD 值：0～9	—

13. BCD 日寄存器（BCDDATE）

BCD 日寄存器（BCDDATE）的位功能描述和定义如表 12-25 和表 12-26 所示。

表 12-25　BCDDATE 的位功能描述

寄　存　器	地　　址	类　　型	描　　述	复　位　值
BCDDATE	0x5700007C(L) 0x5700007F(B)	R/W（字节）	BCD 日寄存器	未定义

表 12-26　BCDDATE 的位功能定义

BCDDATE	位	描　　述	初　始　状　态
保留	[7:6]	保留	—
DATEDATA	[5:4]	日 BCD 值：0～3	—
	[3:0]	日 BCD 值：0～9	—

14. BCD 星期寄存器（BCDDAY）

BCD 星期寄存器（BCDDAY）的位功能描述和定义如表 12-27 和表 12-28 所示。

表 12-27　BCDDAY 的位功能描述

寄　存　器	地　　址	类　　型	描　　述	复　位　值
BCDDAY	0x57000080(L) 0x57000083(B)	R/W（字节）	BCD 星期寄存器	未定义

表 12-28　BCDDAY 的位功能定义

BCDDAY	位	描　　述	初　始　状　态
保留	[7:3]	保留	—

BCDDAY	位	描　　　述	初 始 状 态
DAYDATA	[2:0]	星期 BCD 值:1~7	—

15. BCD 月寄存器(BCDMON)

BCD 月寄存器(BCDMON)的位功能描述和定义如表 12-29 和表 12-30 所示。

表 12-29　BCDMON 的位功能描述

寄　存　器	地　　址	类　　型	描　　　述	复　位　值
BCDMON	0x57000084(L) 0x57000087(B)	R/W(字节)	BCD 月寄存器	未定义

表 12-30　BCDMON 的位功能定义

BCDMON	位	描　　　述	初 始 状 态
保留	[7:5]	保留	—
MONDATA	[4]	月 BCD 值:0~1	
	[3:0]	月 BCD 值:0~9	—

16. BCD 年寄存器(BCDYEAR)

BCD 年寄存器(BCDYEAR)的位功能描述和定义如表 12-31 和表 12-32 所示。

表 12-31　BCDYEAR 的位功能描述

寄　存　器	地　　址	类　　型	描　　　述	复　位　值
BCDYEAR	0x57000088(L) 0x5700008B(B)	R/W(字节)	BCD 年寄存器	未定义

表 12-32　BCDYEAR 的位功能定义

BCDYEAR	位	描　　　述	初 始 状 态
YEARDATA	[7:0]	年 BCD 值:00~99	—

12.4　RTC 控制器寄存器应用实例

　　程序功能:串口每秒显示一次时间并且 LED1 闪一次,在闹钟设置中,秒为 20 时,显示闹钟时间并蜂鸣器发声几秒钟。该实例展现了 Exynos4412 处理器的 RTC 模块计时功能,实时时钟(RTC)单元可以在系统电源关闭后通过备用电池一直工作。这些数据包括年、月、日、星期、时、分和秒的时间信息。根据 RTC 的工作原理和 RTC 寄存器的介绍,对相应的寄存器读写就可以实现修改时间和显示时间。

```c
#include "4412addr.h"
#include "Option.h"
#include "4412lib.h"
#include "def.h"
#define  LED1_ON    (rGPBDAT &=~(1<<5))
#define  LED1_OFF   (rGPBDAT |=(1<<5) )
void __irq RTC_tickHandler(void);
void __irq RTC_alarmHandler(void);
U8 alarmflag=0;
typedef struct Date //定义一个表示日期时间的结构体
    {   U16 year;
        U8 month;
        U8 day;
        U8 week_day;
        U8 hour;
        U8 minute;
        U8 second;
    }date;
date C_date;
char * week_num[7]={ "SUN","MON", "TUES", "WED", "THURS","FRI", "SAT" };        //定义一个指
                                                                               针数组

void Beep_Freq_Set( U32 freq )
{
    rGPBCON &=~3;
    rGPBCON |=2;                //设置 GPB0 为 OUT0
    rGPBUP=0x0;                 //使能上拉
    rTCFG0 &=~0xff;
    rTCFG0 |=15;                //预分频值为 15
    rTCFG1 &=~0x0f;
    rTCFG1 |=0x02;              //分频值为 8
    rTCNTB0= (PCLK>>7)/freq;    //设定定时器 0 计数缓冲器的值
    rTCMPB0= rTCNTB0>>1;        // 定时器 0 比较缓冲器的值,PWM 输出占空比 50%
    rTCON &=~0x1f;
    rTCON |=0xb;                //自动重载,关闭反相器,手动更新,开启定时器 0
    rTCON &=~2;                 //清除手动更新位
}
void Beep_Stop( void )
{
    rGPBCON &=~3;              //set GPB0 as output
    rGPBCON |=1;
    rGPBDAT &=~1;             //输出低电平
}
void delay(int x)
```

```c
{
    int i,j;
    for(i=0;i<x;i++)
    for(j=0;j<1000000;j++);
}
/*******************************
*
*    设置实时时钟日期、时间
*
******************************/
void RTC_setdate(date *p_date)
{
    rRTCCON= 0x01;                  //RTC 读写使能、分频时钟、融入计数器、无复位
    rBCDYEAR=p_date->year;
    rBCDMON=p_date->month;
    rBCDDATE=p_date->day;
    rBCDDAY=p_date->week_day;       //设置日期时间
    rBCDHOUR=p_date->hour;
    rBCDMIN=p_date->minute;
    rBCDSEC=p_date->second;
    rRTCCON= 0x00;                  //RTC 读写禁止、分频时钟、融入计数器、无复位
}
/*******************************
*
*    读取实时时钟日期、时间
*
******************************/
void RTC_getdate(date *p_date)
{
    rRTCCON= 0x01;                  //RTC 读写使能、分频时钟、融入计数器、无复位
    p_date->year=rBCDYEAR+ 0x2000;
    p_date->month=rBCDMON;
    p_date->day=rBCDDATE;
    p_date->week_day=rBCDDAY;       //读取日期时间
    p_date->hour=rBCDHOUR;
    p_date->minute=rBCDMIN;
    p_date->second=rBCDSEC;
    rRTCCON= 0x00;                  //RTC 读写禁止、分频时钟、融入计数器、无复位
}
/*******************************
*
*    TICK 中断初始化
*
```

```
* * * * * * * * * * * * * * * * * * * * * * * * * * * * * * /
void RTC_tickIRQ_Init(U8 tick)
{
    ClearPending(BIT_TICK);                     //清除标志位
    EnableIrq(BIT_TICK);                        //使能中断源
    pISR_TICK= (unsigned)RTC_tickHandler;       //中断函数入口地址
    rRTCCON= 0x00;
    rTICNT= (tick&0x7f)|0x80;                    //使能中断
}
/* * * * * * * * * * * * * * * * * * * * * * * * * * * *
*
*    设置闹钟日期、时间及其闹钟唤醒模式
*
* * * * * * * * * * * * * * * * * * * * * * * * * * * * /
void RTC_alarm_setdate(date *p_date,U8 mode)
{
    rRTCCON= 0x01;
    rALMYEAR= p_date->year;
    rALMMON= p_date->month;
    rALMDATE= p_date->day;
    rALMHOUR= p_date->hour;
    rALMMIN= p_date->minute;
    rALMSEC= p_date->second;
    rRTCALM= mode;                              //RTC 闹钟控制寄存器
    rRTCCON= 0x00;
    ClearPending(BIT_RTC);                      //清除标志位
    EnableIrq(BIT_RTC);
    pISR_RTC= (unsigned)RTC_alarmHandler;
}
void Main(void)
{
    SelectFclk(2);                             //设置系统时钟 400Mz
    ChangeClockDivider(2, 1);                  //设置分频比为 1：4：8
    CalcBusClk();                              //计算总线频率
    rGPHCON &=~((3<<4)|(3<<6));
    rGPHCON |= (2<<4)|(2<<6);                   //GPH2--TXD[0];GPH3--RXD[0]
    rGPHUP= 0x00;                               //使能上拉功能
    Uart_Init(0,115200);
    Uart_Select(0);
    rGPBCON &=~((3<<10)|(3<<12)|(3<<14)|(3<<16));   //对 GPBCON[10:17]清零
    rGPBCON |=((1<<10)|(1<<12)|(1<<14)|(1<<16));    //设置 GPB5~8 为输出
    rGPBUP &=~((1<<5)|(1<<6)|(1<<7)|(1<<8));        //设置 GPB5~8 的上拉功能
    rGPBDAT |= (1<<5)|(1<<6)|(1<<7)|(1<<8);         //关闭 LED
```

```
            Beep_Stop();                        //蜂鸣器停止发声,蜂鸣器用作闹钟声
        C_date.year= 0x12;
        C_date.month= 0x05;
        C_date.day= 0x09;
        C_date.week_day= 0x03;          //设置当前日期时间
        C_date.hour= 0x12;
        C_date.minute= 0x00;
        C_date.second= 0x10;
        RTC_setdate(&C_date);
        C_date.second= 0x20;
        RTC_alarm_setdate(&C_date,0x41);        //0x41 表示使能 RTC 闹钟,以及使能秒时钟闹钟
        RTC_tickIRQ_Init(127);                  // 设置 1 秒钟响一次
        Uart_Printf("\n ---实时时钟测试程序---\n");
        while(Uart_GetKey()!=ESC_KEY)
        {
            LED1_OFF;
            RTC_getdate(&C_date);
            if(alarmflag)
            {
                alarmflag=0;
                Uart_Printf("\nRTC ALARM% 02x:% 02x:% 02x \n",C_date.hour,C_date.minute,C_
date.second);
                Beep_Freq_Set(1000);
                delay(5);
                Beep_Stop();
            }
        }
}
/* * * * * * * * * * * * * * * * * * * * * * * * * * * * * *
*
*    TICK 中断
*
* * * * * * * * * * * * * * * * * * * * * * * * * * * * * * */
void __irq RTC_tickHandler(void)
{
    ClearPending(BIT_TICK);
    LED1_ON;    //刷新 LED1
    Delay(500);
    RTC_getdate(&C_date);
    Uart_Printf("RTC TIME: % 04x-% 02x-% 02x % s % 02x:% 02x:% 02x\n", C_date.year,C_date.
month,C_date.day, week_num[C_date.week_day], C_date.hour, C_date.minute, C_date.
second );
}
```

```
/*********************************
*
*    TICK 中断
*
*********************************/
void __irq RTC_alarmHandler(void)
{
    alarmflag=1;
    ClearPending(BIT_RTC);
}
```

 思考与练习

1. 什么是实时时钟 RTC？如何实现实时控制？

2. RTC 有哪些主要寄存器？简述各个寄存器功能。

3. 举例说明 RTC 实时时钟的应用。

第13章

I²C 总线

本章将系统地介绍 I²C 总线的相关知识,首先是接口总线协议及其工作原理,然后通过对 Exynos4412 内部 I²C 控制器用法及应用实例的讲解,从理论到实践应用对 I²C 总线知识进行了梳理,给读者一个完整的概念,让读者能够更好地在开发中使用 I²C 总线。

本章主要内容:

1. I²C 总线的基本概念;

2. Exynos4412 内部 I²C 总线接口及其寄存器;

3. I²C 接口应用编程实例。

13.1　I²C 总线

13.1.1　I²C 总线介绍

I²C(inter-integrated circuit，又称 IIC)总线是一种由 PHILIPS 公司开发的两线式串行总线，用于连接微控制器及其外围设备，它是具备总线仲裁和高低速设备同步等功能的高性能多主机总线，直接用导线连接设备，通信时无须片选信号。

I²C 总线产生于 20 世纪 80 年代，最初是为音频和视频设备开发的，如今主要用于服务器管理，其中包括单个组件状态的通信。例如，管理员可利用 I²C 总线对各个组件进行查询，以管理系统的配置或掌握组件的功能状态，如电源和系统风扇。I²C 总线可随时监控内存、硬盘、网络、系统温度等多个参数，增加了系统的安全性，方便了管理。

I²C 具有如下特点：

(1)只要求两条总线线路：一条串行数据线 SDA，一条串行时钟线 SCL；

(2)每个连接到总线的器件都可以通过唯一的地址和一直存在的简单的主/从机关系软件设定地址，主机可以作为主机发送器或主机接收器；

(3)它是一个真正的多主机总线，它支持多主控(multimastering)，其中任何能够进行发送和接收的设备都可以成为主总线，如果两个或更多主机同时初始化，数据传输可以通过冲突检测和仲裁防止数据被破坏；

(4)串行的 8 位双向数据传输位速率在标准模式下可达 100 Kbit/s，在快速模式下可达 400 Kbit/s，在高速模式下可达 3.4 Mbit/s；

(5)连接到相同总线的 IC 数量只受到总线的最大电容 400 pF 限制。

(6)由于接口直接在组件之上，因此 I²C 总线占用的空间非常小，减少了电路板的空间和芯片管脚的数量，降低了互联成本。

S3C2440A RISC 微处理器可以支持一个多主控 I²C 总线串行接口。多主控 I²C 总线模式中，多个 Exynos4412 RISC 微处理器可以接收来自从设备的串行数据，也可以给从设备发送串行数据。主机 Exynos4412 可以通过 I²C 总线启动和结束数据传输。Exynos4412 中的 I²C 总线使用的是标准总线仲裁步骤。

13.1.2　I²C 总线的基本术语及其接口工作原理

1. 相关术语

发送器：发送数据到总线的器件。

接收器：从总线接收数据的器件。

主机：启动数据传送并产生时钟信号的设备。

从机：被主机寻址的器件。

多主机：同时有多个主机尝试控制总线但不破坏传输。

主模式：用 I²CNDAT 支持自动字节计数的模式；用 I²CRM、I²CSTT、I²CSTP 控制数据的接收和发送。

从模式：发送和接收操作都是由 I²C 模块自动控制的。

仲裁：一个在有多个主机同时尝试控制总线但只允许其中一个控制总线并使传输不被破坏的过程。

同步：两个或多个器件同步时钟信号的过程。

2. I²C 接口结构与工作原理

在 I²C 总线上，只需要串行数据线 SDA 和串行时钟线 SCL 两条线，它们用于总线上器件之间的信息传递。SDA 和 SCL 都是双向的。各种被控制电路均并联在这条总线上，但就像电话机一样只有拨通各自的号码才能工作，所以每个电路和模块都有唯一的地址，而且各器件都可以作为发送器或接收器（由器件的功能决定）。图 13-1 是 I²C 总线接口电路的典型结构。

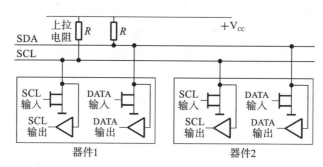

图 13-1　I²C 总线接口电路的典型结构

在信息的传输过程中，I²C 总线上并接的每一模块电路既是主控器（或被控器），又是发送器（或接收器），这取决于它所要完成的功能。CPU 发出的控制信号分为地址码和控制量两部分，地址码用来选址，即接通需要控制的电路，确定控制的种类；控制量决定该调整的类别（如对比度、亮度等）及需要调整的量。这样，各控制电路虽然挂在同一条总线上，却彼此独立，互不相关。

I²C 总线在传送数据过程中共有三种信号，分别是启动信号、停止信号和应答信号。

启动信号：SCL 为高电平时，SDA 由高电平向低电平跳变，开始传送数据。

停止信号：SCL 为高电平时，SDA 由低电平向高电平跳变，结束传送数据。

应答信号：接收数据的 IC 在接收到 8bit 数据后，向发送数据的 IC 发出特定的低电平脉冲，表示已收到数据。CPU 向受控单元发出一个信号后，等待受控单元发出一个应答信号，CPU 接收到应答信号后，根据实际情况作出是否继续传递信号的判断。若未收到应答信号，则判断为受控单元出现故障。

启动信号由主器件产生。如图 13-2 所示，当 SCL 信号为高电平时，SDA 产生由高变低的电平变化，即产生一个启动信号。当 I²C 总线上产生了启动信号后，这条总线就被发出启动信号的主器件占用了，变成"忙"状态；当 SCL 信号为高电平时，SDA 产生一个由低变高的

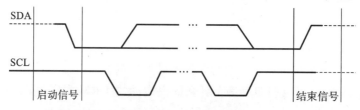

图 13-2　I²C 总线启动和停止信号的定义

电平变化,即产生一个停止信号。停止信号也由主器件产生,作用是停止与某个从器件之间的数据传输。当 I²C 总线上产生了一个停止信号后,在几个时钟周期之后总线就被释放,变成"闲"状态。

◆ 13.1.3 I²C 总线的数据传输

1. 数据传输格式

放置到 SDA 线上的每个字节应该以 8 位为长度,每次传输字节可以无限制地发送。起始条件随后的第一个字节应该包含地址字段。当 I²C 总线工作在主机模式时,可以由主机发送该地址字段。每个字节都应该跟随一个应答(ACK)位,总是最先发送串行数据和地址的 MSB。I²C 总线接口数据格式如图 13-3 所示。

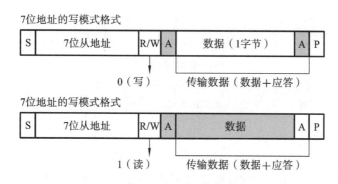

图 13-3 I²C 总线接口数据格式

由于某种原因从机不对主机寻址信号应答时(如从机正在进行实时性的处理工作而无法接收总线上的数据),它必须将数据线置于高电平,而由主机产生一个终止信号以结束总线的数据传送。

如果从机对主机进行了应答,但当数据传送一段时间后无法继续接收更多的数据时,从机可以通过对无法接收的第一个数据字节的"非应答"来通知主机,主机则应发出终止信号以结束数据传送。

当主机接收数据时,它收到最后一个数据字节后,必须向从机发出一个结束数据传送的信号。这个信号是由对从机的"应答"来实现的。然后,从机释放 SDA 线,以允许主机产生终止信号。

I²C 总线上传送的数据信号是广义的,既包括地址信号,又包括真正的数据信号。

在起始信号后必须传送一个从机的地址(7 位),第 8 位是数据的传送方向位(R/T),用"0"表示主机发送数据(T),"1"表示主机接收数据(R)。每次数据传送总是由主机产生的终止信号结束。但是,若主机希望继续占用总线进行新的数据传送,则可以不产生终止信号,接着发出起始信号对另一从机进行寻址。

在总线的一次数据传送过程中,可以有以下几种组合方式。

(1)主机向从机发送数据,数据传送方向在整个传送过程中不变,如图 13-4 所示。

(2)主机在第一个字节后,立即从从机读取数据,如图 13-5 所示。

(3)在传送过程中,当需要改变传送方向时,起始信号和从机地址都被重复产生一次,但两次读/写方向位正好反向,如图 13-6 所示。

图 13-4　总线数据传输方式 a

注：有阴影部分表示数据由主机向从机传送，无阴影部分则表示数据由从机向主机传送。A 表示应答，$\overline{A}$ 表示非应答（高电平）。S 表示起始信号，P 表示终止信号。

图 13-5　总线数据传输方式 b

注：有阴影部分表示数据由主机向从机传送，无阴影部分则表示数据由从机向主机传送。A 表示应答，$\overline{A}$ 表示非应答（高电平）。S 表示起始信号，P 表示终止信号。

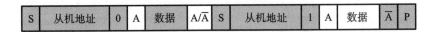

图 13-6　总线数据传输方式 c

注：有阴影部分表示数据由主机向从机传送，无阴影部分则表示数据由从机向主机传送。A 表示应答，$\overline{A}$ 表示非应答（高电平）。S 表示起始信号，P 表示终止信号。

2. 数据传输过程

1）发送 ACK 信号

为了完成一次单字节传输操作，接收器应该发送一个 ACK 位给发送器。如图 13-7 所示，ACK 脉冲应该发生在 SCL 线的第 9 个时钟。前 8 个时钟是提供给单字节传输的。主机需要产生时钟脉冲来发送 ACK 位。当发送器收到 ACK 时钟脉冲时应该通过拉高 SDA 线来释放 SDA 线。接收器在 ACK 时钟脉冲期间也应该驱动 SDA 线为低电平，以使在第 9 个脉冲的高电平期间保持 SDA 为低电平。同时发送器探测到 SDA 为低电平，就认为接收器成功接收了前面的 8 位数据。

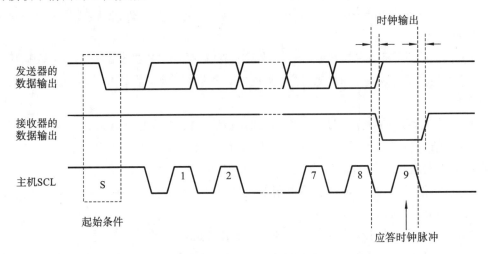

图 13-7　I²C 总线上的应答

ACK 位发送功能可以由软件（IICSTAT）使能或禁止。然而，需要 SCL 的第 9 个时钟上的 ACK 脉冲来完成单字节的传输操作。

2）起始和停止条件

Exynos4412 的 I²C 总线接口有 4 种工作模式：主机发送模式、主机接收模式、从机发送模式、从机接收模式。

当 I²C 总线接口不活动时，其通常处于从机模式。换句话说，该接口在从 SDA 线上检测到起始条件（当 SCL 时钟信号为高时，一个由高到低的 SDA 变化可以启动一个起始条件）之前应该处于从机模式。当接口状态被改为主机模式时，可以发送数据到 SDA 上并且产生 SCL 信号。

起始条件可以传输 1 字节串行数据到 SDA 线上，而停止条件可以结束数据的传输。停止条件是当 SCL 时钟信号为低时 SDA 线电平由低向高变化。起始条件和停止条件总由主机产生。当产生了一个起始条件时 I²C 总线变为忙，停止条件将使得 I²C 总线空闲。

当主机发起一个起始条件时，其应该送出一个从机地址来通知从设备。地址字段的 1 字节由 7 位地址和 1 位传输方向标志（表现为读或写）组成，如果位[8]为 0，则表示一个写操作（发送操作）；如果位[8]为 1，则表示一个数据读取的请求（接收操作）。主机将通过发送一个停止条件来完成传输操作。如果主机希望持续发生数据到总线上，其应该在同一个从地址再产生一个起始条件，这样就可以执行各种格式的读写操作，如图 13-8 所示。

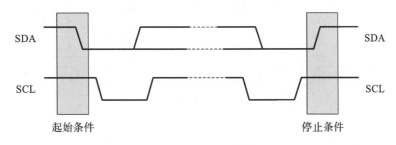

图 13-8　起始和停止条件

3）总线竞争仲裁

I²C 总线上可以挂接多个器件，有时会发生两个或多个主器件同时想占用总线的情况。I²C 总线具有多主控能力，可对发生在 SDA 线上的总线竞争进行仲裁，其仲裁原则是：当多个主器件同时想占用总线时，如果某个主器件发送高电平，而另一个主器件发送低电平，则发送电平与此时 SDA 总线电平不符的那个器件将自动关闭其输出级。

总线竞争的仲裁是在两个层次上进行的。首先是地址位的比较，如果主器件寻址同一个从器件，则进入数据位的比较，从而确保竞争仲裁的可靠性。由于仲裁利用的是 I²C 总线上的信息，因此不会造成信息的丢失。

发生在 SDA 线上的仲裁是预防总线上两个主机的竞争。如果 SDA 为高电平的主机检测到第二台主机的 SDA 激活了低电平，其将不会启动数据传输，这是因为总线上的当前电平与第一台主机拥有的电平不符合。此时，仲裁步骤将扩展直到 SDA 线变为高电平。

然而，当主机同时拉低 SDA 线时，每个主机都应该判断是否分配了主控给自己。为了判断，每个主机应该检测地址位。当每个主机都产生从地址时，它们也应该检测 SDA 线上的地址位，这是因为 SDA 线更倾向于获得低电平而不是保持为高电平。假定一个主机产生了一个低电平作为第一个地址位，同时其他主机保持为高电平。在这种情况中，主机都将检测到总线上的低电平，因为低电平状态在电平上优先于高电平状态。当发生这种情况时，产生低电平(作为地址的第一位)的主机将得到主控,同时产生高电平(作为地址的第一位)的主机应该退出主控。如果主机都产生低电平作为地址的第一位,它们应该继续通过第二个地址位进行仲裁。这种仲裁将持续到最后一个地址位。

图 13-9 所示是一个总线竞争和仲裁的例子。假如某 I^2C 总线系统中存在两个主器件节点,分别记为主器件 1 和主器件 2,其数据输出端分别为 DATA1 和 DATA2,它们都有控制总线的能力,这就有可能发生总线冲突(即写冲突)。假设在某一瞬间两者相继向总线发出了启动信号,鉴于 I^2C 总线的"线与"特性,数据线 SDA 上得到的信号波形便是 DATA1 和 DATA2 两者相与的结果,该结果略微比送出低电平的主器件 1 超前,其 DATA1 的下降沿被当作 SDA 的下降沿。在总线被启动后,主器件 1 企图发送数据"101…",主器件 2 企图发送数据"100101…"。两个主器件每次在发出一个数据位的同时都要对自己输出端的信号电平进行抽检,只要抽检的结果与自身预期的电平相符,就会继续占用总线,总线控制权也就得不到裁定结果。主器件 1 的第 3 位期望发送"1",也就是在第 3 个时钟周期内送出高电平。

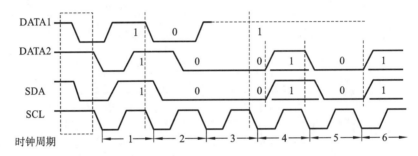

图 13-9   总线竞争与仲裁示例

在该时钟周期的高电平期间,主器件 1 进行例行抽检时,结果检测到一个不相匹配的电平"0",这时主器件 1 只好放弃总线控制权;因此,主器件 2 就成了总线的唯一主宰者,总线控制权也就被裁定,从而实现了总线仲裁的功能。

从以上总线仲裁的完成过程可以得出:仲裁过程主器件 1 和主器件 2 都不会丢失数据;各个主器件没有优先级别之分,总线控制权是随机裁定的,即使是抢先发送启动信号的主器件 1 最终也并没有得到控制权。系统实际上遵循的是"低电平优先"的仲裁原则,将总线判给在数据线上先发送低电平的主器件,而其他发送高电平的主器件将失去总线控制权。

◆ 13.1.4 I^2C 总线的寻址方式

I^2C 总线协议明确规定必须采用 7 位寻址字节(寻址字节是起始信号后的第一个字节)。

第一个字节的头 7 位组成了从机地址,最低位(LSB)是第 8 位,它决定了传输的方向,如图 13-10 所示。第一个字节的最低位是"0",表示主机会写信息到被选中的从机;"1"表示主机会向从机读信息,当发送一个地址后,系统中的每个器件都在起始条件后将头 7 位与自身

图 13-10   寻址字节的位定义

地址比较,如果一样,器件会判定它被主机寻址,至于是从机接收器还是从机发送器,则由 R/W 位决定。

10 位寻址和 7 位寻址兼容,而且可以结合使用。

10 位寻址采用了保留的 1111XXX 作为起始条件(S),或重复起始条件(Sr)后的第一个字节的头 7 位。10 位寻址不会影响已有的 7 位寻址,有 7 位和 10 位地址的器件可以连接到相同的 I²C 总线。它们都能用于标准模式(F/S)和高速模式(Hs)系统。

保留地址位 1111XXX 有 8 个组合,但是只有 4 个组合 11110XX 用于 10 位寻址,剩下的 4 个组合 11111XX 保留给后续增强的 I²C 总线。10 位从机地址是由起始条件(S)或重复起始条件(Sr)后的头两个字节组成。

第一个字节的头 7 位是 11110XX 的组合,其中最后两位(XX)是 10 位地址的两个最高位(MSB)。

第一个字节的第 8 位是 R/W 位,决定了传输方向,第一个字节的最低位是"0",表示主机将写信息到选中的从机,最低位是"1"表示主机将向从机读信息。

如果 R/W 位是"0",则下一个字节是 10 位从机地址剩下的 8 位;如果 R/W 位是"1",则下一个字节是从机发送给主机的数据。

◆ 13.1.5　I²C 总线的速度模式

1.快速模式

快速模式器件可以在 400 Kbit/s 速率下接收和发送数据。最小要求是:快速模式器件可以和 400 Kbit/s 传输同步,可以延长 SCL 信号的低电平周期来减慢传输速率。快速模式器件能向下兼容,可以和标准模式器件一样在 0~100 Kbit/s 的 I²C 总线系统中通信。但是,由于标准模式器件不向上兼容,因此不能在快速模式 I²C 总线系统中工作。快速模式 I²C 总线规范与标准模式相比有以下特征:

(1)最大位速率增加到 400 Kbit/s。

(2)调整了串行数据线 SDA 和串行时钟线 SCL 的信号时序。

(3)快速模式器件的输入有抑制毛刺的功能,SDA 和 SCL 输入有施密特触发器。

(4)快速模式器件的输出缓冲器对 SDA 和 SCL 信号的下降沿有斜率控制功能。

(5)如果快速模式器件的电源电压被关断,SDA 和 SCL 的 I/O 引脚必须悬空,不能阻塞总线。

(6)连接到总线的外部上拉器件必须调整,以适应快速模式 I²C 总线更短的最大允许上升时间。对于最大负载是 200 pF 的总线,每条总线的上拉器件可以是一个电阻;对于负载在 200~400 pF 之间的总线,上拉器件可以是一个电流源(最大值 3 mA)或者开关电阻。

2.高速模式

I²C 高速模式下的总线规范如下。

(1)Hs 模式主机器件有一个 SDAH 信号的开漏输出缓冲器和一个在 SCLH 信号输出的开漏极下拉和电流源上拉电路。这个电流源电路缩短了 SCLH 信号的上升时间,任何时候在 Hs 模式下只有一个主机的电流源有效。

(2)在多主机系统的 Hs 模式中,不执行仲裁和时钟同步,以加速位处理能力。仲裁过程一般在前面用 F/S 模式传输主机码后结束。

（3）Hs 模式主机器件以高电平和低电平是 1∶2 的比率产生一个串行时钟信号,解除了建立和保持时间的时序要求。

（4）可以选择 Hs 模式器件有内建的电桥。在 Hs 模式传输中,Hs 模式器件的高速数据（SDAH）线和高速串行时钟（SCLH）线通过这个电桥与 F/S 模式器件的 SDA 线和 SCL 线分隔开来。减轻了 SDAH 和 SCLH 线的电容负载,使上升和下降时间更快。

（5）Hs 模式从机器件与 F/S 模式从机器件的唯一差别是它们工作的速度。Hs 模式从机在 SCLH 和 SDAH 输出有开漏输出的缓冲器。SCLH 引脚可选的下拉晶体管可以用于拉长 SCLH 信号的低电平,但只允许在 Hs 模式传输的响应位后进行。

（6）Hs 模式器件的输出可以抑制毛刺,而且 SDAH 和 SCLH 输出有一个施密特触发器。

（7）Hs 模式器件的输出缓冲器对 SDAH 和 SCLH 信号的下降沿有斜率控制功能。

13.2　Exynos4412 的 I²C 总线接口及寄存器

Exynos4412 可以通过 I²C 串行总线接口和各种外设进行数据传输。Exynos4412 有 9 个 I²C 总线控制器,其中 8 个是通用的 I²C 控制器,1 个是专门为 HDMI 提供的 I²C 总线控制器。

下面是 I²C 控制器的特性:

- 支持全双工通信。
- 支持 8/16/32 位移位寄存器。
- 支持 8/16/32 位总线接口。
- 支持国家半导体 SPI 协议。
- 两个独立的 32 位宽的传输和接收 FIFO。
- 支持主设备模式和从设备模式。
- 支持 Receive-without-transmit 操作。
- TX/RX 最大频率高达 50 MHz。

Exynos4412 提供了一个 I²C 总线接口,其控制寄存器框图如图 13-11 所示。Exynos4412 具有一个专门的串行数据线和串行时钟线,为了控制多主机 I²C 总线操作,必须将值写入到以下寄存器中:

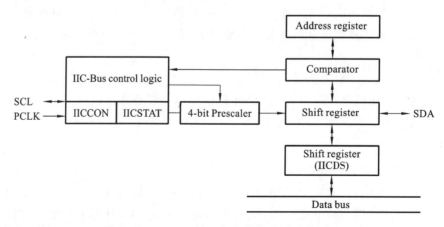

图 13-11　Exynos4412 I²C 总线控制寄存器框图

（1）多主机 I²C 总线控制寄存器（IICCON）。

（2）多主机 I²C 总线控制/状态寄存器（IICSTAT）。

(3)多主机 I²C 总线 TX/RX 数据移位寄存器(IICDS)。

(4)多主机 I²C 总线地址寄存器(IICADD)。

配置 I²C 总线可以通过编程 IICCON 寄存器中的 4 位预分频器值来控制串行时钟(SCL)的频率。I²C 总线接口地址被储存在 I²C 线地址寄存器(IICADD)中(默认 I²C 总线接口地址包含一个未知值)。下面介绍 I²C 接口的常用寄存器。

◆ 13.2.1 多主机 I²C 总线控制寄存器(IICCON)

IICCON(多主机 I²C 总线控制寄存器)为可读/写寄存器,地址为 0x54000000,复位值为 0x0X,其位功能描述和定义如表 13-1 和表 13-2 所示。

表 13-1　IICCON 的位功能描述

寄 存 器	地　址	类　型	描　述	复 位 值
IICCON	0x54000000	R/W	I²C 总线控制寄存器	0x0X

表 13-2　IICCON 的位功能定义

IICCON	位	描　述	初 始 状 态
应答发生①	[7]	I²C 总线应答使能位。 0＝禁止;1＝允许。 TX 模式中,IICSDA 在应答时间为空闲。 RX 模式中,IICSDA 在应答时间为低	0
TX 时钟源选择	[6]	I²C 总线发送时钟预分频器的时钟源选择位。 0:IICCLK＝fPCLK/16; 1:IICCLK＝fPCLK/512	0
TX/RX 中断②	[5]	I²C 总线 TX/RX 中断使能位。 0＝禁止;1＝允许	0
中断挂起标志③④	[4]	I²C 总线 TX/RX 中断挂起标志。不能写 1 到此位。当此位读取到 1 时,IICSCL 限制为低并且停止 I²C。清除此位为 0 以继续操作。 　0:(1)无中断挂起(读时); 　(2)清除挂起条件并且继续操作(写时)。 　1:(1)中断挂起(读时); 　(2)N/A(写时)	0
发送时钟值⑤	[3:0]	I²C 总线发送时钟预分频器。 I²C 总线发送时钟预分频器是由 4 位预分频值按以下公式决定的: 　TX 时钟＝IICCLK/(IICCON[3:0]＋1)	未定义

注:①RX 模式中,EEPROM 接口为了产生停止条件会在读取最后数据之前禁止产生应答。

②当 IICCON[5]＝0,IICCON[4]不正确时执行的工作。因此,即使不使用 I²C 中断也推荐设置 IICCON[5]＝1。

③I²C 总线中断发生在:a.当完成 1 字节发送或接收操作时;b.当广播呼叫或从地址匹配发生时;c.当总线仲裁失败时。

④为了在 SCL 上升沿之前调整 SDA 的建立时间,必须在清除 I²C 中断挂起位前写 IICDS。

⑤IICCLK 由 IICCON[6]决定。TX 时钟可以由 SCL 变化时间改变。当 IICCON[6]＝0 时,IICCON[3:0]＝0x0 或 0x1,为不可用。

◆ **13.2.2 多主机 I²C 总线控制/状态寄存器（IICSTAT）**

IICSTAT（多主机 I²C 总线控制/状态寄存器）为可读/写寄存器，地址为 0x54000004，复位值为 0x0，其位功能描述和定义如表 13-3 和表 13-4 所示。

表 13-3　IICSTAT 的位功能描述

寄　存　器	地　　址	类　　型	描　　　　述	复　位　值
IICSTAT	0x54000004	R/W	I²C 总线控制/状态寄存器	0x0

表 13-4　IICSTAT 的位功能定义

IICSTAT	位	描　　　述	初　始　状　态
模式选择	[7:6]	I²C 总线主机/从机的 TX/RX 模式选择位。 00:从接收模式； 01:从发送模式； 10:主接收模式； 11:主发送模式	00
忙信号状态/ 起始停止条件	[5]	I²C 总线忙信号状态位。 0:不忙(读时)；停止信号产生(写时)。 1:忙(读时)；启动信号产生(写时)。 只在启动信号后自动传输 IICDS 中的数据	0
串行输出	[4]	I²C 总线数据输出使能/禁止位。 0:禁止 RX/TX； 1:使能 RX/TX	0
仲裁状态标志	[3]	I²C 总线仲裁过程状态标志位。 0:总线仲裁成功； 1:串行 I/O 间总线仲裁失败	0
从地址状态标志	[2]	I²C 总线从地址状态标志位。 0:发现起始/停止条件清除； 1:收到从地址与 IICADD 中地址值匹配	0
地址零状态标志	[1]	I²C 总线地址零状态标志位。 0:发现起始/停止条件清除； 1:收到从地址为 00000000b	0
最后收到位 状态标志	[0]	I²C 总线最后收到位状态标志位。 0:最后收到位为 0(已收到 ACK)； 1:最后收到位为 1(未收到 ACK)	0

◆ **13.2.3 多主机 I²C 总线地址寄存器（IICADD）**

IICADD（多主机 I²C 总线地址寄存器）为可读/写寄存器，地址为 0x54000008，复位值为 0x0XX，其位功能描述和定义如表 13-5 和表 13-6 所示。

表 13-5　IICADD 的位功能描述

寄 存 器	地　　址	类　　型	描　　述	复 位 值
IICADD	0x54000008	R/W	I²C 总线地址寄存器	0x0XX

表 13-6　IICADD 的位功能定义

IICADD	位	描　　述	初 始 状 态
从地址	[7:0]	从 I²C 总线锁存的 7 位从地址。 当 IICSTAT 中串行输出使能＝0 时，IICADD 为写使能。可以在任意时间读取 IICADD 的值，不用考虑当前输出使能位（IICSTAT）的设置。 从地址：[7:1]。 未映射：[0]	XXXXXXXX

◆　**13.2.4　多主机 I²C 总线 TX/RX 数据移位寄存器（IICDS）**

IICDS（多主机 I²C 总线 TX/RX 数据移位寄存器）为可读/写寄存器，地址为 0x5400000C，复位值为 0x0XX，其位功能描述和定义如表 13-7 和表 13-8 所示。

表 13-7　IICDS 的位功能描述

寄 存 器	地　　址	类　　型	描　　述	复 位 值
IICDS	0x5400000C	R/W	I²C 总线发送/接收数据移位寄存器	0x0XX

表 13-8　IICDS 的位功能定义

IICDS	位	描　　述	初 始 状 态
数据移位	[7:0]	I²C 总线 TX/RX 操作的 8 位数据移位寄存器。 当 IICSTAT 中串行输出使能＝1，IICDS 为写使能。可以在任意时间读取 IICDS 的值，不用考虑当前输出使能位（IICSTAT）的设置	XXXXXXXX

◆　**13.2.5　多主机 I²C 总线线控制寄存器（IICLC）**

IICLC（多主机 I²C 总线线控制寄存器）为可读/写寄存器，地址为 0x54000010，复位值为 0x00，其位功能描述和定义如表 13-9 和表 13-10 所示。

表 13-9　IICLC 的位功能描述

寄 存 器	地　　址	类　　型	描　　述	复 位 值
IICLC	0x54000010	R/W	I²C 总线线控制寄存器	0x00

表 13-10　IICLC 的位功能定义

IICLC	位	描　　　述	初 始 状 态
滤波器使能	[2]	I^2C 总线滤波使能位。 当 SDA 端口工作在输入时,应该设置此位为高。这个滤波器可以防止两个 PCLK 期间由于干扰而发生错误。 0:禁止滤波器; 1:使能滤波器	0
SDA 输出延时	[1:0]	I^2C 总线 SDA 线延时长度选择位。 SDA 线按以下时钟时间(PCLK)延时: 00:0 个时钟; 01:5 个时钟; 10:10 个时钟; 11:15 个时钟	00

13.3　Exynos4412 的 I^2C 总线接口应用实例

Exynos4412 的 I^2C 总线接口有四种工作模式,本实例只把 Exynos4412 当作 I^2C 总线的主设备来使用,因此只使用前两种,即主机发送模式和主机接收模式。

在主机发送模式下,工作流程如图 13-12 所示。首先配置 I^2C 模式,然后把从设备地址写入 TX/RX 数据移位寄存器 IICDS 中,再把 0xF0 写入控制状态寄存器 IICSTAT 中,这时等待从设备发送应答信号。如果想要继续发送数据,就在接收到应答信号后,再把待发送的数据写入寄存器 IICDS 中,清除中断标志后,再次等待应答信号;如果不想再发送数据了,就把 0xD0 写入寄存器 IICSTAT 中,清除中断标志并等待停止条件,接收停止条件后,即完成了一次主设备的发送。

在主机接收模式下,其工作流程如图 13-13 所示。首先配置 I^2C 模式,然后把从设备地址写入 TX/RX 数据移位寄存器 IICDS 中,再把 0xB0 写入控制状态寄存器 IICSTAT 中,这时等待从设备发送应答信号。如果想要继续接收数据,就在应答信号后,读取寄存器 IICDS,清除中断标志;如果不想接收数据了,就向寄存器 IICSTAT 写入 0x90,清除中断标志并等待停止条件,接收到停止条件后,即完成了一次主机的接收。

在完成上述两个模式时,主要用到了控制寄存器 IICCON、控制状态寄存器 IICSTAT 和 TX/RX 数据移位寄存器 IICDS。由于我们只把 Exynos4412 当主设备来用,并且系统的 I^2C 总线上只有这么一个主设备,因此用来设置从设备地址的地址寄存器 IICADD,和用于仲裁总线的多主机 I^2C 总线线控制寄存器 IICLC 都无须配置。寄存器 IICCON 的第 6 位和低 4 位用于设置 I^2C 的时钟频率,因为 I^2C 的时钟线 SCL 都是由主设备提供的。S3C2440 的 I^2C 时钟源为 PCLK,当系统的 PCLK 为 50 MHz,而从设备最高需要 100 kHz 时,可以将 IICCON 的第 6 位置 1,IICCON 的低 4 位全置 0。寄存器 IICCON 的第 7 位用于设置是否发出应答信号,第 5 位用于是否使能发送和接收中断,第 4 位用于中断的标志,当接收或发送数据后一定要对该位进行清零,以清除中断标志。寄存器 IICSTAT 的高 2 位用于设置是哪种操作模式,当向第 5 位写 0 或写 1 时,则表示结束 I^2C 或开始 I^2C 通信,第 4 位用于是否

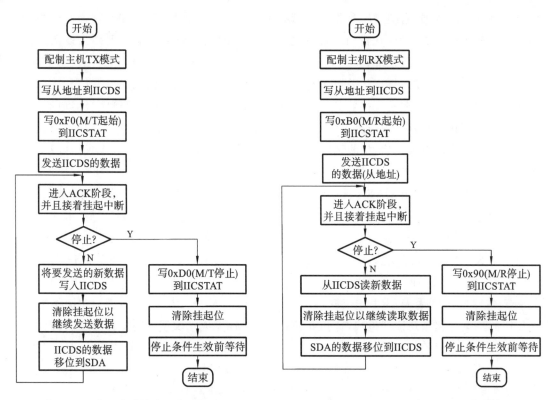

| 图 13-12 主机发送模式工作流程图 | 图 13-13 主机接收模式工作流程图 |

使能接收/发送数据。

为了实现主机和从机的正常通信,不但要了解主机的操作模式,还要清楚从机的运行机制,在这里,从设备选用 EEPROM——AT24C02A,要想让 Exynos4412 能够正确地对 AT24C02A 进行读写,就必须让 Exynos4412 的时序与 AT24C02A 的时序完全相同。AT24C02A 的接口电路图如图 13-14 所示。

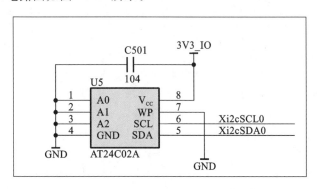

图 13-14 AT24C02A 接口电路图

AT24C02A 的写操作有两种模式:字节写和页写。字节写是先接收带有写命令的设备地址信息,如果符合就应答,再接收设备内存地址信息,发出应答后,再接收要写入的数据,这样就完成了字节写过程。页写与字节写的区别就是,页写可以一次写多个数据,而字节写只能一次写一个数据。由于 AT24C02A 的一页才 8 个字节,因此页写最多写 8 个数据,而且只能在该页内写,不会发生一次页写同时写两页的情况。

AT24C02A 的读操作有三种模式:当前地址读、随机读和序列读。当前地址读是只能读取当前地址内的数据，它的时序是先接收带有读命令的设备地址信息，如果符合就应答，然后发送当前地址内的数据，在没有接收从主设备发来的应答信号的情况下终止该次操作。随机读的时序是，连续接收带有写命令的设备地址信息和设备内存地址信息，主设备重新开启 I²C 通信，AT24C02A 再次接收到带有读命令的设备地址信息，在发出应答信号以后，发送该内存地址的数据，在没有接收到任何应答信号的情况下结束该次通信。当前地址读和随机读一次都只能读取一个数据，而序列读一次可以读取若干个数据。其时序如下：在当前地址读或随机读发出数据后，接收到应答信号，AT24C02A 会把下一个内存地址中的数据送出，除非 AT24C02A 接收不到任何应答信号。序列读没有一页 8 个字节的限制。

以下是程序，我们用 UART 来实现 PC 机对 AT24C02A 的读写。UART 的通信协议是：PC 机先发送命令字节，0xC0 表示要向 AT24C02A 写数据，0xC1 表示要读取 AT24C02A 的数据，在命令字节后，紧跟着的是设备内存地址和写入或读取的字节数。如果是写 EEPROM 数据，则在这三个字节后是要写入的数据内容。在 UART 通信完毕后，Exynos4412 会根据命令的不同，写入或读取 AT24C02A，如果是读取 EEPROM，则 Exynos4412 还会利用 UART 把读取到的数据上传到 PC 机。在与 AT24C02A 操作中，我们使用的是页写和序列读的模式，这样可以最大限度地完成一次读或写操作，而且我们所编写的页写和序列读子程序同样可以实现字节写和随机读的模式。

```
unsigned char iic_buffer[8];        //I²C 数据通信缓存数组
unsigned char address,length;       //EEPROM 内存地址和数据通信的长度
unsigned char flag;                 //应答标志
unsigned char comm;                 //命令
unsigned char devAddr=0xa0;         //从设备 AT24C02A 的地址
```

（1）I²C 写操作，通过函数 wr24c02a 完成，对 AT24C02A 采用页写方式，当 sizeofdate 为 1 时，是字节写方式，输入参数依次为设备内存地址、I²C 数据缓存数组和要写入的数据个数。

```
    void wr24c02a(unsigned char wordAddr,unsigned char *buffer,int sizeofdate )
{
    int i;
    flag=1;                         //应答标志
    rIICDS=devAddr;
    rIICCON &=~0x10;                //清除中断标志
    rIICSTAT=0xf0;                  //主设备发送模式
    while(flag==1)                  //等待从设备应答
        delay(100);                 //一旦进入 I²C 中断，即可跳出该死循环
    flag=1;
    rIICDS=wordAddr;                //写入从设备内存地址
    rIICCON &=~0x10;
    while(flag)
        delay(100);                 //连续写入数据
    for(i=0;i<sizeofdate;i++)
    {
        flag=1;
```

```
        rIICDS=*(buffer+i);
        rIICCON &=~0x10;
        while(flag)
            delay(100);
    }
    rIICSTAT=0xd0;                  //发出 stop 命令,结束该次通信
    rIICCON=0xe0;                   //为下次 I²C 通信做准备
    delay(100);                     //等待
}
```

(2)I²C 读操作,通过函数 rd24c02a(unsigned char wordAddr,unsigned char ＊ buffer, int sizeofdate)完成,对 AT24C02A 采用序列读方式,当 sizeofdate 为 1 时,是随机读方式,输入参数依次为设备内存地址、I²C 数据缓存数组和要读取的数据个数。

```
void rd24c02a(unsigned char wordAddr,unsigned char *buffer,int sizeofdate )
{
    int i;
    unsigned char temp;
    flag=1;
    rIICDS=devAddr;
    rIICCON &=~0x10;                //清除中断标志
    rIICSTAT=0xf0;                  //主设备发送模式
    while(flag)
        delay(100);
    flag=1;
    rIICDS=wordAddr;
    rIICCON &=~0x10;
    while(flag)
        delay(100);
    flag=1;
    rIICDS=  devAddr;
    rIICCON &=~0x10;
    rIICSTAT=0xb0;                  //主设备接收模式
    while (flag)
        delay(100);
    flag=1;
    temp=rIICDS;                    //读取从设备地址
    rIICCON &=~0x10;
    while(flag)
        delay(100);
//连续读
    for(i=0;i<sizeofdate;i++)
    {
        flag=1;
        if(i==sizeofdate-1)         //如果是最后一个数据
```

```
        rIICCON &=~0x80;            //不再响应
    * (buffer+i)=rIICDS;
    rIICCON &=~0x10;
    while(flag)
        delay(100);
    }
    rIICSTAT=0x90;                  //结束该次通信
    rIICCON=0xe0;
    delay(100);
}
```

(3)I^2C 通信中断,通过函数 void __irq IicISR(void)完成。

```
void __irq IicISR(void)
{
    rSRCPND |=0x1<<27;
    rINTPND |=0x1<<27;
    flag=0;                     //清除标志
}
```

(4)UART 通信中断,通过函数 void __irq uartISR(void)完成。

```
void __irq uartISR(void)
{
    char ch;
    static char command;
    static char count;
    rSUBSRCPND |=0x1;
    rSRCPND |=0x1<<28;
    rINTPND |=0x1<<28;
    ch=rURXH0;                  //接收字节数据
    if(command==0)              //判断命令
    {
        switch(ch)
        {
        case 0xc0:              //写 EEPROM
            command=0xc0;
            count=0;
            comm=0;
        break;
        case 0xc1:              //读 EEPROM
            command=0xc1;
            count=0;
            comm=0;
        break;
        default:
            command=0;
```

```
                count=0;
                rUTXH0=ch;
            break;
            }
    }
    else
    {
        if(command==0xc0)        //写命令
        {
        count++;
        if (count==1)
        {
            address=ch;          //接收设备内存地址信息
        }
        else if(count==2)
        {
            length=ch;           //接收写入数据个数信息
        }
        else                     //接收具体要写入 EEPROM 的数据
        {
            iic_buffer[count-3]=ch;
            if(count==length+2)  //接收完本次所有数据
            {
                rUTXH0=0xc0;
                count=0;
                command=0;
                comm=1;          //标志写命令,用于主程序
            }
        }
    }
    else if(command==0xc1)       //读命令
    {
        count++;
        if(count==1)
        {
            address=ch;          //接收设备内存地址信息
        }
        else
        {
            length=ch;           //接收读取数据个数信息
            rUTXH0=0xc1;
            count=0;
            command=0;
```

```
                comm=2;                    //标志读命令,用于主程序
            }
        }
    }
}
```

（5）主程序。

```
void Main(void)
{
    ……
//初始化 IIC
rIICCON= 0xe0;                              //设置 I²C 时钟频率,使能应答信号,并开启中断
rIICSTAT= 0x10;
pISR_UART0= (U32)uartISR;
    pISR_IIC= (U32)IicISR;
    flag=1;
    comm=0;
    while(1)
    {
        switch(comm)                    //判断命令
        {
            case 1:                      //写 EEPROM 命令
                wr24c02a(address,iic_buffer,length);
                comm=0;
                flag=1;
                address=0;
                length=0;
            break;
            case 2:                       //读 EEPROM 命令
                rd24c02a(address,iic_buffer,length);
                comm=0;
                flag=1;
                address=0;
                for(i=0;i<length;i++)    //向 PC 机发送数据
                {
                    delay(500);
                    rUTXH0=iic_buffer[i];
                }
                length=0;
            break;
        }
    }
}
```

思考与练习

1. 简述 I²C 的工作原理与结构。

2. 描述 I²C 的数据传输过程，回答什么是总线竞争和仲裁。

3. Exynos4412 的 I²C 接口寄存器有哪些？举例说明其接口应用。

第14章

存储器
接口

　　存储器是计算机系统的一个重要组成部分,本章主要讲解在嵌入式平台上应用较多的各类存储器,以及在 Exynos4412 中应用的 NOR Flash 器件、NAND Flash 典型器件的基本操作方法,希望读者通过这部分的学习能够掌握嵌入式存储器的相关理论、操作知识,达到应用目的。

　　本章主要内容:

　　1. 存储器基本知识;

　　2. Exynos4412 存储器控制器;

　　3. NOR Flash 器件及其主要操作;

　　4. NAND Flash 器件及其主要操作。

14.1 存储器基本知识概述

14.1.1 计算机存储器系统的层次结构

计算机系统的存储器被组织成一个包含 6 层的金字塔形层次结构,如图 14-1 所示,位于整个层次结构最顶部的 S0 层为 CPU 内部寄存器,S1 层为芯片内的高速(Cache)缓存,S2 层为芯片外的高速缓存(SRAM、DRAM、DDRAM),S3 层为主存储器(Flash、PROM、EPROM、EEPROM),S4 层为外部存储器(磁盘、光盘、CF 卡、SD 卡),S5 层为远程二级存储(分布式文件系统、Web 服务器)。

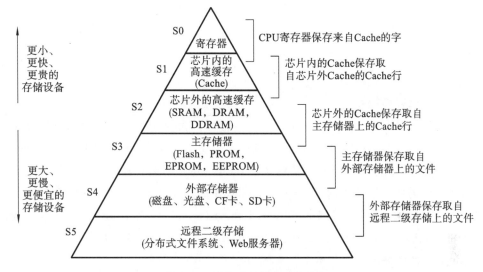

图 14-1 计算机存储器层次结构

在该层次结构中,每一级的上层存储器都作为下层的高速缓存,CPU 寄存器就是 Cache 的高速缓存,寄存器保存来自 Cache 的字;Cache 是内存层的高速缓存,从内存中提取数据送给 CPU 处理,并将 CPU 的处理结果返回到内存中;内存是主存储器的高速缓存,它将经常用到的数据从 Flash 等主存储器中提取出来,放到内存中,从而加快了 CPU 的运行效率。嵌入式系统的主存储器容量是有限的,磁盘、光盘、CF 卡、SD 卡等外部存储器用来保存大信息量的数据。在某些带有分布式文件系统的嵌入式网络系统中,外部存储器就作为其他系统中被存储数据的高速缓存。

14.1.2 高速缓冲存储器

在主存储器和 CPU 之间采用高速缓冲存储器(Cache)可以显著提高存储器系统的性能,许多微处理器体系结构都把它作为其定义的一部分。Cache 能够减少内存平均访问时间。

Cache 可以分为统一 Cache 和独立的数据/程序 Cache。在一个存储系统中,如果指令预取时和数据读写时使用的是同一个 Cache,这时称系统使用统一的 Cache;如果指令预取时和数据读写时使用的是不同的 Cache,各自是独立的,这时称系统使用了独立的 Cache。

用于指令预取的 Cache 称为指令 Cache,用于数据读写的 Cache 称为数据 Cache。

当 CPU 更新了 Cache 的内容时,要将结果写回到主存中,可以采用写通法(write-through)和写回法(write-back)。写通法是指 CPU 在执行写操作时,必须把数据同时写入 Cache 和主存。采用写通法进行数据更新的 Cache 称为写通 Cache。写回法是指 CPU 在执行写操作时,被写的数据只写入 Cache 而不写入主存,仅当需要替换时,才把已经修改的 Cache 块写回到主存中。采用写回法进行数据更新的 Cache 称为写回 Cache。

当进行数据写操作时,可以将 Cache 分为读操作分配 Cache 和写操作分配 Cache 两类。对于读操作分配 Cache,当进行数据写操作时,如果 Cache 未命中,则 Cache 系统只是简单地将数据写入主存中,当需要读取数据时,才进行 Cache 内容预取。对于写操作分配 Cache,当进行数据写操作时,如果 Cache 未命中,Cache 系统就会进行 Cache 内容预取,从主存中将相应的块读取到 Cache 中相应的位置,并执行写操作,把数据写入 Cache 中。对于写通 Cache,数据将同时被写入主存中;对于写回 Cache,数据将在合适的时候被写回主存中。

◆ **14.1.3 常见的嵌入式系统存储设备**

1. RAM(随机存储器)

RAM 可以被读和写,地址可以以任意次序被读。常见 RAM 的种类有 SRAM(static RAM,静态随机存储器)、DRAM(dynamic RAM,动态随机存储器)、DDRAM(double data rate RAM,双倍速率随机存储器)。其中,SRAM 比 DRAM 运行速度快,SRAM 比 DRAM 耗电多,DRAM 需要周期性刷新,DDRAM 是 RAM 的下一代产品。在 133 MHz 时钟频率的条件下,DDRAM 内存带宽可以达到 133 MHz×64 B/8×2=2.1 GB/s,在 200 MHz 时钟频率的条件下,其内存带宽可达到 200 MHz×64 B/8×2=3.2 GB/s 的海量。

2. ROM(只读存储器)

ROM 在烧入数据后,无须外加电源来保存数据,断电后数据不丢失,但速度较慢,适合存储需长期保留的不变数据。在嵌入式系统中,ROM 用固定数据和程序。

常见 ROM 有 mask ROM(掩模 ROM)、PROM(programmable ROM,可编程 ROM)、EPROM(erasable programmable ROM,可擦写 ROM)、EEPROM(电擦除可编程 ROM,也可表示为 E2PROM)、Flash ROM(闪速存储器)。Mask ROM 是一次性由厂家写入数据的 ROM,用户无法修改。PROM 出厂时厂家并没有写入数据,而是保留里面的内容为全 0 或全 1,由用户来编程一次性写入数据。EPROM 可以通过紫外光的照射,擦除原先的程序,芯片可重复擦除和写入。EEPROM 是通过加电擦除原编程数据,通过高压脉冲可以写入数据,写入时间较长。Flash ROM 断电不会丢失数据(NVRAM),可快速读取,电可擦写可编程。

3. Flash memory(闪速存储器)

Flash memory 是嵌入式系统的重要组成部分,用来存储程序和数据,掉电后数据不会丢失。但在使用 Flash memory 时,必须根据其自身特性,对存储系统进行特殊设计,以保证系统的性能达到最优。Flash memory 是一种非易失存储器(non-volatile memory,NVM),根据结构的不同可以分成 NOR Flash 和 NAND Flash 两种。

Flash memory 在物理结构上分成若干个区块,区块之间相互独立。NOR Flash 把整个存储区分成若干个扇区(sector),而 NAND Flash 把整个存储区分成若干个块(block),Flash memory 可以对以块或扇区为单位的内存单元进行擦写和再编程。

◆ **14.1.4 Flash ROM**

Flash 器件是近年来迅速发展的新型半导体存储器。它的主要特点是在不加电的情况下能长期保存存储的信息。就其本质而言,Flash memory 属于 EEPROM 类型。它既有 ROM 的特点,又有很高的存取速度,而且易于擦除和重写,功耗很小。

Flash 是在 EEPROM 的基础上发展而来的,它将多晶硅浮栅极充电至不同的电平,不同的电平对应不同的阈电压而代表不同的数据。Flash 存储单元有两种基本类型结构:单级单元 SLC(single-level cell)和多级单元 MLC(multi-level cell)。传统的 SLC 存储单元只有 2 个阈电压(0/1),只能存储 1 位信息。MLC 的每个存储单元中有 4 个阈电压(00/01/10/11),可以存储 2 位信息。

Flash memory 具有许多独特优点,在一些较新的主板上采用 Flash ROM BIOS 会使得 BIOS 升级非常方便。Flash memory 可用作固态大容量存储器。目前普遍使用的大容量存储器仍为硬盘。硬盘虽有容量大和价格低的优点,但它是机电设备,有机械磨损,可靠性及耐用性相对较差,抗冲击、抗振性能差,功耗大。因此,业界一直希望找到取代硬盘的手段。随着 Flash memory 集成度不断提高,价格不断降低,其在便携机上取代小容量硬盘已成为可能。在一些 Flash 驱动卡中,除 Flash 芯片之外还有由微处理器和其他逻辑电路组成的控制电路。它们与 IDE 标准兼容,可在 DOS 下像硬盘一样直接操作,因此也常把它们称为 Flash 固态盘。Flash memory 的不足之处仍然是容量不够大,价格不够便宜,因此主要应用于要求可靠性高、重量轻,但容量不大的便携式系统中。

本书主要讨论 Flash 存储芯片在嵌入式系统中的应用。Flash 器件具有成本体积小、抗振性能好等特点,非常适合作为非易失存储器应用于嵌入式系统中。

根据存储单元的组合形式差异,Flash 主要有两种类型:或非 NOR Flash 和与非 NAND Flash。NOR Flash 和 NAND Flash 是现在市场上两种主要的非易失闪存技术。Intel 于 1988 年首先开发出 NOR Flash 技术,彻底改变了原先由 EPROM 和 EEPROM 一统天下的局面。紧接着,1989 年,东芝公司发表了 NAND Flash 结构,强调降低每比特的成本,突出更高的性能,并且像磁盘一样可以通过接口轻松升级。下面分析二者的特性及差别。

1. 接口对比

NOR Flash 带有通用 SRAM 接口,可以轻松地挂接在 CPU 的地址、数据总线上,对 CPU 的接口要求低。NOR Flash 的特点是芯片内执行(XIP,execute in place),应用程序可以直接在 Flash 闪存内运行,不必把代码读到系统 RAM 中。

NAND Flash 器件使用复杂的 I/O 端口来串行地存取数据,8 个引脚用来传送控制、地址和数据信息。由于 NAND Flash 的时序较为复杂,因此越来越多的 ARM 处理器都集成 NAND 控制器。由于 NAND Flash 没有挂接在地址总线上,因此如果用 NAND Flash 作为系统的启动盘,就需要 CPU 具备特殊的功能,如 S3C2410 在被选择为 NAND Flash 启动方式时会在上电时自动读取 NAND Flash 的数据到地址 0 的 SRAM 中。如果 CPU 不具备这种特殊功能,用户就不能直接运行 NAND Flash 上的代码,而需采取其他方式,比如很多使用 NAND Flash 的嵌入式平台还用上了一块小的 NOR Flash 来运行启动代码。

2. 容量和成本对比

相比于 NAND Flash,NOR Flash 的容量小得多,一般在 1~16 MB,一些新工艺采用了芯片叠加技术可以把 NOR Flash 的容量做得大一些。在价格方面,NOR Flash 比 NAND Flash 高,如目前市场上一片 4 MB 的 AM29LV320 NOR Flash 零售价在 20 元左右,而一片 128 MB 的 K9F1G08 NAND Flash 零售价在 30 元左右。

NAND Flash 的单元尺寸几乎是 NOR 器件的一半,由于生产过程更简单,NAND Flash 结构可以在给定的模具尺寸内提供更高的容量,也就相应地降低了价格,大概只有 NOR Flash 的十分之一。

3. 可靠性对比

NAND Flash 器件中的坏块是随机分布的,以前也有过消除坏块的努力,但发现成品率太低,代价太高,根本不划算。NAND 器件需要对介质进行初始化扫描以发现坏块,并将坏块标记为不可用。在已制成的器件中,如果通过可靠的方法不能进行这项处理,将导致高故障率。而坏块问题在 NOR Flash 上是不存在的。

在 Flash 的位翻转(一个 bit 位发生翻转)现象上,NAND Flash 的出现概率要比 NOR Flash 大得多。这个问题在 Flash 存储关键文件时是致命的,所以在使用 NAND Flash 时建议同时使用 EDC/ECC 等校验算法。

4. 寿命对比

在 NAND Flash 中每个块的最大擦写次数是一百万次,而 NOR Flash 的擦写次数是十万次。Flash 的使用寿命和文件系统的机制也有关,一般要求文件系统具有损耗平衡功能。

5. 升级对比

NOR Flash 的升级较为麻烦,因为不同容量的 NOR Flash 的地址线需求不一样,所以在更换不同容量的 NOR Flash 芯片时不方便。针对不同容量的 NOR Flash,通常我们会在电路板的地址线上做一些跳接电阻以解决这样的问题。而不同容量的 NAND Flash 的接口是固定的,升级较简单。

6. 读写性能对比

写操作:任何 Flash 器件的写入操作都只能在空或已擦除的单元内进行。NAND Flash 器件执行擦除操作是十分简单的,NOR Flash 则要求擦除前将目标块内所有的位都写为 1。擦除 NOR Flash 器件是以 64~128 KB 的块进行的,执行一个擦除/写入操作的时间约为 5 s。擦除 NAND Flash 器件是以 8~32 KB 的块进行的,执行一个擦除/写入操作最多需要 4 ms。读操作:NOR Flash 的读取操作速度比 NAND Flash 稍快一些。

7. 文件系统比较

Linux 系统采用 MTD 来管理不同类型的 Flash 芯片,包括 NAND Flash 和 NOR Flash。支持在 Flash 上运行的常用文件系统有 cramfs、jffs、jffs2、yaffs、yaffs2 等。cramfs 文件系统是只读文件系统。如果想在 Flash 上实现读写操作,通常在 NOR Flash 上我们会选取 jffs 及 jffs2 文件系统,在 NAND Flash 上选用 yaffs 或 yaffs2 文件系统。yaffs2 文件系统支持大页(大于 512 字节/页)的 NAND Flash 存储器。

8. 易用性比较

NOR Flash 可以非常直接地使用基于 NOR 的闪存,可以像其他存储器那样连接,并可以在上面直接运行代码。而 NAND Flash 由于需要 I/O 接口,因此要复杂得多。各种 NAND Flash 器件的存取方法因厂家而异。在使用 NAND Flash 器件时,必须先写入驱动程序,才能继续执行其他操作。向 NAND Flash 器件写入信息需要相当的技巧,因为设计师绝不能向坏块写入信息,这就意味着在 NAND Flash 器件上自始至终都必须进行虚拟映射。

9. 软件支持

当讨论软件支持的时候,应该区别基本的读/写/擦操作和高一级的用于磁盘仿真和闪存管理算法的软件,包括性能优化。在 NOR Flash 器件上运行代码不需要任何软件支持,在 NAND Flash 器件上进行同样操作时,通常需要驱动程序,也就是内存技术驱动程序(MTD)。NAND Flash 和 NOR Flash 器件在进行写入和擦除操作时都需要 MTD。使用 NOR Flash 器件时所需要的 MTD 相对较少,许多厂商都提供用于 NOR Flash 器件的更高级软件,包括 M-System 的 TrueFFS 驱动,该驱动被 Wind River System、Microsoft、QNX Software System、Symbian 和 Intel 等厂商采用。驱动可用于对 Disk On Chip 产品进行仿真,还可用于管理 NAND 闪存,包括纠错、坏块处理和损耗平衡。

在掌上电脑里使用 NAND Flash 来存储数据和程序,必须由 NOR Flash 来启动。除了 Samsung 处理器,其他用在掌上电脑的主流处理器还不支持直接由 NAND Flash 启动的程序。因此,必须先用一片小的 NOR Flash 启动机器,再把 OS 等软件从 NAND Flash 载入 SDRAM 中运行。

10. 主要供应商

NOR Flash 的主要供应商是 Inter、Micro 等厂商,曾经是 Flash 的主流产品,但市场占有率已随着 NAND Flash 的出现而大大缩小。

NAND Flash 的主要供应商是 Samsung 和东芝,广泛应用于 U 盘、各种存储卡、MP3 播放器等领域。

14.2 Exynos4412 的存储控制器

◆ 14.2.1 Exynos4412 存储空间 BANK 的概念

Flash 要通过系统总线接在处理器上,即保持一个高速的数据交换通道,那么就必须了解处理器的存储相关内容,包括 Flash 在系统总线上的基本操作。

Exynos4412 存储器控制器为访问外部存储器提供了存储器控制信号。Exynos4412 的存储单元包含以下特性:

(1)大/小端模式可以通过软件选择。

(2)地址空间:总共 8 个存储器 Bank,每个 Bank 有 128 MB(8 个 Bank 的总地址空间为 1 GB),除了 Bank0(16/32 位)之外,其他 7 个 Bank 都可编程访问,宽度为 8/16/32 位;其中 6 个存储器 Bank 的存储类型为 ROM 或 SRAM ,2 个存储器 Bank 的存储类型除了 ROM

和 SRAM 外也可为 SDRAM ;8 个存储器 Bank 中 Bank0～Bank6 的起始地址是固定的,
Bank7 的起始地址是可变的,并且大小可编程。

(3)所有存储器 Bank 的访问周期可编程,总线宽度可编程。

(4)可以通过插入外部等待周期扩展总线周期。

(5)支持 SDRAM 自刷新和掉电模式。

Exynos4412 存储器理论上可以寻址的空间为 4 GB,但其中 3 GB 空间是预留给处理器
内部的寄存器和其他设备的,留给外部可寻址的空间只有 1 GB,也就是 0x00000000～
0x3FFFFFFF,总共应该有 30 根地址线。2440 处理器又根据所支持设备的特点将这 1 GB
空间分为 8 份,每份空间有 128 MB,称为一个 Bank。为方便操作,2440 处理器给每个 Bank
设置了独立的片选信号(nGCS0～nGCS7),这 8 个片选信号可以看作是 2440 处理器内部 30
根地址线的最高三位所做的地址译码的结果。正因为这 30 根地址线所代表的地址信息已
经由 8 个片选信号来传递了,因此 2440 处理器最后输出的实际地址线就只有 A0～A26。
Exynos4412 的存储器映射如图 14-2 所示,SROM 代表 ROM 或 SRAM 类型的存储器,
Bank6 和 Bank7 两个存储器 Bank 的开始和结束地址见表 14-1。

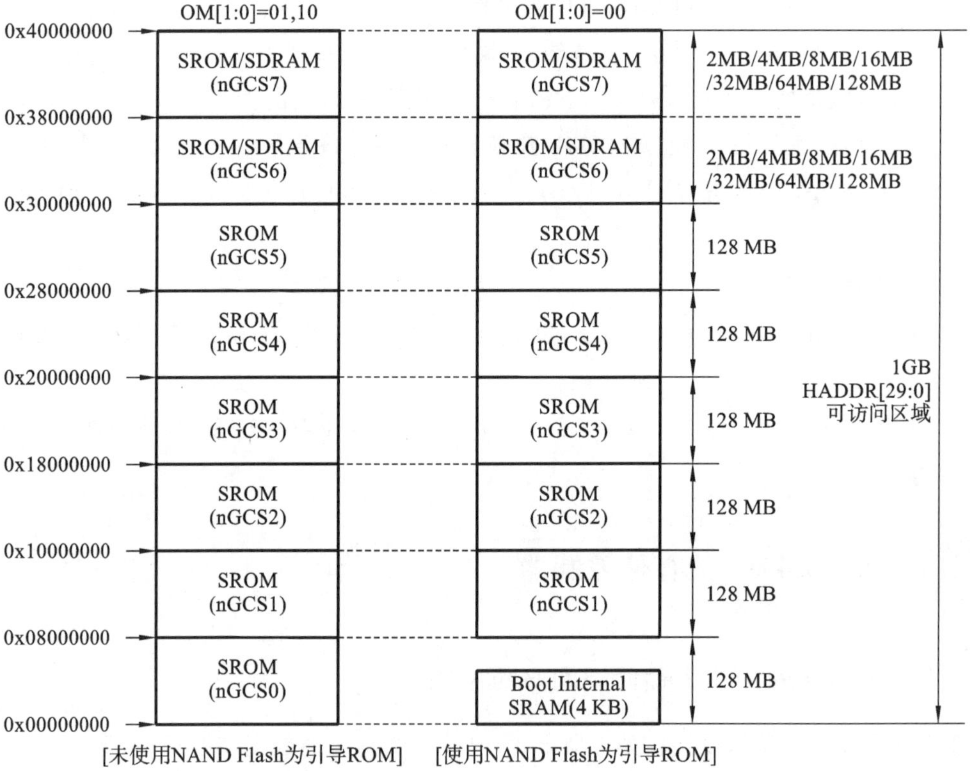

图 14-2 复位后 Exynos4412 存储器的映射

表 14-1 Bank6 和 Bank7 的开始和结束地址

地　　址	2 MB	4 MB	8 MB	16 MB	32 MB	64 MB	128 MB
Bank6							
开始地址	0x30000000	0x30000000	0x30000000	0x30000000	0x30000000	0x30000000	0x30000000
结束地址	0x301FFFFF	0x303FFFFF	0x307FFFFF	0x30FFFFFF	0x31FFFFFF	0x33FFFFFF	0x37FFFFFF

续表

地　　址	2 MB	4 MB	8 MB	16 MB	32 MB	64 MB	128 MB
				Bank7			
开始地址	0x30200000	0x30400000	0x30800000	0x31000000	0x32000000	0x34000000	0x38000000
结束地址	0x303FFFFF	0x307FFFFF	0x30FFFFFF	0x31FFFFFF	0x33FFFFFF	0x37FFFFFF	0x3FFFFFFF

Bank0(nGCS0)的数据总线宽度应当配置为 16 位或 32 位。Bank0 作为引导 ROM 的 Bank(映射到 0x00000000),其总线宽度应当在第一个 ROM 访问前决定,这依赖于复位时 OM[1:0]的逻辑电平(见表 14-2)。

表 14-2　Bank0 的总线宽度与 OM 的关系

OM1(操作模式 1)	OM0(操作模式 0)	引导 ROM 数据宽度
0	0	NAND Flash 模式
0	1	16 位
1	0	32 位
1	1	测试模式

以下是 SDRAM Bank 地址引脚连接的情况,由表 14-3 可知,Bank 的大小不同,其总线宽度、存储结构、地址线都不同。

表 14-3　SDRAM Bank 地址引脚连接说明

Bank 大小	总线宽度	基本组成部分	存储器结构	Bank 地址
2 MB	×8	16Mbit	(1M×8×2Bank)×1	A[20]
	×16		(512K×16×2Bank)×1	
4 MB	×16	32Mbit	(1M×8×2Bank)×2	A[21]
	×16		(1M×8×2Bank)×2	
8 MB	×16	16Mbit	(2M×4×2Bank)×4	A[22]
	×32		(1M×8×2Bank)×1	
	×8	64Mbit	(4M×8×2Bank)×1	
	×8		(2M×8×4Bank)×1	A[22:21]
	×16		(2M×16×2Bank)×1	A[22]
	×16		(1M×16×4Bank)×1	A[22:21]
	×32		(512K×32×4Bank)×1	
16 MB	×32	16Mbit	(2M×4×2Bank)×8	A[23]
	×8	64Mbit	(8M×4×2Bank)×2	
	×8		(4M×4×4Bank)×2	A[23:22]
	×16		(4M×8×2Bank)×2	A[23]
	×16		(2M×8×4Bank)×2	A[23:22]
	×32		(2M×16×2Bank)×2	A[23]
	×32		(1M×16×4Bank)×2	A[23:22]
	×8	128Mbit	(4M×8×4Bank)×1	
	×16		(2M×16×4Bank)×1	

续表

Bank 大小	总线宽度	基本组成部分	存储器结构	Bank 地址
32 MB	×16	64Mbit	(8M×4×2Bank)×4	A[24]
	×16		(4M×4×4Bank)×4	A[24:23]
	×32		(4M×8×2Bank)×4	A[24]
	×32	128Mbit	(2M×8×4Bank)×4	A[24:23]
	×16		(4M×8×4Bank)×2	
	×32		(2M×16×4Bank)×2	
	×8	256Mbit	(8M×8×4Bank)×1	
	×16		(4M×16×4Bank)×1	
64 MB	×32	128Mbit	(4M×8×4Bank)×4	A[25:24]
	×16	256Mbit	(8M×8×4Bank)×2	
	×32		(4M×16×4Bank)×2	
	×8	512Mbit	(16M×8×4Bank)×1	
128 MB	×32	256Mbit	(8M×8×4Bank)×4	A[26:25]
	×16	512Mbit	(32M×4×4Bank)×2	
	×8		(16M×8×4Bank)×2	
	×32		(8M×16×4Bank)×2	

14.2.2　带 nWAIT 信号的总线读操作

以图 14-3(带 nWAIT 信号)为例,我们通过描述处理器 Exynos4412 总线的读操作过程,来说明 Flash 整体读写流程。第一个时钟周期开始,系统地址总线给出需要访问的存储空间地址,经过 T_{acs} 时间后,片选信号也相应给出(锁存当前地址线上地址信息),再经过 T_{cso} 时间后,处理器给出当前操作是读(nOE 为低)还是写(new 为低),并在 T_{acc} 时间内将数据准备好放在总线上,T_{acc} 时间后(查看 nWAIT 信号,为低则延长本次总线操作时间),待 nOE 拉高后,锁存数据线数据。这样一个总线操作就基本完成。

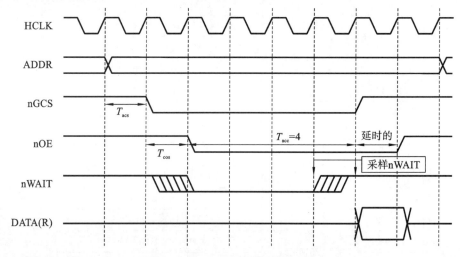

图 14-3　Exynos4412 外部 nWAIT 时序

如果使能了每个存储器 Bank 对应的 WAIT 位（BWSCON 中的 WSn 位），存储器 Bank 有效时 nOE 持续时间应当被外部 nWAIT 引脚延长，从 $T_{acc}-1$ 开始检测 nWAIT。nOE 将在采样 nWAIT 为高后的下个时钟被取消。nWE 信号端与 nOE 有相同的关系。

14.3 NOR Flash 操作

◆ 14.3.1 ARM29LV160D 芯片介绍

下面以 AM29LV160D 芯片为例，说明 NOR Flash 的操作方式。AM29LV160D 是 AMD 公司的一款 NOR Flash 存储器，存储容量为 2M×8bit/1M×16bit，接口与 CMOS I/O 端口兼容，工作电压为 2.7～3.6 V，读操作电流为 9 mA，编程和擦除操作电流为 20 mA，待机电流为 200 nA，采用 FBGA-48、TSOP-48、SO-44 三种封装形式。其 48-PIN 的 TSOP 封装图如图 14-4 所示。

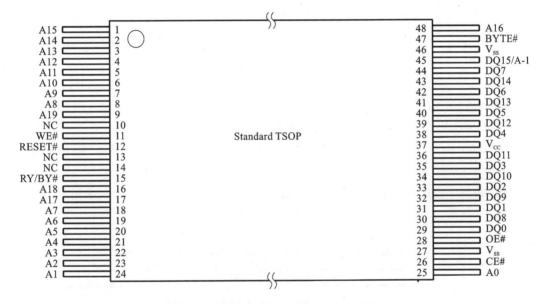

图 14-4 ARM29LV160D 标准 TSOP 封装图

AM29LV160D 仅需 3.3 V 电压即可完成系统的编程与擦除操作，具有非常灵活的编程能力，可以选择字节模式及字模式。通过对其内部的命令寄存器写入标准的命令序列，AM29LV160D 可对 Flash 进行编程（烧写）、整片擦除、按扇区擦除操作，具有片保护功能，器件通过触发位或数据查询位来指示编程操作。为防止意外写的发生，器件还提供了硬件和软件数据保护机制。器件以 16 位（字模式）数据宽度的方式工作，其逻辑框图如图 14-5 所示，引脚功能描述如表 14-4 所示。

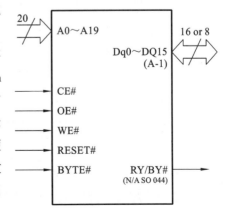

图 14-5 AM29LV160D 逻辑框图

表 14-4   AM29LV160D 的引脚功能描述

引　　脚	类　　型	功　　能
A0～A19	输入	地址输入引脚,提供存储器地址
DQ0～DQ14	输入/输出	数据输入/输出引脚
DQ15/A-1	输入/输出	在字模式,DQ15 为数据输入/输出引脚;在字节模式,A-1 为 LSB 地址输入引脚
BYTE♯	输入	选择 8bit 或者 16bit 模式
CE♯	输入	片选引脚,当 CE♯ 为低电平时,芯片有效
OE♯	输入	输出使能引脚,当 OE♯ 为低电平时,输出有效
WE♯	输入	写使能引脚,低电平时有效,控制写操作
RESET♯	输入	硬件复位引脚端,低电平有效
RY/BY♯	输出	就绪/忙标志信号输出引脚,SO-44 封装无此引脚端
V$_{CC}$	电源	3 V 电源电压输入引脚
V$_{SS}$	地	器件地引脚
NC		未连接,空引脚

　　AM29LV160D 的存储器操作由命令来启动,命令通过标准微处理器写时序写入器件,将 WE♯ 及 CE♯ 引脚保持低电平,并且将 OE♯ 引脚拉高来写入命令地址。编程操作时,BYTE♯ 引脚决定了设备所接收数据的长度。

　　AM29LV160D 执行读操作时,CE♯ 和 OE♯ 引脚必须被拉低,因为只有当它们都是低电平时系统才能从器件的输出引脚获得数据,WE♯ 引脚应该维持在高电平,在设备复位后即可进行读操作。在标准微处理器的读周期,将合法地址输入到设备后,AM29LV160D 芯片将会读取数据,直到设备的状态被改变,如图 14-6 所示。

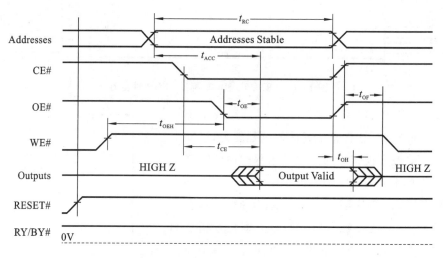

图 14-6   AM29LV160D 读时序

◆ 14.3.2 AM29LV160D 字编程操作

　　AM29LV160D 以字形式进行编程,编程前包含字的扇区必须完全擦除。编程操作分为三步。第一步,执行 3 字节装载时序,用于解除软件数据保护。第二步,装载字地址和字数据。在字编程操作中,地址在 CE♯ 或 WE♯ 的下降沿(后产生下降沿的那个)锁存,数据在 CE♯ 或 WE♯ 的上升沿(先产生上升沿的那个)锁存。第三步,执行内部编程操作。在第 4 个 WE♯ 或 CE♯ 的上升沿出现(先产生上升沿的那个)之后启动编程操作。一旦启动,字编程将在 20 μs 内完成。4 个总线周期写周期的软件命令时序如表 14-5 所示。

表 14-5　写周期的软件命令时序

命令时序	第 1 个总线写周期		第 2 个总线写周期		第 3 个总线写周期		第 4 个总线写周期	
	地址	数据	地址	数据	地址	数据	地址	数据
字编程	5555H	AAH	2AAAH	55H	5555H	A0	WA(编程字地址)	数据

14.3.3　AM29LV160D 的扇区/块擦除操作

扇区操作通过在最新一个总线周期内执行一个 6 字节的命令时序(扇区擦除命令 30H 和扇区地址 SA)来启动。块擦除操作通过在最新一个总线周期内执行一个 6 字节的命令时序(块擦除命令 50H 和块地址 BA)来启动。扇区或块地址在第 6 个 WE♯ 脉冲的下降沿锁存。擦除命令(30H 或 50H)在第 6 个 WE♯ 脉冲的上升沿锁存。内部擦除操作在第 6 个 WE♯ 脉冲后开始执行,是否结束由数据查询位或触发位决定。数据查询位和触发位的定义如下:

数据查询位(DQ7):当 SST39LF/VF160 正在执行内部编程操作时,任何读 DQ7 的动作将得到真实数据的补码。一旦编程操作结束,DQ7 为真实的数据。注意:在内部写操作结束后紧接着出现在 DQ7 上的数据即使有效,其余的数据输出管脚上的数据也无效,只有在 1 μs 的时间间隔后执行了连续读周期所得的整个数据总线上的数据才有效。在内部擦除操作过程中读出的 DQ7 值为 0,一旦内部擦除操作完成,DQ7 的值为 1。编程操作的第 4 个 WE♯ 或 CE♯ 脉冲的上升沿出现后数据查询位有效,对于扇区/块擦除或芯片擦除数据查询位在第 6 个 WE♯ 或 CE♯ 脉冲的上升沿出现后有效。

触发位(DQ6):在内部编程或擦除操作过程中读取 DQ6 将得到 1 或 0,即所得的 DQ6 在 1 和 0 之间变化。当内部编程或擦除操作结束后 DQ6 位的值不再变化。触发位在编程操作的第 4 个 WE♯ 或 CE♯ 脉冲的上升沿出现后有效。对于扇区/块擦除或芯片擦除触发位在第 6 个 WE♯ 或 CE♯ 脉冲的上升沿出现后有效。

14.3.4　AM29LV160D 芯片擦除操作

AM29LV160D 包含芯片擦除功能,允许用户擦除整个存储阵列使其变为 1 状态,这个功能在需要快速擦除整个器件时很有用。

芯片擦除操作通过在最新一个总线周期内执行一个 6 周期的命令序列来实现,擦除命令序列中包括两个解锁命令,即一个设备启动命令和一个片擦除命令。在擦除操作时,需要检查 DQ0~DQ7 来获得状态,以此来判断擦除是否完成。擦除命令时序如图 14-7 所示。

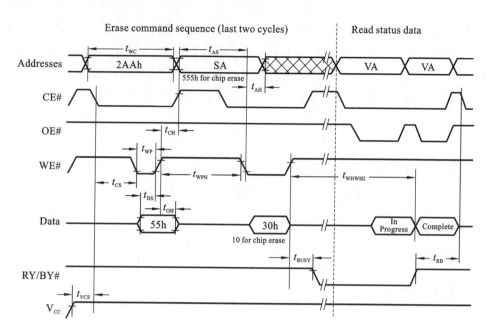

图 14-7　芯片擦除操作时序

◆　14.3.5　AM29LV160D 与 Exynos4412 的接口电路

图 14-8 所示为 Exynos4412 与 AM29LV160D 的接口电路。Flash 存储器在系统中通常用于存放程序代码,系统上电或复位后获取指令并开始执行,因此,应将存有程序代码的 Flash 存储器配置到 Bank0,即将 Exynos4412 的 nGCS0 接至 AM29LV160D 的 CE♯(nCE)端。AM29LV160D 的 OE♯(nOE)端接 Exynos4412 的 nOE;WE♯(nWE)端与 Exynos4412 的 nWE 相连;地址总线 A0~A19 与 Exynos4412 的地址总线 ADDR1~ADDR20(A1~A20)相连;16 位数据总线 DQ0~DQ15 与 Exynos4412 的低 16 位数据总线 DATA0~DATA15(D0~D15)相连。

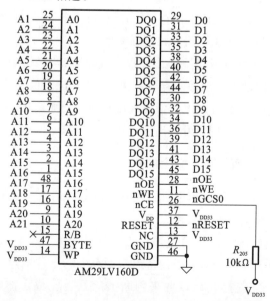

图 14-8　AM29LV160D 与 Exynos4412 的接口电路

14.3.6 AM29LV160D 存储器程序设计

下面的例子实现把内存地址中连续的 16 位数据写入 AM29LV160D 的 ProgStar 地址中,程序中用到的 Flash 命令主要包括字编程、芯片擦除、读操作、写操作、状态位的判断等。

1. 字编程操作

函数利用数据查询位 DQ7 或 DQ6 来判断编程操作是否完成,在实际操作中,选择一种方式即可。

```
void WriteBuffWord(unsigned short addr,unsigned short value)
{
    write_word(0x555,0xaa);
    write_word(0x2aa,0x55);
    write_word(0x555,0xa0);
    write_word(addr,value);
    PollToggleBit(0);
    printf("write done \n");
}
```

2. 芯片擦除操作

以下代码实现 AM29LV160D 的片擦除操作。要对 NOR Flash 进行写操作,就一定要先进行擦除操作。NOR Flash 的擦除都是以块(sector)为单位进行的,但是不同型号的 Flash 的 sector 大小不同,即使在同一片 Flash 内,不同 sector 的大小也是不完全一样的。

```
void ChipErase()
{
    printf("start to erase maybe 1-2 min\n");
//  write_byte(0xaaa,0xaa);
    write_word(0x555,0xaa);
    write_word(0x2aa,0x55);
    write_word(0x555,0x80);
    write_word(0x555,0xaa);
    write_word(0x2aa,0x55);
    write_word(0x555,0x10);
    PollToggleBit(0);
    printf("erase work has done\n");
}
```

3. 读操作

FlashRead 函数实现了从"ReadStart"位置读取"Size"字节数据到"DataPtr"中。

```
void FlashRead(unsigned int ReadStart,unsigned short * DataPtr,unsigned int Size)
{
    int i;
    ReadStart +=ROM_BASE;
    for(i=0;i<Size/2;i++)
    * (DataPtr+i)=* ( (unsigned short *) ReadStart+i);
}
```

4. 状态位判断算法

```c
    void PollToggleBit(unsigned long ulAddr)
{
  int   ErrorCode=1;
  unsigned short usVal1;
  unsigned short usVal2;
  usVal1=read_word(ulAddr);
  while( ErrorCode==1)
  {
      usVal1=read_word( ulAddr);
      usVal2=read_word( ulAddr );
      usVal1 ^=usVal2;
      if( !(usVal1 &0x40) )
          break;
      if( !(usVal2 &0x20) )
          continue;
      else
      {
          usVal1=read_word( ulAddr );
          usVal2=read_word( ulAddr);
          usVal1 ^=usVal2;
          if( !(usVal1 &0x40) )
              break;
          else
          {
              ErrorCode=2;
              reset();
          }
      }
  }
}
```

5. 主程序

```c
int main()
{
    uart0_init();
    printf("start from:\n");
unsigned short test=read_word(0x150);      //从 0x150 地址读出一个 word(16bit)数据
printf("before write %x \n",test);
printf("write the data 0x1234 \n");
    WriteBuffWord(0x150,0x1234);            //在 0x150 地址写入一个 word 数据 0x1234
    test=read_word(0x150);                  // 从 0x150 地址读出一个 word 数据
    printf("after write ,the value is %x\n",test);
```

```
        ChipErase();                      //擦除芯片
        test=read_word(0x150);            //再次读出数据
        printf("after erase,the value is %x\n",test);
        while(1);
        return 0;
}
```

14.4　NAND Flash 操作

14.4.1　NAND Flash 芯片结构分析

NAND Flash 没有地址或数据总线,如果是 8 位 NAND Flash,那么它只有 8 个 I/O 端口,这 8 个 I/O 端口用于传输命令、地址和数据。NAND Flash 主要以 page(页)为单位进行读写,以 block(块)为单位进行擦除。每页又分为 main 区和 spare 区,main 区用于正常数据的存储,spare 区用于存储一些附加信息,如块好坏的标记、块的逻辑地址、页内数据的 ECC 校验和等。

Exynos4412 处理器集成了 8 位 NAND Flash 控制器。目前市场上常见的 8 位 NAND Flash 有三星公司的 K9F1208、K9F1G08、K9F2G08 等。K9F1208、K9F1G08、K9F2G08 的数据页大小分别为 512 B、2 KB、2 KB。它们在寻址方式上有一定差异,所以程序代码并不通用。我们以 Exynos4412 处理器和 K9F1208 系统为例,讲述 NAND Flash 的读写方法。

NAND Flash 的数据是以 bit 方式保存在存储器单元里的,一般来说,一个单元只能存储一个 bit,这些单元以 8 个或者 16 个为单位,连成 bit line,形成所谓的字节(x8)/字(x16),这就是 NAND 器件的位宽。这些线(line)组成页(page),页再组织形成一个块(block)。K9F1208 的相关数据如下:

$$1block=32page;1page=528B=512B(Main 区)+16B(Spare 区)$$
$$总容量为=4096(block)×32(page/block)×512(byte/page)=64 MB$$

NAND Flash 以页为单位读写数据,以块为单位擦除数据。从组织方式来看,K9F1208 包含四类地址:column address、halfpage pointer、page address、block address。A[0:25]表示数据在 64 MB 空间中的地址。

column address 表示数据在半页中的地址,大小范围为 0~255,用 A[7:0]表示。

halfpage pointer 表示半页在整页中的位置,即在 0~255 空间还是在 256~511 空间,用 A[8]表示。

page address 表示页在块中的地址,大小范围为 0~31,用 A[13:9]表示。

block address 表示块在 Flash 中的位置,大小范围为 0~4095,用 A[25:14] 表示。

14.4.2　读操作过程

K9F1208 的寻址分为 4 个循环,分别是 A[7:0]、A[16:9]、A[24:17]、A[25]。

读操作的过程依次为:发送读取指令;发送第 1 个循环地址;发送第 2 个循环地址;发送第 3 个循环地址;发送第 4 个循环地址;读取数据至页末。

K9F1208 提供了两个读指令,即 0x00 和 0x01。这两个指令的区别在于 0x00 可以将
A[8]置为 0,选中上半页;而 0x01 可以将 A[8]置为 1,选中下半页。

虽然读写过程可以不从页边界开始,但在正式场合下还是建议从页边界开始读写至页
结束。下面通过分析读取页的代码,阐述读过程。

```
static void ReadPage(U32 addr, U8 *buf) //addr 表示 Flash 中的第几页,即 Flash 地址>>9
{
U16 i;
NFChipEn();              //使能 NAND Flash
WrNFCmd(READCMD0);       //发送读指令,由于是整页读取,因此选用指令 0x00
WrNFAddr(0);             //写地址的第 1 个循环,即 column address,由于是整页读取,因此取 0
WrNFAddr(addr);          //写地址的第 2 个循环,即 A[16:9]
WrNFAddr(addr>>8);       //写地址的第 3 个循环,即 A[24:17]
WrNFAddr(addr>>16);      //写地址的第 4 个循环,即 A[25]。
WaitNFBusy();            //等待系统不忙
for(i=0; i<512; i++)
buf[i]=RdNFDat();        //循环读出整页数据
NFChipDs();              //释放 NAND Flash
}
```

◆　14.4.3　写操作过程

写操作的过程依次为:发送写开始指令;发送第 1 个循环地址;发送第 2 个循环地址;发
送第 3 个循环地址;发送第 4 个循环地址;写入数据至页末;发送写结束指令。下面通过分
析写入页的代码,阐述写过程。

```
static void WritePage(U32 addr, U8 *buf)     //addr 表示 Flash 中的第几页,即 Flash 地址>>9
{
U32 i;
NFChipEn();                    //使能 NAND Flash
WrNFCmd(PROGCMD0);             //发送写开始指令 0x80
WrNFAddr(0);                   //写地址的第 1 个循环
WrNFAddr(addr);               //写地址的第 2 个循环
WrNFAddr(addr>>8);            //写地址的第 3 个循环
WrNFAddr(addr>>16);           //写地址的第 4 个循环
WaitNFBusy();                  //等待系统不忙
for(i=0; i<512; i++)
WrNFDat(buf[i]);              //循环写入整页数据
WrNFCmd(PROGCMD1);            //发送写结束指令 0x10
NFChipDs();                    //释放 NAND Flash
}
```

◆　14.4.4　Exynos4412 中 NAND Flash 控制器的操作

目前的 NOR Flash 存储器价格较高,相对而言 SDRAM 和 NAND Flash 存储器更经
济。这样促使了一些用户在 NAND Flash 中执行引导代码,在 SDRAM 中执行主代码。

Exynos4412 引导代码可以在外部 NAND Flash 存储器上执行。为了支持 NAND Flash 的 BootLoader,Exynos4412 配备了一个内置 SRAM 缓冲器,叫作 Steppingstone。引导启动时,NAND Flash 存储器的开始 4 KB 将被加载到 Steppingstone 中,并执行加载到 Steppingstone 的引导代码。

通常引导代码会将 NAND Flash 的内容复制到 SDRAM 中,此外使用硬件 ECC 能有效地检查 NAND Flash 数据。在复制完成的基础上,将在 SDRAM 中执行主程序。NAND Flash 的控制器方框图如图 14-9 所示。

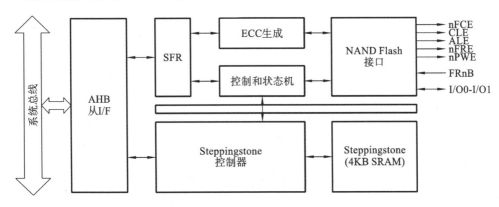

图 14-9　NAND Flash 控制器方框图

下面介绍 Exynos4412 NAND Flash 的主要控制寄存器。

1. NAND Flash 配置寄存器(NFCONF)

NFCONF 可读/写,地址为 0x4E000000,复位值是 0x0000100X,其位功能描述如表 14-6 所示。

表 14-6　NAND Flash 配置寄存器(NFCONF)位功能描述

NFCONF	位	描　　述	初 始 状 态
保留	[15:14]	保留	—
TACLS	[13:12]	CLE 和 ALE 持续值设置(0~3),持续时间 = HCLK ×TACLS	01
保留	[11]	保留	0
TWRPH0	[10:8]	TWRPH0 持续值设置(0~7),持续时间 = HCLK × (TWRPH0+1)	000
保留	[7]	保留	0
TWRPH1	[6:4]	TWRPH1 持续值设置(0~7),持续时间 = HCLK × (TWRPH1+1)	000
AdvFlash(只读)	[3]	自动引导启动的先进 NAND Flash 存储器。 0 支持 256 字或 512 字节/页的 NAND Flash 存储器; 1 支持 1K 字或 2K 字节/页的 NAND Flash 存储器。 此位由在复位和从睡眠模式中唤醒时的 NCON0 引脚状态所决定	硬件设置 (NCON0)

续表

NFCONF	位	描　　述	初 始 状 态
PageSize(只读)	[2]	自动引导启动的 NAND Flash 存储器的页面大小。 先进闪存页面大小： 当 AdvFlash 为 0 时，0＝256 字/页，1＝512 字节/页； 当 AdvFlash 为 1 时，0＝1024 字/页，1＝2048 字节/页。 此位由复位和从睡眠模式中唤醒时的 GPG13 引脚状态决定。 复位后，GPG13 可以用于通用 I/O 端口或外部中断	硬件设置 (GPG13)
AddrCycle(只读)	[1]	自动引导启动的 NAND Flash 存储器的地址周期。 先进闪存地址周期： 当 AdvFlash 为 0 时，0＝3 个地址周期；1＝4 个地址周期；当 AdvFlash 为 1 时，0＝4 个地址周期；1＝5 个地址周期。 此位由复位和从睡眠模式中唤醒时的 GPG14 引脚状态决定。 复位后，GPG14 可以用于通用 I/O 端口或外部中断	硬件设置 (GPG14)
BusWidth(R/W)	[0]	自动引导启动和普通访问的 NAND Flash 存储器的输入输出总线宽度。 0＝8 位总线；1＝16 位总线。 此位由复位和从睡眠模式中唤醒时的 GPG15 引脚状态决定。 复位后，GPG15 可以用于通用 I/O 端口或外部中断。 此位可以被软件改变	硬件设置 (GPG15)

2. NAND Flash 控制寄存器（NFCONT）

NFCONT 可读/写，地址为 0x4E000004，复位值是 0x0384，其位功能描述如表 14-7 所示。

表 14-7　NAND Flash 控制寄存器（NFCONT）位功能描述

NFCONT	位	描　　述	初 始 状 态
保留	[15:14]	保留	0
Lock-tight	[13]	紧锁配置（Lock-tight）。 0＝禁止紧锁；1＝使能紧锁。 只要此位被设置为 1 一次，就不能被清除。只有复位或从睡眠模式中被唤醒才能使此位为禁止（即不能由软件清零）。当此位被设置为 1 时，从 NFSBLK(0x4E000038)到 NFEBLK(0x4E00003C)－1 的区域设置未被上锁，除这些区域以外的区域，写入或擦除命令将会无效，只有只读命令有效	0

续表

NFCONT	位	描 述	初始状态
Soft lock	[12]	软件上锁设置。 0＝禁止上锁;1＝使能上锁。 软件锁定区域可以随时用软件修改。当此位被设置为 1 时,从 NFSBLK(0x4E000038)到 NFEBLK(0x4E00003C)－1 的区域设置未被上锁,除这些区域以外的区域,写入或擦除命令将会无效,只有只读命令有效。当试图写入或擦除这些锁定区域时,将发生非法访问(NFSTAT[3]位将会置位)。如果 NFSBLK 和 NFEBLK 相同时,整个区域都被锁定	1
保留	[11]	保留	0
EnblIlegalAccINT	[10]	非法访问中断控制。 0＝禁止中断;1＝使能中断。 当 CPU 试图编程或擦除锁定区域[从 NFSBLK(0x4E000038)到 NFEBLK(0x4E00003C)－1 的区域设置]时,会产生非法访问中断	0
EnbRnBINT	[9]	RnB 状态输入信号传输中断控制。 0＝禁止 RnB 中断;1＝使能 RnB 中断	0
RnB_TransMode	[8]	RnB 传输检测配置。 0＝检测上升沿;1＝检测下降沿	0
保留	[7]	保留	0
SpareECCLock	[6]	锁定备份区域 ECC 产生。 0＝开锁备份区域 ECC;1＝锁定备份区域 ECC。 备份区域 ECC 寄存器为 NFSECC(0x4E000034)	1
MainECCLock	[5]	锁定主数据区域 ECC 生成。 0＝开锁主数据区域 ECC 生成;1＝锁定主数据区域 ECC 生成。 主数据区域 ECC 状态寄存器为 NFMECC0/1(0x4E00002C/30)	1
InitECC	[4]	初始化 ECC 编码器/译码器(只写)。 1＝初始化 ECC 编码器/译码器	0
保留	[3:2]	保留	00
Reg_nCE	[1]	NAND Flash 存储器 nFCE 信号控制。 0＝强制 nFCE 为低(使能片选);1＝强制 nFCE 为高(禁止片选)。 注意:在引导启动期间具自动被控制,只有 MODE 位为 1 时该值才有效	1

续表

NFCONT	位	描　　述	初 始 状 态
MODE	[0]	NAND Flash 控制器运行模式。 0＝NAND Flash 控制器禁止（不工作）；1＝NAND Flash 控制器使能	0

3. NAND Flash 命令寄存器（NFCMMD）

NFCMMD 可读/写，地址为 0x4E000008，复位值是 0x00，其位功能描述如表 14-8 所示。

表 14-8　NAND Flash 命令寄存器（NFCMMD）位功能描述

NFCMMD	位	描　　述	初 始 状 态
保留	[15:8]	保留	0x00
NFCMMD	[7:0]	NAND Flash 存储器命令值	0x00

4. NAND Flash 地址寄存器（NFADDR）

NFADDR 可读/写，地址为 0x4E00000C，复位值是 0x0000XX00，其位功能描述如表 14-9 所示。

表 14-9　NAND Flash 地址寄存器（NFADDR）位功能描述

REG_ADDR	位	描　　述	初 始 状 态
保留	[15:8]	保留	0x00
NFADDR	[7:0]	NAND Flash 存储器地址值	0x00

5. NAND Flash 数据寄存器（NFDATA）

NFDATA 可读/写，地址为 0x4E000010，复位值是 0xXXXX，其位功能描述如表 14-10 所示。

表 14-10　NAND Flash 数据寄存器（NFDATA）位功能描述

NFDATA	位	描　　述	初 始 状 态
NFDATA	[31:0]	NAND Flash 读取/编程数据给 I/O 端口	0xXXXX

6. NAND Flash 状态寄存器（NFSTAT）

NFSTAT 可读/写，地址为 0x4E000020，复位值是 0xXX00，其位功能描述如表 14-11 所示。

表 14-11　NAND Flash 状态寄存器（NFSTAT）位功能描述

NFSTAT	位	描　　述	初 始 状 态
保留	[7]	保留	X
保留	[6:4]	保留	0
IllegalAccess	[3]	软件锁定或紧锁一次使能。非法访问（编程，擦除）存储器屏蔽此位设置。 0＝不检测非法访问；1＝检测非法访问	0

续表

NFSTAT	位	描　　述	初 始 状 态
RnB_TransDetect	[2]	当 RnB 由低变高时发生传输,如果使能了此位则发出中断。要清除此位时对其写入 1。 0＝不检测 RnB 传输;1＝检测 RnB 传输。 传输配置设置在 RnB_TransMode(NFCONT[8])中	0
nCE(只读)	[1]	nCE 输出引脚的状态	1
RnB(只读)	[0]	RnB 输入引脚的状态。 0＝NAND Flash 存储器忙;1＝NAND Flash 存储器运行就绪	1

◆　**14.4.5　Exynos4412 NAND Flash 接口程序设计**

下面是 Exynos4412 控制 K9F1208U 的程序设计,其核心的操作函数如下。

1. 关键宏定义

```
/*寄存器地址*/
#define  rNFCONF           (* (volatile unsigned *)0x4e000000)
#define  rNFCONT           (* (volatile unsigned *)0xe7200004)
#define  rNFCMD            (* (volatile unsigned *)0xe7200008)
#define  rNFADDR           (* (volatile unsigned *)0xe720000C)
#define  rNFDATA8          (* (volatile unsigned char*)0xe7200010)
#define  rNFSTAT           (* (volatile unsigned *)0xe7200028)
/*页读写命令周期*/
#define CMD_READ1          0x00
#define CMD_READ2          0x30
#define CMD_RESET          0xFF
#define CMD_ERA1           0x60
#define CMD_ERA2           0xd0
#define CMD_WR1            0x80
#define CMD_WR2            0x10
/* 寄存器功能定义*/
#define NF_CMD(cmd)        {rNFCMD= (cmd);}
#define NF_ADDR(addr)      {rNFADDR= (addr);}
#define NF_RDDATA8()       (rNFDATA8)
#define NF_nFCE_L()        {rNFCONT&=~ (1<<1);}
#define NF_nFCE_H()        {rNFCONT|= (1<<1);}
#define NF_WAITRB()        {while(! (rNFSTAT&(1<<28)));}
#define NF_CLEAR_RB()      {rNFSTAT |= (1<<4 );}
#define NF_DETECT_RB()     {while(! (rNFSTAT&(1<<4)));}
#define NF_WAITIO0()       {while(rNFDATA8&(1));}
```

2. 初始化函数

```
void NAND_Init(void)
{
    rNFCONF= 0x7771;          //配置芯片引脚
    rNFCONT= 0x03 ;           //使能 NAND Flash 片选及控制器
}
static void NAND_Reset(void)
{
    NF_nFCE_L();              /* 片选 */
    NF_CLEAR_RB();            /* 清除 R/B 位 */
    NF_CMD(CMD_RESET);        /* 发送复位命令 */
    NF_DETECT_RB();           /* 探测 R/B 位状态 */
    NF_nFCE_H();              /* 取消片选 */
}
```

3. 写页面函数

```
static int NAND_write_page(unsigned char *buf, unsigned long addr)
{
    unsigned char *ptr= (unsigned char *)buf;
    unsigned int i;
    NF_nFCE_L();                      /* 打开 NAND Flash 片选 */
    NF_CLEAR_RB();                    /* 清除 RnB 信号 */
    NF_CMD(0x80);                     /* 页写命令周期 1 */
    addr= addr >> 11;                 /* 地址值除以 2048 */
    /* 写 5 个地址周期 */
    NF_ADDR(0);                       /* 列地址 A0~A7 */
    NF_ADDR(0);                       /* 列地址 A8~A11 */
    NF_ADDR(addr&0xff);               /* 行地址 A12~A19 */
    NF_ADDR((addr>>8) &0xff);         /* 行地址 A20~A27 */
    NF_ADDR((addr>>16) &0xff);        /* 行地址 A28 */
    /* 写入一页数据 */
    for (i=0; i < (2048); i++)
    {
        rNFDATA8= *ptr;
        ptr++;
    }
    NF_CMD(0x10);                     /* 页写命令周期 2 */
    NF_DETECT_RB()                    /* 清除 R/B 位 */
    NF_CMD(0x70);                     /* 发送写结束命令 */
    NF_WAITIO0();                     /* 等待 IO0 */
    NF_nFCE_H();                      /* 关闭 NAND Flash 片选 */
    return 2048;
}
```

4. 读页面函数

```
static int NAND_read_page(unsigned long addr, unsigned char * const buffer)
{
    int i;
    addr=addr>>11;
    //NAND_Reset();
    NF_nFCE_L();                /*打开 NAND Flash 片选*/
    NF_CLEAR_RB();              /*清除 RnB 信号*/
    NF_CMD(CMD_READ1);         /*页读命令周期 1*/
    NF_ADDR(0x0);
    NF_ADDR(0x0);
    NF_ADDR(addr&0xff);
    NF_ADDR((addr>>8)&0xff);
    NF_ADDR((addr>>16)&0xff);
    NF_CMD(CMD_READ2);         /*页读命令周期 2*/
    //delay(500);
    NF_DETECT_RB();            /*等待 RnB 信号变高,即不忙*/
    /*读取一页数据内容*/
    for (i=0; i<2048; i++)
    {
        buffer[i]=  NF_RDDATA8();
    }
    NF_nFCE_H();               /*关闭 NAND Flash 片选*/
    return 0;
}
```

5. 擦除块操作函数

```
static int NAND_erase_block(unsigned long addr)
{
    NF_nFCE_L() ;
    NF_CLEAR_RB();
    NF_CMD(CMD_ERA1);          /*擦除命令周期 1*/
    addr=addr>>11;
    NF_ADDR(addr &0xff);
    NF_ADDR((addr>>8) &0xff);
    NF_ADDR((addr>>16) &0xff);
    NF_CMD(CMD_ERA2);          /*擦除命令周期 2*/
    NF_DETECT_RB()
    NF_CMD(0x70);
    NF_WAITIO0();
    NF_nFCE_H();
    return 0;
}
```

6. 主程序

```
int main()
{
    unsigned long NANDADDR= 0x200000;
    unsigned char* p= (unsigned char*)RAM_BUF;
    int i;
    char * string= "hello world";
    uart0_init();
    NAND_Init();                              /*初始化 NAND Flash*/
    NAND_Reset();                             /*复位 NAND Flash*/
    printf("\nbefore the first write\n");
    NAND_erase_block(NANDADDR);               /*擦除 NAND Flash 中 NANDADDR 开始的一个 block*/
    NAND_read_page(NANDADDR,p);               /*读取 NANDADDR 的一个页面数据*/
    for(i=0;i<12;i++)
    {
        printf(" % d",p[i]);                  /*打印出前 12 个数据*/
    }
    printf("\nwrite the 'hello world'\n");
    NAND_write_page(string,NANDADDR);         /*NANDADDR 地址处写入 hello world 数据*/
    NAND_read_page(NANDADDR,p);               /*再次从 NANDADDR 读取一个页面数据*/
    printf ("\nread from NAND : \n");
    for(i=0;i<12;i++)
    {
        printf("% c",p[i]);                   /*打印读取的数据,验证和写入的数据是否一致*/
    }
    NAND_erase_block(NANDADDR);               /*再次擦除*/
    NAND_read_page(NANDADDR,p);               /*再次读取擦除后的数据*/
    printf("\nafter the erase\n");
    for(i=0;i<12;i++)
    {
        printf(" % d",p[i]);                  /*打印读出的数据*/
    }
    while (1);
    return 0;
}
```

 思考与练习

1. 嵌入式存储设备有哪些？NOR Flash 和 NAND Flash 有何区别？

2. 以 Exynos4412 控制 AM29LV160D 为例，说明 NOR Flash 的主要操作有哪些？这些操作如何实现？

3. Exynos4412 中 NAND Flash 控制器有哪些主要寄存器？通过编程实例说明其主要操作如何完成。

第15章

SPI 总线

SPI 是一种高速全双工的串行外设接口，是应用最广泛的通信总线协议之一，本章将详细介绍 SPI 总线协议的基本理论知识以及 Exynos4412 的 SPI 总线控制器及其用法，并通过 SPI 的接口编程应用实例说明其操作应用方法。

本章主要内容：

1. SPI 总线协议的基本理论知识；

2. Exynos4412 的 SPI 总线控制器及其用法；

3. SPI 接口编程应用实例。

15.1　SPI 总线协议理论

◆ 15.1.1　SPI 总线协议简介

SPI,是英语 serial peripheral interface 的缩写,也就是串行外设接口,是 Motorola 公司首先在其 MC68HCXX 系列处理器上定义的。SPI 接口主要应用在 EEPROM、Flash、实时时钟、A/D 转换器、传感器、音频芯片,还有数字信号处理器和数字信号解码器之间。

SPI 接口在 CPU 和外围低速器件之间进行同步串行数据传输,一般由一个主设备和一个或多个从设备组成,主设备启动一个同步通信,从而与从设备完成数据的交换。在主设备器件的移位脉冲下,数据按位传输,高位在前,低位在后,数据传输速度总体来说比 I²C 总线要快,速度可达到几兆位每秒。总的来说,它是一种高速、全双工、同步的通信总线,并且只占用 4 根芯片引脚,节约了芯片的引脚,同时为 PCB 的布局节省了空间,提供了方便。正是出于这种简单易用的特性,现在越来越多的芯片集成了这种通信协议,如 AT91RM9200 等。

SPI 接口协议主要特点有:可以同时发出和接收串行数据;支持主/从两种操作模式;提供频率可编程时钟;数据传送结束中断标志;写冲突标志保护;总线竞争保护等。SPI 总线工作有 SPI0、SPI1、SPI2、SPI3 四种方式,其中使用最为广泛的是 SPI0 和 SPI3 方式。

◆ 15.1.2　SPI 接口协议通信原理

SPI 的通信原理很简单,它以主-从方式工作,通常有一个主设备和一个或多个从设备,需要至少 4 根线,事实上 3 根也可以(单向传输时)。主从设备也是所有基于 SPI 的设备共有的,它们是 SDI(串行数据输入线),SDO(串行数据输出线),SCK(同步串行时钟线),CS(片选线),构成了环形总线结构。其时序主要是在 SCK 的控制下,两个双向移位寄存器进行数据交换。

总线协议时序可概括为:上升沿发送、下降沿接收、高位先发送。上升沿到来时,SDO 上的电平将被发送到从设备的寄存器中;下降沿到来时,SDI 上的电平将被接收到主设备的寄存器中。CS 决定了唯一与主设备通信的从设备,也就是说只有片选信号为预先规定的使能信号时(高电位或低电位),对此芯片的操作才有效。如果没有 CS 信号,则只能存在一个从设备,主设备通过产生移位时钟来发起通信。通信时,数据由 SDO 输出,由 SDI 输入,数据在时钟的上升或下降沿由 SDO 输出,在紧接着的下降或上升沿由 SDI 读入,这样经过 8/16 次时钟的改变,完成 8/16 位数据的传输。总线协议的时序如图 15-1 所示。

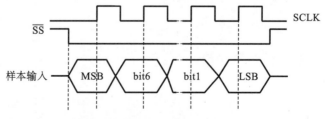

图 15-1　SPI 总线协议时序

　　通信是通过数据交换完成的,这里先要知道 SPI 是串行通信协议,也就是说数据是一位一位地传输的。这就是 SPICLK 时钟线存在的原因,由 SPICLK 提供时钟脉冲,SDO、SDI 则基于此脉冲完成数据传输。另外要注意的是,SPICLK 信号线只由主设备控制,从设备不能控制信号线。同样,在一个基于 SPI 的设备中,至少有一个主控设备。这样的传输方式与普通的串行通信不同,普通的串行通信一次连续传送至少 8 位数据,而 SPI 允许数据一位一位地传送,甚至允许暂停,因为 SPICLK 时钟线由主设备控制,当没有时钟跳变时,从设备不采集或传送数据。

　　下面再通过一个例子介绍下 SPI 的 8 个时钟周期的数据情况,假设 8 位寄存器装的是待发送数据 10101010。那么第一个上升沿来的时候数据将会是 SDO＝1;寄存器＝0101010x。下降沿到来的时候,SDI 上的电平将存到寄存器中去,此时寄存器＝0101010,这样在 8 个时钟脉冲以后,两个寄存器的内容互相交换一次,完成一个 SPI 时序。假设主机和从机初始化已就绪,主机的 sbuff＝0xaa(10101010),从机的 sbuff＝0x55(01010101),并且上升沿发送数据,表 15-1 将分步描述 SPI 的 8 个时钟周期的数据情况,其中上表示上升沿,下表示下降沿。

表 15-1　SPI 时钟周期数据变化情况

脉冲 （SCLK）	主机 sbuff （主端发送）	从机 sbuff （主端接收）	SDI 串行 输入到主端	SDO 串行 输出从主端
0	10101010	01010101	0	0
1 上	0101010x	1010101x	0	1
1 下	01010100	10101011	0	1
2 上	1010100x	0101011x	1	0
2 下	10101001	01010110	1	0
3 上	0101001x	1010110x	0	1
3 下	01010010	10101101	0	1
4 上	1010010x	0101101x	1	0
4 下	10100101	01011010	1	0
5 上	0100101x	1011010x	0	1
5 下	01001010	10110101	0	1
6 上	1001010x	0110101x	1	0
6 下	10010101	01101010	1	0
7 上	0010101x	1101010x	0	1
7 下	00101010	11010101	0	1

续表

脉冲 （SCLK）	主机 sbuff （主端发送）	从机 sbuff （主端接收）	SDI 串行 输入到主端	SDO 串行 输出从主端
8 上	0101010x	1010101x	1	0
8 下	01010101	10101010	1	0

这样就完成了两个寄存器 8 位信息的交换，SDI、SDO 是相对于主机而言的，其中 ss 引脚作为主机的时候，从机可以把它拉低从而将它被动地变为从机，作为从机的时候，可以当作片选脚用。根据以上分析，一个完整的传送周期是 16 位，即两个字节，因为，首先主机要发送命令过去，从机再根据主机的命令准备数据，主机在下一个 8 位时钟周期才把数据读回来，进而产生时钟 SCLK，而数据又必须依靠边沿启动才能传送。

◆ 15.1.3　SPI 接口与外设的连接

SPI 总线接口主要使用以下四种信号：主机输出/从机输入（MOSI）、主机输入/从机输出（MISO）、串行时钟 SCLK 或 SCK、外设芯片 SS。

MOSI 信号由主机产生，从机接收。在有些芯片上，MOSI 只被简单地标为串行输入（SI），或者串行数据输入（SDI）。MISO 信号由从机产生，不过还是在主机的控制下产生的。在一些芯片上，MISO 被称为串行输出（SO）或串行数据输出（SDO）。外设片选信号通常是由主机的备用 I/O 引脚产生的。与标准的串行接口不同，SPI 是一个同步协议接口，所有的传输都参照一个共同的时钟 SCK，这个同步时钟信号由主机（处理器）产生，接收数据的外设（从设备）使用时钟来对串行比特流的接收进行同步化。可以将多个具有 SPI 接口的芯片连接到主机的同一个 SPI 接口上，主机通过控制从设备的片选输入引脚来选择接收数据的从设备。

如图 15-2 和图 15-3 所示，微处理器通过 SPI 接口与外设连接，主机和外设都包含一个串行移位寄存器，主机写入一个字节到它的 SPI 串行寄存器，SPI 寄存器是通过 MOSI 信号线将字节传送给外设。外设也可以将自己移位寄存器中的内容通过 MISO 信号线传送给主机。外设的写操作和读操作是同步完成的，主机和外设的两个移位寄存器中的内容可以互相交换。

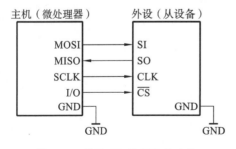

图 15-2　基本 SPI 接口连接电路

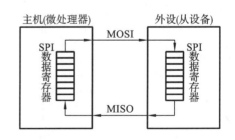

图 15-3　基本 SPI 接口的数据传输

当主机发送一个连续的数据流时，有些外设能够进行多字节传输，多数具有 SPI 接口的存储器芯片都以这种传输方式工作。在这种传输方式下，SPI 外设的芯片选择端必须在整个传输过程中保持低电平。比如，存储器芯片希望在一个"写"命令之后紧接着收到的是 4

个地址字节(起始地址),这样后面接收到的数据就可以存储到该地址。一次传输可能涉及千字节的移位或更多的信息。其他外设只需要一个单字节(比如一个发给 A/D 转换器的命令),有些还支持菊花链连接模式,如图 15-4 所示。菊花链模式是简化的级联模式,主要优点是提供集中管理的扩展端口,对于多交换机之间的转发效率并没有提升,主要是因为菊花链模式是采用高速端口和软件来实现的。

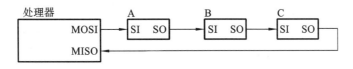

图 15-4　菊花链方式连接 3 台 SPI 设备

在图 15-4 这个例子中,主机处理器从其 SPI 接口发送 3 个字节数据。第 1 个字节数据发送给外设 A,当第 2 个字节数据发送给外设 A 时,第 1 个字节数据已移出了 A,而传送给了 B。同样,主机想要从外设 A 读取一个结果,它必须再发送一个 3 字节(空字节)的序列,这样就可以把 A 中的数据移到 B 中,然后移到 C 中,最后送回到主机。在这个过程中,主机还依次从 B 和 C 接收到字节。

注意,菊花链连接不一定适用于所有 SPI 设备,特别是要求多字节传输的设备,比如存储器芯片。另外,要仔细分析外设芯片的数据表,确定能对它做什么而不能做什么。如果芯片的数据表中没有明确提到菊花链连接,那么该芯片不支持这种连接的概率为 50%。

根据时钟极性和时钟相位的不同,SPI 有 4 种工作模式。时钟极性有高电平、低电平两种。时钟极性为低电平时,空闲时时钟(SCK)处于低电平,传输时跳转到高电平;时钟极性为高电平时,空闲时时钟处于高电平,传输时跳转到低电平。时钟相位有两个:时钟相位 0 和时钟相位 1。对于时钟相位 0,如果时钟极性是低电平,MOSI 和 MISO 输出在时钟 SCK 的上升沿有效;如果时钟极性为高电平,MOSI 和 MISO 输出在 SCK 的下降沿有效。MISO 输出的第 X 位是一个未定义的附加位,是 SPI 接口特有的情况。用户不必担心这个位,因为 SPI 接口将忽略该位。

◆ 15.1.4　SPI 接口与外设的数据传输方式

在 SPI 传输中,数据是同步进行发送和接收的。数据传输的时钟基于来自主处理器的时钟脉冲(也可以是 I/O 端口上电平的模拟时钟),Motorola 公司没有定义任何通用 SPI 的时钟规范。然而,最常用的时钟设置基于时钟极性(CPOL)和时钟相位(CPHA)两个参数,CPOL 定义 SPI 串行时钟的活动状态,而 CPHA 定义相对于 SO 数据位的时钟相位。CPOL 和 CPHA 的设置决定了数据取样的时钟沿。

SPI 模块为了和外设进行数据交换,根据外设工作要求,可以对其输出串行同步时钟极性和相位进行配置,时钟极性(CPOL)对传输协议没有重大影响。如果 CPOL=0,串行同步时钟的空闲状态为低电平;如果 CPOL=1,串行同步时钟的空闲状态为高电平。时钟相位(CPHA)能够配置选择数据传输协议。如果 CPHA=0,在串行同步时钟的第一个跳变沿(上升或下降),数据被采样;如果 CPHA=1,在串行同步时钟的第二个跳变沿(上升或下降),数据被采样。SPI 主模块的时钟相位和极性和与之通信的外设应该一致。SPI 总线数据传输时序如图 15-5 所示。

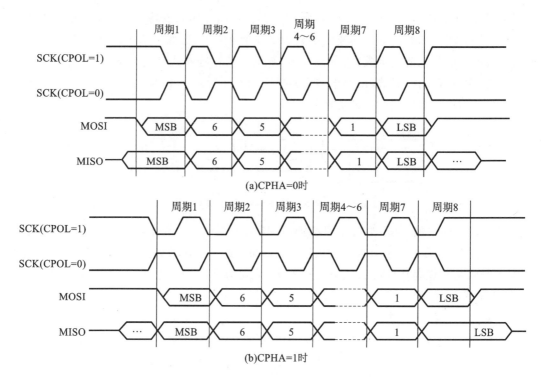

图 15-5　SPI 总线数据传输时序

15.2 Exynos4412 的 SPI 接口控制器

◆ 15.2.1　Exynos4412 的 SPI 接口电路

Exynos4412 的串行外设接口(SPI)可以与串行数据传输连接。Exynos4412 包含 2 个 SPI 接口,如图 15-6 所示,每个接口都有 2 个分别用于发送和接收的 8～32 位移位寄存器。一次传输通信期间,SPI 支持同时发送(串行移出)和接收(串行移入)数据。8 位串行数据的频率由相关的控制寄存器设置指定。如果只希望发送,则接收数据可以保持伪位(dummy);如果只希望接收,则需要发送伪位"1"数据。其特性包括如下几个方面。

(1)支持 2 个通道 SPI;

(2)全双工通信方式;

(3)支持 8/16/32 位发送接收移位寄存器;

(4)支持 Motorola 公司的 SPI 协议和美国国家半导体公司的 Microwire 串行接口(SPI 的精简接口);

(5)支持两个独立的收/发 FIFO;

(6)支持查询、中断和 DMA 传输模式;

(7)最大收/发功率可达 50MHz。

通过 SPI 接口,Exynos4412 可以与外设同时发送/接收 8 位数据。串行时钟线与两条数据线同步,用于移位和数据采样。如果 SPI 是主设备,数据传输速率由 SPPREn 寄存器的相关位控制,波特率寄存器的值可以通过修改频率来调整。如果 SPI 是从设备,由其他的主

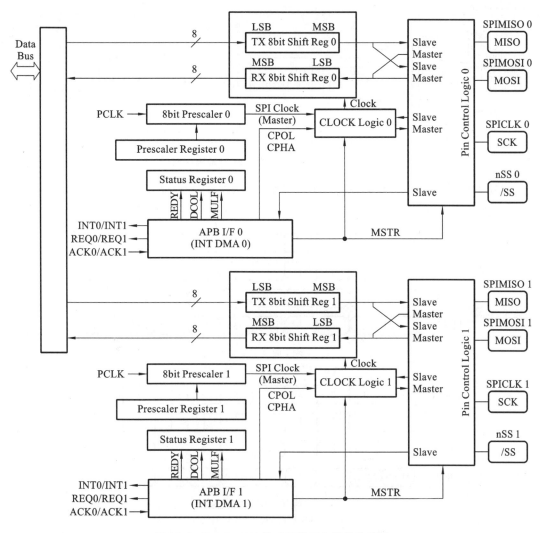

图 15-6　Exynos4412 的 SPI 接口内部结构框图

设备提供时钟,向 SPDATn 寄存器中写入字节数据,SPI 发送/接收操作就同时启动。在某些情况下,nSS 要在向 SPDATn 寄存器中写入字节数据之前激活。

15.2.2　Exynos4412 的时钟源选择

如图 15-7 所示,Exynos4412 为 SPI 提供了 9 种不同的时钟源:XXTI、XusbXTI、SCLK_HDMI27M、SCLK _ USBPHY0、SCLK _ USBPHY1、SCLK _ HDMIPHY、SCLK$_{MPLL}$、SCLK$_{EPLL}$、SCLK$_{VPLL}$,具体可用时钟源配置方法进行选择配置。选择好时钟源后,可以通过寄存器 CLK DIV PERIL0 和 CLK DIV PERIL1 的相关位域设置分频系数 DIV$_{SPI0\sim2}$ 和 DIV$_{SPI0\sim2\_PRE}$,进行两次分频,这样得到最大 100 MHz 的 SCLK_SPI 信号,再经 2 分频后,最终得到供 SPI 工作的时钟信号 SPI_CLK。

15.2.3　Exynos4412 的 SPI 接口数据传输格式

Exynos4412 支持 4 种不同的数据传输格式,具体的波形图如图 15-8 所示。在第一种数据传输格式中(即格式 A 的 CPOL＝0,CPHA＝0),高电平有效,上升沿采样,下降沿输出,

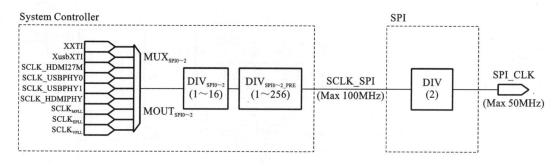

图 15-7　Exynos4412 的 SPI 时钟源框图

此时 MISO 最高有效位*MSB 刚刚收到字符数据,从器件是在 SSEL 信号有效后,立即输出 bit1,尽管此时的 SCK 信号还没有生效。

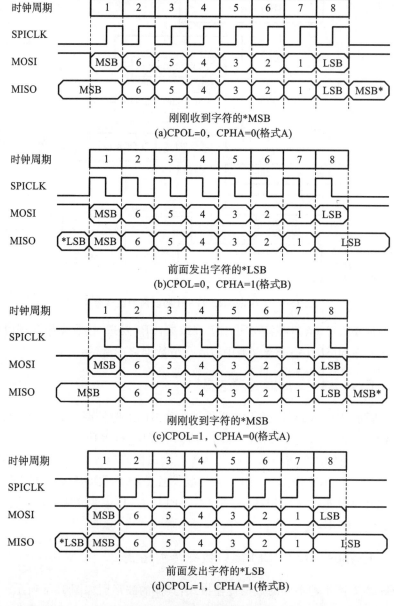

图 15-8　SPI 接口通信波形图

第二种数据传输格式(即格式 B 的 CPOL＝0,CPHA＝1),高电平有效,上升沿输出,下降沿采样,MIOS 的最低有效位* LSB 实际上还是上一次的最低位,前面的* LSB 发出字符。

第三种数据传输格式(即格式 A 的 CPOL＝1,CPHA＝0),此时低电平有效,上升沿输出,下降沿采样,MIOS 的最高有效位* MSB 刚刚收到字符数据。

第四种数据传输格式(即格式 B 的 CPOL＝1,CPHA＝1),此时低电平有效,上升沿采样,下降沿输出,MIOS 上一次的最低有效位* LSB 发出字符数据。

要注意 SPI 从设备 Format B 接收数据模式,如果 SPI 从设备接收模式被激活,并且 SPI 格式被选为 B,SPI 操作将会失败。DMA 模式不能用于从设备 Format B 形式。查询模式下,如果接收从设备采用 Format B 形式,DATA_READ 信号应该比 SPICLK 延迟一个相位。中断模式下,如果接收从设备采用 Format B 形式,DATA_READ 信号应该比 SPICLK 延迟一个相位。

◆ 15.2.4 SPI 接口特殊寄存器

1. SPI 控制寄存器(SPCONn)

SPCONn(n＝0 或 1)为可读/写寄存器,地址分别为 0x59000000 和 0x59000020,复位值为 0x00,该寄存器控制 SPI 的工作模式。SPCONn 的位功能描述和定义如表 15-2 和表 15-3 所示。

表 15-2 SPCONn 的位功能描述

寄 存 器	地 址	类 型	描 述	复 位 值
SPCON0	0x59000000	R/W	SPI 通道 0 控制寄存器	0x00
SPCON1	0x59000020	R/W	SPI 通道 1 控制寄存器	0x00

表 15-3 SPCONn 的位功能定义

SPCONn	位	功 能 描 述	初 始 状 态
SMOD	[6:5]	SPI 模式选择。决定如何读/写 SPTDAT。 00＝查询模式;01＝中断模式; 10＝DMA 模式;11＝保留	00
ENSCK	[4]	SCK 使能。决定是否希望 SCK 使能(主机)。 0＝禁止;1＝使能	0
MSTR	[3]	主/从机选择。决定希望的模式(主机或从机)。 0＝禁止;1＝使能。 从机模式中,这需要主机初始化 TX/RX 的建立时间	0
CPOL	[2]	时钟极性选择。决定时钟是高电平有效还是低电平有效。 0＝低电平有效;1＝高电平有效	0
CPHA	[1]	时钟相位选择。选择 2 种基本不同传输格式之一。 0＝格式 A;1＝格式 B	0

SPCONn	位	功能描述	初始状态
TAGD	[0]	自动发送虚拟数据模式使能。决定是否必须接收数据。 0＝普通模式；1＝自动发送虚拟数据模式 普通模式中，如果只希望接收数据则应该发送空0xFF 数据	0

2. SPI 状态寄存器 SPSTAn

SPSTAn(n＝0 或 1)为可读/写寄存器，地址分别为 0x59000004 和 0x59000024，复位值为 0x01。SPSTAn 的位功能描述和定义如表 15-4 和表 15-5 所示。其中，DCOL 为数据冲突错误标志位，如果当传输正进行中时写 SPTDATn 寄存器或读 SPRDATn 寄存器，则此标志置位。读取 SPSTAn 可以清除 DCOL 标志。MULF 为多主机错误标志位，当 SPI 配制为主机时，如果 nSS 信号变为有效低电平且 SPPINn 的 ENMUL 位为多主机错误检测模式，则此标志置位。读取 SPSTAn 可以清除 MULF 标志。REDY 为传输就绪标志位，指示 SPTDATn 或 SPRDATn 准备好发送或接收。写数据到 SPTDATn 可以自动清除 REDY 标志。

表 15-4　SPSTAn 的位功能描述

寄存器	地址	类型	描述	复位值
SPSTA0	0x59000004	R	SPI 通道 0 状态寄存器	0x01
SPSTA1	0x59000024	R	SPI 通道 1 状态寄存器	0x01

表 15-5　SPSTAn 的位功能定义

SPSTAn	位	描述	初始状态
保留	[7:3]	保留	—
DCOL	[2]	数据冲突错误标志。 0＝未发现；1＝发生冲突错误	0
MULF	[1]	多主机错误标志。 0＝未发现；1＝发现多主机错误	0
REDY	[0]	传输就绪标志。 0＝未就绪；1＝数据 TX/RX 就绪	1

3. SPI 引脚控制寄存器(SPPINn)

SPPINn(n＝0 或 1)为可读/写寄存器，地址分别为 0x59000008 和 0x59000028，复位值为 0x02。

SPPINn 的位功能描述和定义如表 15-6 和表 15-7 所示。

表 15-6　SPPINn 的位功能描述

寄存器	地址	类型	描述	复位值
SPPIN0	0x59000008	R/W	SPI 通道 0 引脚控制寄存器	0x00
SPPIN1	0x59000028	R/W	SPI 通道 1 引脚控制寄存器	0x00

表 15-7　SPPINn 的位功能定义

SPPINn	位	描　述	初 始 状 态
保留	[7:3]	保留	—
ENMUL	[2]	多主机错误检测使能。当 SPI 系统为主机时,nSS 引脚作为输入引脚用于检测多主机错误。 0=禁止(通用);1=多主机错误检测使能	
保留	[1]	保留	
KEEP	[0]	当 1 字节发送完成时,决定 MOSI 驱动或释放(主机)。 0=释放;1=驱动为之前电平	

当一个 SPI 系统被允许时,nSS 之外的引脚的数据传输方向都由 SPCONn 的 MSTR 位控制,nSS 引脚一直作为输入引脚。

当 SPI 是一个主设备时,nSS 引脚用于检测多主机错误(如果 SPPIN 的 ENMUL 位被使能),另外还需要一个 GPIO 引脚来选择从设备。如果 SPI 被配置为从设备,nSS 引脚用来被选择为从设备。

SPIMIS0 和 SPIMOS1 数据引脚用于发送或者接收串行数据。如果 SPI 口被配置为主设备,SPIMIS0 就是主设备的数据输入线,SPIMOS1 就是主设备的数据输出线,SPICLK 是时钟输出线;如果 SPI 口被配置为从设备,这些引脚的功能就正好相反。在一个多主设备的系统中,SPICLK、SPIMOS1、SPIMIS0 都是一组一组单独配置的。

4. SPI 波特率预分频寄存器(SPPREn)

SPPREn(n=0 或 1)为可读/写寄存器,地址分别为 0x5900000C 和 0x5900002C,复位值为 0x00,SPPREn[7:0]用于设置预分频值。可以通过预分频值计算波特率,其公式为

$$波特率=PCLK/2/(预分频值+1)$$

SPPREn 的位功能描述和定义如表 15-8 和表 15-9 所示。

表 15-8　SPPREn 的位功能描述

寄 存 器	地　　址	类　　型	描　　述	复 位 值
SPPRE0	0x5900000C	R/W	SPI 通道 0 波特率预分频寄存器	0x00
SPPRE1	0x5900002C	R/W	SPI 通道 1 波特率预分频寄存器	0x00

表 15-9　SPPREn 的位功能定义

SPPREn	位	描　　述	初 始 状 态
预分频值	[7:0]	决定 SPI 时钟率。 波特率=PCLK/2/(预分频值+1)	0x00

5. SPI 发送数据寄存器(SPTDATn)

SPTDATn(n=0 或 1)为可读/写寄存器,地址分别为 0x59000010 和 0x59000030,复位值为 0x00,用于存放待 SPI 口发送的数据。SPTDATn 的位功能描述和定义如表 15-10 和表 15-11 所示。

表 15-10 SPTDATn 的位功能描述

寄 存 器	地　　址	类　　型	描　　述	复 位 值
SPTDAT0	0x59000010	R/W	SPI 通道 0 TX 数据寄存器	0x00
SPTDAT1	0x59000030	R/W	SPI 通道 1 TX 数据寄存器	0x00

表 15-11 SPTDATn 的位功能定义

SPTDATn	位	描　　述	初 始 状 态
TX 数据寄存器	[7:0]	此字段包含要通过 SPI 通道发送的数据	0x00

6. SPI 接收数据寄存器（SPRDATn）

SPRDATn(n=0 或 1)为只读寄存器,地址分别为 0x59000014 和 0x59000034,复位值为 0xFF,用于存放 SPI 口接收到的数据。SPRDATn 的位功能描述和定义如表 15-12 和表 15-13所示。

表 15-12 SPRDATn 的位功能描述

寄 存 器	地　　址	类　　型	描　　述	复 位 值
SPRDAT0	0x59000014	R	SPI 通道 0 RX 数据寄存器	0xFF
SPRDAT1	0x59000034	R	SPI 通道 1 RX 数据寄存器	0xFF

表 15-13 SPRDATn 的位功能定义

SPRDATn	位	描　　述	初 始 状 态
RX 数据寄存器	[7:0]	此字段包含通过 SPI 通道接收到的数据	0xFF

15.3　Exynos4412 的 SPI 接口编程应用实例

15.3.1　SPI 典型编程模型

当一个字节数据写入 SPTDATn 寄存器中时,如果置位了 SPCONn 寄存器的 ENSCK 和 MSTR,则 SPI 开始发送。可以使用典型的编程步骤来操作一个 SPI 卡。下面是按照这些基本步骤来编程的 SPI 模型。

①设置波特率预分频寄存器(SPPREn)。

②设置 SPCONn,用来配置 SPI 模块。

③向 SPDATn 中写 10 次 0xFF,用来初始化 MMC 或 SD 卡。

④将一个 GPIO(当作 nSS)清零,用来激活 MMC 或 SD 卡。

⑤发送数据,核查传输就绪标志(REDY=1),之后写数据到 SPDATn。

⑥接收数据(1):禁止 SPCONn 的 TAGD 位,选择普通模式。然后向 SPDATn 中写 0xFF,确定 REDY 被置位后,从读缓冲区中读出数据。

⑦接收数据(2):使能 SPCONn 的 TAGD 位,选择自动发送虚拟数据模式。确定 REDY 被置位后,从读缓冲区中读出数据,之后自动开始传输数据。

⑧置位 GPIO 引脚(作为 nSS 的那个引脚端),停止 MMC 或 SD 卡。

◆ 15.3.2 SPI 接口编程实例

本实例将使用一种通过 SPI 通信的 Flash,该芯片是 M25PXX,图 15-9 所示为该芯片的原理图,每根接线的意义已经清楚地标识出来了。这一款芯片内部集成了 12 条指令,包括通用的读、写、配置等命令,还有一个内置的状态寄存器,可以通过该寄存器获取芯片当前状态。该芯片采用独立的接口与 Exynos4412 相连。

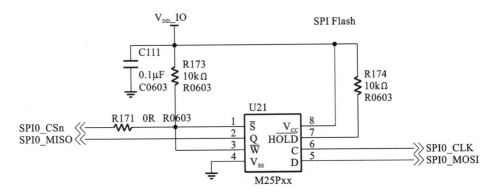

图 15-9　M25PXX 原理图

```c
#define OPCODE_WREN 0x06 /* Write enable */

#define OPCODE_WRDA 0x04 /* Write disable */

#define OPCODE_RDSR 0x05 /* Read status register */

#define OPCODE_WRSR 0x01 /* Write status register 1 byte */

#define OPCODE_NORM_READ 0x03 /* Read data bytes (low frequency) */

#define OPCODE_FAST_READ 0x0b /* Read data bytes (high frequency) */

#define OPCODE_PP 0x02 /* Page Program (up to 256 bytes) */

#define OPCODE_BE_4K 0x20 /* Erase 4KB block */

#define OPCODE_BE_32K 0x52 /* Erase 32KB block */

#define OPCODE_CHIP_ERASE 0xc7 /* Erase whole flash chip */

#define OPCODE_SE 0xd8 /* Sector erase (usually 64KB) */

#define OPCODE_RDID 0x9f /* Read JEDEC ID */

/* Status Register bits. */

#define SR_WIP 1 /* Write in progress */

#define SR_WEL 2 /* Write enable latch */

extern void printf(const char * fmt, ...);

void cfg_gpio(void)
{
    /* set GPB[0~3] to support spi0*/
    GPB.GPBCON= (GPB.GPBCON &0xffff0000) | 0x2222;
}

void set_clk(void)
{
    /* enable clk_gate, spi_clksel=PCLK; spi_scaler=0 */
```

```c
        CLK_GATE_D1.CLK_GATE_D1_4 |=SPI0_CLK_GATE_ON;
        SPI0.CLKCFG &=0x0;
}
void delay(int times)
{
    volatile int i,j;
    for (j=0; j<times; j++){
    for (i=0; i<100000; i++);
    i=i+1;}
}
void disable_chip(void)
{
    /*disable chip*/
    SPI0.SLAVESEL |=0x1;
    delay(1);
}
void enable_chip(void)
{
    /*enable chip*/
    SPI0.SLAVESEL &=~0x1;
    delay(1);
}
void soft_reset(void)
{
    SPI0.CHCFG |=0x1<<5;
    delay(1);
    SPI0.CHCFG &=~(0x1<<5);
}
void cfg_spi0(void)
{
    soft_reset();
    SPI0.CHCFG &=~((0x1<<4) | (0x1<<3) | (0x1<<2));
    SPI0.CHCFG &=~0x3;
    SPI0.MODECFG= (SPI0.MODECFG &~((0x3<<17) | (0x3<<29))) | (0x0<<17) | (0x0<<29);
    SPI0.SLAVESEL &=~(0x1<<1);
    SPI0.CLKCFG |=1<<8;
}
void transfer(unsigned char *data, int len)
{
    int i;
    SPI0.CHCFG &=~(0x1<<1);
    SPI0.CHCFG=SPI0.CHCFG | 0x1; // enable TX and disable RX
    delay(1);
```

```
    for (i=0; i<len; i++){
    SPI0.TXDATA=data[i];
    while( !(SPI0.STATUS &(0x1<<21)) );
    delay(1); }
    SPI0.CHCFG &=~0x1;
}
void receive(unsigned char *buf, int len)
{
    int i;
    SPI0.CHCFG &=~0x1; // disable TX
    SPI0.CHCFG |=0x1<<1; // enable RX
    delay(1);
    for (i=0; i<len; i++){
    buf[i]=SPI0.RXDATA;
    delay(1);   }
    SPI0.CHCFG &=~(0x1<<1);
}
void read_ID(void)
{
    unsigned char buf[3];
    int i;
    buf[0]=OPCODE_RDID;
    soft_reset();
    enable_chip();
    transfer(buf, 1);
    receive(buf, 3);
    disable_chip();
    printf("MI=% x\tMT=% x\tMC=% x\t\n", buf[0], buf[1], buf[2]);
}
void erase_sector(int addr)
{
    unsigned char buf[4];
    buf[0]=OPCODE_SE;
    buf[1]=addr>>16;
    buf[2]=addr>>8;
    buf[3]=addr;
    enable_chip();
    transfer(buf, 4);
    disable_chip();
}
void erase_chip()
{
    unsigned char buf[4];
```

```c
    buf[0]=OPCODE_CHIP_ERASE;
    enable_chip();
    transfer(buf, 1);
    disable_chip();
}
void wait_till_write_finished()
{
    unsigned char buf[1];
    enable_chip();
    buf[0]=OPCODE_RDSR;
    transfer(buf, 1);
    while(1) {
    receive(buf, 1);
    if(buf[0] &SR_WIP) {
    // printf( "Write is still in progress\n" );   }
    else {
    printf( "Write is finished.\n" );
    break;
    }
    }
    disable_chip();
}
void enable_write()
{
    unsigned char buf[1];
    buf[0]=OPCODE_WREN;
    enable_chip();
    transfer(buf, 1);
    disable_chip();
}
void write_spi(unsigned char *data, int len, int addr)
{
    unsigned char buf[4];
    //cfg_spi0();
    soft_reset();
    enable_write();
    erase_chip();
    wait_till_write_finished();
    buf[0]=OPCODE_PP;
    buf[1]=addr >>16;
    buf[2]=addr >>8;
    buf[3]=addr;
    //cfg_spi0();
```

```
    soft_reset();
    enable_write();
    enable_chip();
    transfer(buf, 4);
    transfer(data, len);
    disable_chip();
    wait_till_write_finished();
}
void read_spi(unsigned char *data, int len, int addr)
{
    unsigned char buf[4];
    //cfg_spi0();
    soft_reset();
    buf[0]=OPCODE_NORM_READ;
    buf[1]=addr >>16;
    buf[2]=addr >>8;
    buf[3]=addr;
    enable_chip();
    transfer(buf, 4);
    receive(data, len);
    disable_chip();
}
int main()
{
    unsigned char buf[10]="home\n";
    unsigned char data[10]="morning\n";
    uart0_init();
    printf("aaaaa \n");
    /*initialize spi0 */
    cfg_gpio();
    set_clk();
    cfg_spi0();
    while(1)
    {
        read_ID();
        write_spi(buf, 4, 0);
        read_spi(data, 4, 0);
        printf("read from spi :%s", data);
    }
    return 0;
}
```

思考与练习

1. 简述 SPI 的接口协议，它支持哪些外设数据传输时序?

2. Exynos4412 的 SPI 接口控制寄存器有哪些? 如何进行配置?

3. 通过 SPI 接口的应用编程实例说明其应用方法。

参 考 文 献

[1] 秦山虎,刘洪涛.ARM9 处理器开发详解:基于 ARM Cortex-A9 处理器的开发设计 [M].北京:电子工业出版社,2016.

[2] 段群杰,霍艳忠,杜旭,等.零基础学 ARM 嵌入式 Linux 系统开发[M].北京:机械工业出版社,2010.

[3] 韦东山.嵌入式 Linux 应用开发完全手册[M].北京:人民邮电出版社,2008.

[4] 管耀武,杨宗德.ARM 嵌入式无线通信系统开发实例精讲[M].北京:电子工业出版社,2006.

[5] 张绮文,谢建雄,谢劲心.ARM 嵌入式常用模块与综合系统设计实例精讲[M].北京:电子工业出版社,2007.

[6] 孙天泽,袁文菊.嵌入式设计及 Linux 驱动开发指南:基于 ARM9 处理器[M].2 版.北京:电子工业出版社,2007.

[7] 刘洪涛,秦山虎.ARM 嵌入式体系结构与接口技术[M].3 版.北京:人民邮电出版社,2017.

[8] Bonnie Baker.嵌入式系统中的模拟设计[M].李喻奎,译.北京:北京航空航天大学出版社,2006.

[9] 刘雍.基于 ARM9 的嵌入式视频监控系统的设计与实现[J].琼州学院学报,2015,22(2):35-38.